No.144

AI / Twitter / センシング / IFTTT…クラウド機能をお手軽装備

ペタッと貼れる Wi-FiマイコンESP入門

CQ出版社

トランジスタ技術 SPECIAL No.144

第1部 Wi-Fi対応無線マイコンESPの使い方

第1章 ペタッと貼るだけでマシンとWebサービスを直結！
IoT加速スイッチON！ アタッチメント無線マイコン続々 宮崎 仁 …… 6
- 長年の夢！ IoTワールドが現実のものに …… 6
- 手軽に使える3つの無線ソリューション …… 7
- 最新鋭のアナログとディジタルが融合！ IoT化無線デバイスのハードウェア …… 8
- 注目の低価格無線モジュール ESP-WROOM-32とラズベリー・パイ Zero W …… 9

第2章 Arduinoの開発環境を使える！ 画像表示＆Bluetooth通信OK！
コスパ高すぎ！ Wi-FiマイコンESP-WROOM-32」 成松 宏，姜 波 …… 10
- IoT開発したい人注目！ …… 10
- **Column 1** 中国Espressif Systems社ってどんな会社？ …… 12
- ESP-WROOM-32の基本スペック …… 13
- **Column 2** 初心者にはこちらをおすすめ！ Wi-FiモジュールESP-WROOM-02 …… 15
- **Column 3** Wi-Fiモジュールの泣き所！ 起動時の電源電流を必ずチェックせよ …… 16

第3章 長年の蓄積で使いやすく，低消費電力でお財布にもやさしい
IoTお試し開発におすすめ！「ESP-WROOM-02」 米田 聡 …… 17
- ESP-WROOM-02とは …… 17
- **Column 1** ESP8266の進化形？「ESP8285」 …… 18
- ESP-WROOM-02の開発環境 …… 18
- **Column 2** フラッシュ・メモリの容量を確認する方法 …… 19
- ESP-WROOM-02とESP-WROOM-32の使い分け方 …… 20
- **Column 3** ESP8266の公式SDKを使うならLinux系かmacOSがおすすめ …… 20

第4章 安価＆小型＆開発しやすい…IoT実験ボードが選び放題！
ESP8266 & ESP32 マイコン・ボード大集合 米田 聡 …… 21
- ESP-WROOM-02（ESP8266搭載）を使いたいなら …… 21
- ESP-WROOM-32（ESP32搭載）を使いたいなら …… 23

Appendix 1 Arduino用拡張ボード「シールド」をとっかえひっかえ使える！
組み立てからTRY! Wi-Fiアルデュイーノ「IoT Express」 白阪 一郎，渡辺 明禎 …… 24
- **Column 1** 放熱パッドを手はんだするときは基板のランド形状を工夫しておく …… 30

Appendix 2 ①プログラムの自動書き込み機能 ②電源周り強化 ③拡張ポートの3機能を追加
完成品Wi-Fiアルデュイーノ「IoT Express Mk II」 砂川 寛行 …… 33
- **Column 1** 3.3V電源レギュレータに「AMS1117」を選んだ理由 …… 36

Appendix 3 54×54×21mmの筐体にLCDとバッテリまで内蔵！ モジュールの組み合わせで自在に拡張できる
ESP32搭載の電子ガジェット「M5Stack」 米田 聡 …… 37

第5章 マイコン初心者でもプログラム初心者でも気軽に始められる
Arduino IDEでTRY! プログラム開発と実行 富永 英明，米田 聡，白阪 一郎 …… 41
- [Arduino IDEとは] …… 41
- Arduino用プログラム「スケッチ」の書き方 …… 43
- [ESP-WROOM-02×Arduino IDEでプログラム開発]
- [1] Arduino IDEをインストールする …… 45
- [2] ボード（マイコン）用のパッケージをArduino IDEに追加する …… 45
- [3] ボードをパソコンに接続し，使えるように設定する …… 46
- [4] いよいよ！ プログラムを記述＆コンパイル＆実行する …… 47
- [5] 必要に応じて，使用する部品等のライブラリをArduino IDEに追加する …… 47
- [ESP-WROOM-32×Arduino IDEでプログラム開発]
- [1] Arduino IDEをインストールする …… 50
- **Column 1** ボードが「追加ボードマネージャ」機能に対応していない場合のインストール方法 …… 51
- [2] ESP-WROOM-32開発用のパッケージをインストールする …… 51
- [3] ボードをパソコンに接続する …… 51
- [4] Wi-Fi経由でLEDチカチカ …… 52
- **Column 2** プログラム書き込みモードに自動で切り替わらないボードを使う場合の書き込み方法 …… 53

CONTENTS

表紙／扉デザイン：ナカヤ デザインスタジオ（柴田 幸男）
本文イラスト：神崎 真理子

第6章 ラズベリー・パイの標準開発言語をマイコンで動かす
MicroPython で TRY! プログラム開発と実行　米田 聡，白阪 一郎 ……… 54
[MicroPython とは] …… 54
- インタプリタ型コンピュータ・プログラミング言語 Python …… 54
- Python のマイコン用インタプリタ「MicroPython」 …… 54

[ESP-WROOM-02 × MicroPython でプログラム開発] …… 55
- [1] 必要なツールを入手してインストールする …… 56
- [2] プログラムを対話型で実行してみる …… 58
- [3] プログラムをファイルごと書き込んで実行する …… 59
- [4] 実用的なプログラム例 …… 61

[ESP-WROOM-32 × MicroPython でプログラム開発] …… 64
- Column 1　内蔵 SPI フラッシュ・メモリのリード / ライトや実行ができる！MicroPython 向け統合開発環境「uPyCraft」 …… 64

[MicroPython プログラミング入門] …… 65

Appendix 4 Python で書かれたプログラムがマイコンの中でどのように実行されているのか知りたい人へ
インタプリタ MicroPython のメカニズム　宮下 修人 …………… 68
- Column 1　プログラムの実行速度は何で決まるのか？ …… 70

第7章 さすがメーカ純正開発環境！ESP マイコンが提供する全機能をサポート
ESP-IDF で TRY! プログラム開発と実行　成松 宏 …………… 71
[ESP-IDF とは] …… 71
[ESP-WROOM-32 × ESP-IDF でプログラム開発] …… 71
- ダウンロードとインストール …… 71
- サンプル・プログラムを試してみる …… 74
- 充実のサンプル 50 超！Bluetooth スピーカ 30 分クッキング …… 77
- Column 1　8 ビット分解能でも十分！ESP32 の D-A コンバータで音楽再生 …… 79

第2部　ESP マイコン・モジュール徹底活用

第1章 ①データ収集 ②解析 ③記録 ④通信 ⑤表示の5つの基本を学ぶ
オリジナル震度速報に TRY! IoT 開発体験ワークショップ　伊藤 雄一 …… 80
- 例題…IoT 震度計を作りながら学ぶ …… 80
- ハードウェアを作る …… 81
- 開発環境を整える …… 84
- お手本！初めての IoT プログラミング …… 84
- Column 1　震度計算の詳細 …… 86
- 完成した IoT 震度計の運用 …… 89
- Column 2　本器使用上の注意事項 …… 90

第2章 ①ルータレス野外通信 ② USB レス書き込み ③リモート PC 起動
Wi-Fi アルデュイーノ無線活用 私の㊙テクニック　富永 英明 …………… 91
- マル秘テクニック1：USB ケーブルなしでプログラム書き換え！Over The Air（OTA） …… 91
- マル秘テクニック2：ルータなしで直接接続！アクセス・ポイント・モード …… 94
- マル秘テクニック3：Wi-Fi 経由でパソコンを ON！Wake On LAN …… 96

第3章 ビットマップ軽量化ツールで 10 画像 / 秒のスムーズ描画
ESP32 マイコンで動画再生プログラミング　村上 雅之 …………… 98
- 手始めに…静止画を高速表示する …… 98
- いざ！動画を再生する …… 101
- Column 1　リモコンなど近場の軽量通信に！ms 応答プロトコル「UDP」 …… 102

Appendix 1 Wi-Fi Lチカの操作画面を自分好みにカスタマイズしてみる
サンプル・スケッチをベースにサクッと！Web アプリ・プログラミング　白阪 一郎 …… 105

第4章 GPIO，PWM，A-D 変換から SD カード /Wi-Fi ネット接続まで
ESP32 用 MicroPython サンプル集　白阪 一郎 …………… 107
- [① PWM 機能（周波数設定）を使った電子オルゴール] …… 107

トランジスタ技術 SPECIAL No.144

- [② A-D変換機能を使った温度計測] ... 108
  - 事前に準備するハードウェア ... 108
  - A-D変換機能 ... 109
  - SPI通信機能 ... 110
  - 複数のインターバル割り込み機能 ... 111
- [③ Wi-Fi通信機能を使ったネットワーク時計] ... 111
  - 事前に準備するハードウェア ... 111
  - Wi-Fi設定 ... 112
  - NTPサーバにアクセスする ... 112
  - 日付と時刻をLCDに表示する ... 112

第5章 Wi-Fiマイコンで高速起動＆低消費電力
MicroPython×IBM Watson！AIニュース・キャスタの製作 白阪 一郎 ... **114**
- AIニュース・キャスタのあらまし ... 114
- ハードウェア ... 115
- **Column 1** 人工知能クラウド・サービスIBM Watsonを使うための事前準備 ... 116
- IBM Watsonの使い方 ... 119
- IoT Expressのファームウェア ... 121
- **Column 2** 音声合成アプリ作りのお助けツールも作った ... 123

第6章 怪しいやつが近づくと騒ぎまくって世界中に通報しちゃう
ESP32 × MicroPythonで作るツイート自宅警察 砂川 寛行 ... **124**
- 製作の準備 ... 124
- 動かしてみる ... 126
- センサもつないで防犯マシンを作ってみる ... 127

第7章 何をつなぐかはあなた次第！未来のエレクトロニクスを作る
Googleサービスと連携！AI会話機能ビルトイン製作セット 池上 恵理 ... **130**
- 話しかけられた言葉が「わかる」マイク付きスピーカ ... 130
- 音声処理の流れ ... 131
- 実際に使ってみた ... 134

第8章 激安＆Arduinoモジュールとしても使えるWi-Fiモジュールを試す
温湿度と不快指数をスマホで表示！気象観測装置の製作 箱清水 一郎 ... **136**
- Arduino＋Wi-Fiの激安モジュールを使ってみた ... 136
- Wi-Fi経由の遠隔制御に挑戦！ ... 136
- Wi-Fiモジュールとスマホがつながるしくみ ... 137
- スマホからI/O実験 ... 138
- **Column 1** ESP-WROOM-02を使って試作したpH計測装置 ... 138
- **Column 2** ESP-WROOM-02を使うための基礎知識 ... 139

Appendix 2 設計データを特別に公開！
IoT基板用ケースを3Dプリンタで作ろう 山田 英司 ... **140**

第3部　ライブラリ・リファレンス

第1章 Wi-Fi関連の機能が充実！アクセス・ポイント・モードにも対応している
ESPマイコンで使えるArduinoライブラリ・リファレンス 米田 聡 ... **146**
- [1] Arduinoと互換性をもつ基本ライブラリ ... 146
  - ディジタル入出力 ... 146
  - アナログ入力 ... 146
  - アナログ出力 ... 147
  - Serialクラス ... 147
  - Wire（I2C）クラス ... 147
  - SPIクラス ... 147
  - EEPROMクラス ... 148
  - Servoクラス ... 148
- [2] ESPマイコン向けにカスタマイズされたWiFiクラスと関連クラス ... 148
  - WiFiクラス ... 148
  - WiFiUDPクラス（WiFi関連クラス） ... 151
  - ESPmDNS/ESP8266 mDNSクラス（WiFi関連クラス） ... 151

CONTENTS

- ■ DNSServer クラス（WiFi 関連クラス）...... 152
- ■ その他の WiFi 関連クラス 152
- [3] ESP マイコン固有のライブラリ 152

第2章 ESP-WROOM-02 と ESP-WROOM-32 で動作確認済み
マイコン制御に特化！MicroPython ライブラリ・リファレンス 米田 聡 **154**

- [1] MicroPython 特有のモジュール 154
  - ■ machine モジュール 154
  - ■ network モジュール 160
  - ■ framebuf モジュール 161
  - ■ btree モジュール 162
  - ■ uctypes モジュール 163
- [2] ESP マイコン用のモジュール 164
  - ■ esp モジュール 164
  - ■ esp32 モジュール 166
- [3] CPython とおおむね互換性をもつ MicroPython の標準ライブラリ 166
  - ■ socket（usocket）モジュール 166
  - ■ sys モジュール 168
  - ■ uos モジュール 169
  - ■ _thread モジュール 171
  - ■ まだまだある…CPython とほぼ互換の標準ライブラリをかけ足で紹介 171

第3章 ESP32 の全機能を網羅！Web 上のドキュメントとサンプル・プログラムを活用しよう
ESP-IDF ライブラリ・リファレンス 米田 聡 **173**

▶ 本書は，「トランジスタ技術」に掲載された記事を再編集し，書き下ろしの章を追加して再構成したものです．初出誌は各記事の稿末に掲載してあります．

付属 CD-ROM の使い方

■ 「IoT Express」製作用基板の設計データ
第 1 部 Appendix 1 で紹介した「IoT Express」製作用プリント基板の CAD データ（EAGLE）を収録しています．
▶ フォルダ名…「1_iote」

■ 記事関連プログラムのソース・コード＆データ集
第 2 部の製作記事で使用した設計データを収録しています．
〈Arduino IDE 用プログラム〉… 第 1 章 / 第 2 章 / 第 3 章 / Appendix 1 / 第 8 章
〈MicroPython 用プログラム〉… 第 4 章 / 第 5 章 / 第 6 章
〈ESP-IDF 用プログラム〉… 第 7 章
▶ フォルダ名…「2_source」
※プログラムの動作確認は基本的に記事執筆時点で行っています．異なる環境では動作しない場合があります．
※ Wi-Fi や外部のサービスを利用するプログラムについては，お使いの環境に合わせて記述を書き換えてください．

■ IoT 基板用ケースの 3D CAD データ集
第 2 部 Appendix 2 で紹介した基板用ケースの 3D CAD データを収録しています．
収録データの詳細と使い方については，該当記事を参照ください．
● ESP32-DevKitC 用 / ● IoT Express 用 / ● ラズベリー・パイ Zero W 用
▶ フォルダ名…「3_3dcad」
※今回提供しているデータは商用利用を禁止します．あくまで個人でお使いください．

※本 CD-ROM はパソコンでお使いください．家庭用 CD プレーヤには対応しておりません．
※本 CD-ROM は Windows 用です．Internet Explorer での動作は確認済みですが，ブラウザによっては正しく動作しないことがあります．
※本 CD-ROM に収録してあるプログラムやデータ，ドキュメントには著作権があり，また産業財産権が確立されている場合があります．したがって，個人で利用される場合以外は，所有者の承諾が必要です．また，収録された回路，技術，プログラム，データを利用して生じたトラブルに関しては，CQ 出版株式会社ならびに著作権者は責任を負いかねますので，ご了承ください．

第1部　Wi-Fi対応無線マイコンESPの使い方

第1章 ペタッと貼るだけで
マシンとWebサービスを直結！

IoT加速スイッチON！
アタッチメント無線マイコン続々

宮崎 仁　Hitoshi Miyazaki

（a）Webのシステム　　　　　　　　　　　　（b）IoTのシステム

図1　IoTの何がいいって，AIやビッグデータなどのクラウド・サービスが充実していることだ
通信手段をもったマシン（もの）どうしが，クラウドを介して勝手にしゃべりながら判断し動く時代が，すぐそこまで来ている

長年の夢！
IoTワールドが現実のものに

● 充実のクラウド・サービス

　インターネットに接続されたモノどうしが互いにしゃべりながら勝手に動くIoT（Internet of Things）時代がやってきました．テレビ/家電/車から時計/体重計などの日用品まで，ありとあらゆる「モノ」がインターネットに接続されつつあります．
　IoTを後押しするのは，人工知能など，クラウド上のコンピュータが提供する魅力的なインターネット・サービスです（**図1**）．昔は，情報ページを見せるだけのサービスばかりでしたが，マシンからWebサーバにデータを送って保存したり，これらのデータに意味付けをしてユーザに戻すインテリジェントな双方向（インタラクティブ）サービスが普通になりました．

● マシンにペタッ！　貼るだけでIoT化が完了する無線モジュールが続々

　インターネットに直結できる無線モジュールがあれば，ペタッと貼るだけで，「モノ」にクラウド上の超高性能コンピュータを接続できます．
　写真1に示すのは，今注目のIoT化を強力に加速するアタッチメント無線マイコンです．（a）のESP-

(a) ESP-WROOM-32（参考価格700円）

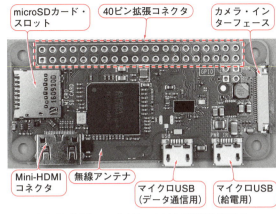

(b) ラズベリー・パイ Zero W（参考価格1,300円）

写真1　マシンにペタッ！3分でIoT化が完了する注目の2大無線デバイス
どちらもWi-FiとBluetoothを搭載した小型RFコンピュータ・デバイス．なんでもペタッと貼るだけで，インターネット上の超高性能コンピュータとつながってしまう．まさにアタッチメントIoT化デバイス

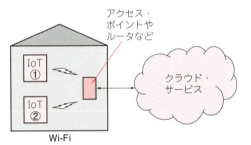

図2　IoTマシンとクラウドをケーブルレスでつなぐインターフェースその① Wi-Fi

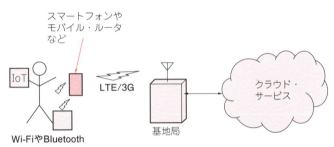

図3　IoTマシンとクラウドをケーブルレスでつなぐインターフェースその② 携帯回線

WROOM-32は700円，(b)のラズベリー・パイ Zero Wは1,300円という驚きの安さです．

　従来は，マシンを無線化するまでに高いハードルがありました．GHz帯の高周波を扱う回路の設計や実装には，今も高度な技術を必要とするからです．法律の壁もあります．マシンから電波を出すためには，技術基準適合証明（1点ずつ）や工事設計認証（量産品の一括認証）を取得しなければなりません．最近は，技適取得済みの無線モジュール，無線マイコンが安価に出回るようになり，その壁は取り払われました．

＊　　　＊　　　＊

　IoT化の流れは強まる一方です．全世界で使われているIoTデバイスの数は，2020年には300億個にのぼると予測されています．

手軽に使える3つの無線ソリューション

① 大本命！ Wi-Fi

　クラウドにケーブルレスで接続する通信規格の筆頭は，Wi-Fiでしょう．

　インターネットは，無数のLAN（Local Area Network）をつなぐ地球規模のネットワークで，世界で統一化された手順（TCP/IP：Transmission Control Protocol/Internet Protocol）で通信できます．

　最も広く用いられているLANは次の2つです．

- Ethernet（802.3 有線LAN）
- Wi-Fi（802.11 無線LAN）

　家庭やオフィスのインターネット接続（光ファイバやLTE）でも，多数の端末間でEthernetやWi-Fiを使ったTCP/IP通信が可能です（図2）．

　インターネット上を伝わるデータは，IPパケット（20バイト～64kバイト）が1単位ですが，LAN側では，このIPパケットをさらにLANで規定されたパケット（802.3や802.11ではフレームと呼ぶ）に収めて伝送します．1フレームのデータ長はEthernetが最大1500バイト，Wi-Fiが最大2312バイトです．これよりも長いIPパケットは，分割して複数フレームで伝送します．

　Ethernetの初期の仕様で，最大データ長（MTU：Maximum Transmission Unit）が短く抑えられており，最近のLANとしては伝送効率が良くありません．Wi

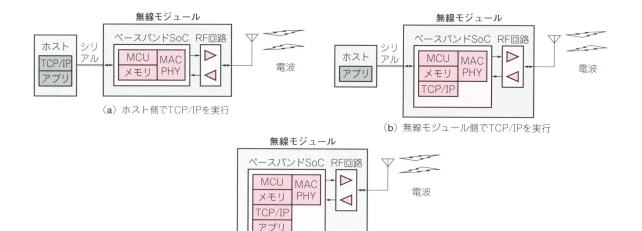

図4 最近のIoT化無線デバイスは高周波アナログ回路と高性能なコンピュータ回路を内蔵する
ワンチップでWi-FiとBluetoothの全規格に対応するマルチ・モード・タイプが多い

-FiはMTUが大きく，さらに短いフレームを結合して伝送効率を高めています．

② アウトドアでも！ 携帯回線（LTEや3G）

携帯電話を使えば，サービス・エリア内ならどこにいても無線で音声通話やデータ通信が可能です．

3G，3.5Gと世代が進んで高速化し，最近のLTE（4Gサービス）の通信速度は100 Mbps以上です．インターネット接続用として十分に高速で，無線ブロードバンドに位置付けることができます．

携帯回線では，数kmのメッシュ状に設置された基地局（セルラ網）と端末機器の間で通信します．移動しても，端末が近くの別の基地局を探して，接続を維持します（ハンドオーバという）．その代わり，ユーザが自分で基地局を設置したりはできません．端末機器の選択肢も限られています．通信料の負担も軽くなく，無線の通信距離も比較的長いので，消費電力も大きめです．

③ スマホでおなじみ！ Bluetooth

Wi-Fiより低速ですが，ハードウェアやソフトウェアがシンプルです．

クラシックなBluetoothは，スピーカ/ヘッドホンのように途切れなくデータを流し続けるアプリケーションを想定しており，動作中の消費電力は大きめです．BLE（Bluetooth Low Energy）は，1フレームあたり最大27バイトの少量データを間欠的に送るアプリケーションを想定しています．具体的には，通信時間を短時間に抑えて，それ以外の時間はスリープによる低消費電力化を図っています．

最新鋭のアナログとディジタルが融合！ IoT化無線デバイスのハードウェア

● **RF回路とコンピュータを混載**

無線デバイスの機能は，ベースバンド信号をRF信号に変調してアンテナから送信したり，アンテナで受信した高周波信号をベースバンド信号に復調することです．

図4に示すように，最近の無線デバイスは，高周波回路とベースバンド回路（SoC）の2チップ（または1チップに統合）で実現されています．

SoCは，ARMなどの32ビットMCU（Micro Controller Unit）コアと，Wi-FiやBluetoothなど対応する無線規格のMAC層，PHY層向けのハードウェア回路を搭載しています．GPIOやA-D/D-Aなどの汎用ペリフェラルを内蔵したSoCも増えています．

Wi-FiとBluetoothはどちらも2.4 GHz帯を利用するため，無線回路を共有できます．そこでデュアル・モードのSoCも多くなっています．

同じWi-Fi規格でも，次の方式にワンチップで全対応するマルチ・モード・タイプのSoCも一般化しました．

- 通信方式の違う802.11 bと802.11 g
- 2.4 GHzの802.11 b/gと5 GHzの802.11 a
- 1つの規格で2つの周波数に対応する802.11 n

BluetoothでもクラシックなBluetoothとBLEはMAC層，PHY層が非互換なので，デュアル・モード対応のSoCが多くなります．

使っている無線モジュールが技適取得済みだとして

も，内蔵MCUのプログラムを変更して機能や性能を変えてしまうと，電波法に違反することがあります．アンテナを含めて使用者による変更，改造はできません．

● ホスト大助かり！　何でもやっちゃう豪華機能を搭載したタイプも続々

最近のMCUの高い処理能力を活用して，次のような無線デバイスも誕生しています．

- TCP/IPなど上位層のプロトコルを実行するタイプ
- WPA（Wi-Fi Protected Access）などのミドルウェアを搭載したタイプ
- Webサーバなどアプリケーション層のプロトコルを実現するタイプ
- Linux OS搭載版
- フラッシュ・メモリを実装して，出荷後にファームウェアを更新できるタイプ

これらの高機能な無線デバイスを使うと，ホストの処理負担を大幅に軽減でき，アルデュイーノをはじめとする軽量マイコンでも，高度な通信機能を実現できます．

● UART接続が多い

ホスト・システムと無線デバイスの接続は，マイコンでおなじみのUART（Universal Asynchronous Receiver/Transmitter），SPI（Serial Peripheral Interface），I²C（Inter Integrated Circuit），USBなどのシリアル・インターフェースが一般的です．特にUARTは，ホスト側から単なるCOMポートに見えて簡単に扱えるので，シンプルなアプリケーションや初期の接続テストによく使われます．

高機能の無線デバイスでも，UARTによる簡単な接続をサポートしているものがあります．ホスト側から無線デバイスを制御するために，ATコマンドをサポートしているものや，独自コマンド・セットを用意しているものがあります．

注目の低価格無線モジュール ESP-WROOM-32とラズベリー・パイ Zero W

● IoTに欠かせないWi-FiとBluetoothに可能

マイコン・ボードや無線モジュールの低価格化が急速に進んでいます．中でも次の2つは大注目です（表1）．

- ESP-WROOM-32：Wi-FiとBluetooth通信が可能な700円無線モジュール
- ラズベリー・パイ Zero W：Linuxデスクトップが作れる1,000円コンピュータ・ボード

どちらも，次のWi-FiとBluetoothの規格に対応し

表1　注目のアタッチメントIoT化無線マイコン「ESP-WROOM-32」と「ラズベリー・パイ Zero W」のスペック

項目 デバイス名	① ESP-WROOM-32	② ラズベリー・パイ Zero W
搭載無線チップ	型名：ESP32（Espressif），搭載CPU：Xtensa LX6 デュアル・コア（240 MHz，520 Kバイト，オンチップSRAM）	型名：CYW43438（サイプレス），CPU：ARM Cortex-M3
Wi-Fi	802.11b/g/n，2.4GHzだけ	802.11b/g/n，2.4GHzだけ
Bluetooth	v4.2，BR/EDR + BLE	v4.1，BR/EDR + BLE
ホスト・チップ	なし	BCM2835（Broadcom），ARM1176JZF-S シングル・コア，1 GHz
DRAM	なし	512Mバイト，DDR2
インターフェース	UART/I²C/SPI/SD/SDIO/A-D/D-A/PWM/モータ，/GPIOなどをサポート．USBなし，38ピン，1.27mmピッチ，表面実装用パッド	microUSB（OTG），mini HDMI，microSD，CSIカメラ，UART/I²C/SPI/PWM/GPIOなどをサポート，40ピン，2.54mmピッチ，2列ヘッダ
サイズ	18 × 25.5 mm	65 × 30 mm

ています．

- Wi-Fi：2.4 GHzの802.11 b/g/n
- Bluetooth：クラシックBluetooth（BR/EDR）とBLE

TCP/IPやHTTPなどのプロトコルも一通り搭載しています．

● 違いは？

▶ ESP-WROOM-32

無線通信に特化したマイコン・モジュールです．ホスト・チップやDRAM，ストレージなどは搭載していません．ただしCPUのESP32がデュアル・コアで高機能なので，モジュール単体でも動画再生などが可能です．軽量なホストと組み合わせて，システムを構成することもできます．次の2つの使い方が考えられます．

① 大規模なIoTデバイスの中で，無線通信処理を担当する
② 小規模なIoTデバイスの機能のほとんどを担う

▶ ラズベリー・パイ Zero W

れっきとしたLinuxパソコンです．

システムのメインとなるホスト・チップと，無線機能を実現する無線デバイスを搭載しています．無線以外の機能はホスト・チップが担当しており，I/O拡張コネクタの端子とつながっています．

（初出：「トランジスタ技術」2017年11月号）

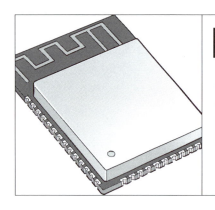

第2章 Arduinoの開発環境を使える！画像表示＆Bluetooth通信OK！
コスパ高すぎ！Wi-Fiマイコン「ESP-WROOM-32」

成松 宏 Hiroshi Narimatsu

ESP-WROOM-32(**写真1**)編注は，2016年に発売を開始したWi-Fiモジュールです．Wi-Fi通信機能だけではなく，**デュアル・コアCPU**や**4Mバイトのフラッシュ・メモリ**，**アナログ入出力**などを備えています(**図1**)．プログラム開発も容易で，**価格も数百円**と安価です．本稿ではその特徴や仕様を紹介します．

IoT開発したい人注目！

● 安い

2015年に日本国内で発売を開始したWi-FiモジュールESP-WROOM-02(Espressif Systems)は，500

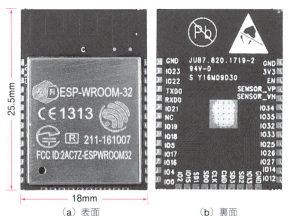

写真1 IoT化アタッチメントWi-FiマイコンESP-WROOM-32
Wi-Fi/Bluetooth通信に必要なハードウェアがすべて入ったモジュール．プログラム開発も容易で安価．IoTエッジ・デバイス作りにピッタリ

編注：ESP-WROOM-32のモジュール名は，2018年6月に「ESP32-WROOM-32」に変更された．ただし現状では市場での表記が混在しているので，本書では「ESP-WROOM-32」で統一している．

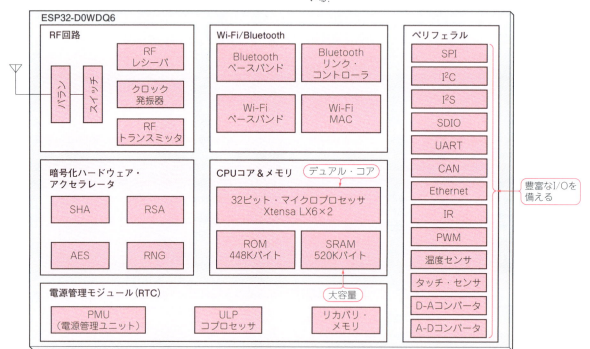

図1 ESP-WROOM-32に搭載されているWi-Fiマイコン・チップESP32-D0WDQ6の内部ブロック

表1　同価格帯のマイコンと比べると抜群に高性能！ Wi-FiモジュールESP-WROOM-32の主な仕様
前モデルのESP32-WROOM-02と汎用マイコンSTM32F303K8T6（STマイクロエレクトロニクス）の性能を比較

	型　名	ESP-WROOM-32	ESP-WROOM-02	STM32F303K8T6
	メーカ名	Espressif Systems	Espressif Systems	STマイクロエレクトロニクス
搭載マイコン	チップ名	ESP32-D0WDQ6 （Espressif Systems）	ESP8266EX （Espressif Systems）	STM32F303K8T6 （STマイクロエレクトロニクス）
	CPUコア名	Tensilica Xtensa LX6	Tensilica Xtensa LX106	ARM Cortex-M4
	コア数	2	1	1
	動作クロック	最大240 MHz	最大160 MHz	最大72 MHz
	SRAM	520Kバイト （260Kバイト）注1	データRAM：96 Kバイト （50 Kバイト）注1 命令RAM：64 Kバイト	16 Kバイト
	フラッシュ・メモリ	4 Mバイト （外付けSPI）	2 M/4 Mバイト （外付けSPI）	64 Kバイト （内蔵）
無線	Wi-Fi	802.11 b/g/n	802.11 b/g/n	-
	Bluetooth	v4.2 BR/EDR，BLE	-	-
I/O	端子数	38	18	32
	GPIO端子数注2	22	9	25
	A-Dコンバータ	1	1	2
	D-Aコンバータ	2	-	3
	タッチ・センサ	10	-	18
	温度センサ	1	-	1
	SPI	3	1	1
	I²S	2	2	1
	I²C	2	1	1
	UART	3	1	3
	SD/SDIO/MMC	1	0	
	Ethernet	1		
	CAN	1		1
	タイマ/PWM	16	4	11
参考価格		550～700円	400～550円	410円
代表的な開発ボード		ESP32-DevKitC （Espressif Systems）	ESP-WROOM-02開発ボード （秋月電子通商）	STM32F303K8 （STマイクロエレクトロニクス）
開発ボード参考価格		1,480円	1,280円	1,600円

注1：括弧内の値はほとんどRAMを使用しないプログラムをArduino IDEでコンパイルした際に表示される残りRAM容量
注2：ESP-WROOM-02/32はピン配置図で名称がIOで始まるものをすべてGPIO端子とした

円台という値段の安さと，日本国内の電波法の認証（技適）を取得済みであることで注目を集めました．ESP-WROOM-02が登場する前は，XBee（ディジ インターナショナル）などのWi-Fiモジュールがよく使われていましたが，価格は4,000～5,000円と高価でした．

2016年9月に発売されたESP-WROOM-32（Espressif Systems）は，ESP-WROOM-02の後継機種としてさまざまな機能が強化されました．Wi-Fiモジュール単体の価格は550～700円程度です．ESP-WROOM-02と同様に日本国内の電波法の認証を取得しています．

強化された点は主に次のとおりです．

- Bluetooth無線機能の追加，I/Oの拡充
- デュアル・コアによる高速化
- RAM容量の増加（96 K→520 Kバイト）

● **高性能**

ESP-WROOM-32は，同価格帯のマイコンと比較すると抜群に高いコスト・パフォーマンスを持ちます．比較対象は前モデルのESP-WROOM-02，および販売価格410円の32ビット・マイコンSTM32F303K8T6（STマイクロエレクトロニクス）です．**表1**に主な機能の性能比較を示します．

▶ I/Oの種類と数が豊富

ESP-WROOM-32は，22本のGPIOのほか，SPIが3系統，I²Cが2系統，I²Sが2系統，UARTが3系統とシリアル・インターフェースを豊富に備えています．EthernetやSDカード・インターフェースも備えています．A-D/D-Aコンバータも内蔵しており，汎用マイコンのSTM32F303K8T6と比べても見劣りしません．

表2 ESP-WROOM-32用開発ボードのいろいろ
機能や価格に応じてさまざまな種類が用意されている．用途に応じて使い分ける

開発ボード名	ピン数	電源電圧	USBシリアル変換チップ	参考価格	備考
ESP-WROOM-32 DIP化キット（秋月電子通商）	38	2.2～3.6V	無し	900円	－
ESP-WROOM-32ピッチ変換済みモジュール（スイッチサイエンス）	36	2.2～3.6V	無し	1,080円	ピン・ヘッダは付属しない
ESP32-DevKitC（Espressif Systems）	38	5V（USB給電）	有り	1,480円	
ESPr Developer32（スイッチサイエンス）	40	5V（USB給電）	有り	2,160円	ピン・ヘッダは付属しない
ESP-WROOM-32ブレークアウトSD＋（スイッチサイエンス）	38	5V（USB給電）	有り	3,980円	SDカード・スロット付き

図2 初心者でもプログラムの開発が始めやすいArduino IDEが使える

▶画像も難なく扱える大容量メモリ

ESP-WROOM-32は，ほかの2つのマイコンと比べてSRAMの容量が倍以上あります．これだけの容量があれば，音声や画像データも楽に扱えます．

▶Bluetoothも使える

ESP-WROOM-32は，Wi-FiだけではなくBluetoothも使えます．これはほかの2つのマイコンにはない機能です．

中国Espressif Systems社ってどんな会社？　　Column 1

● IoT産業における最もクールな企業

Espressif Systems社（楽鑫信息科技有限公司）は，2008年，上海の浦東新区で設立された低電力消費型の通信半導体のファブレス・メーカです．

中国の工商局が公開した資料によると，資本金は約227万ドルです．上海浦東新区張江高科技園区にある500平米の「創知空間」にオフィスがあります．2017年現在，従業員は約120人で，20～30代の国内の若者が中心です．上位管理職に海外留学経歴，または外資企業で勤務経験をもつ人も多いです．

国内の無錫市（むしゃくし），成都市（せいとし），そして海外に研究開発センタがあります．オフィスでは，コーヒやジュース，お茶などの飲み物からパンまで無料で提供されています．制服やスーツを着る必要はなく，ペットも許されているようです．

2016年に米調査会社ガートナーから「IoT産業における最もクールな企業」の1つに選ばれ，低電力通信半導体の世界的デファクト・スタンダード企業になりつつあると言われています．

● 創業者の顔

CEOは，創業者である張 瑞安（TEO SWEE ANN）です．シンガポール国立大学修士学位，趣味はギターと将棋．米国シリコンバレーで数年の勤務経験があります．2001年，Tensilica社（現，ケイデンス社）でBluetoothチップの開発に関わりました．その後，Marvell社に移り，Bluetoothチップ/802.11bgn/802.11aの開発に関わりました．2004年，共同設立者として，瀾起科技社（Montage Technology）を立ち上げて技術総監に就任し，DVB-S/DVB-S2/DVB-T tunerの開発リーダを務めました．

彼は「市場にすでにあるものは作らない」と言っており，www.patenthub.cnで調べると，Espressif Systems社で取得した特許は56件ほどあります．

● 進化するESPマイコン

2013年，Espressif Systems社は，完全なTCP/IPスタックとマイクロコントローラを備えた低コストの小型Wi-FiモジュールESP8266マイコンを開発しました．

そして2016年9月，Wi-FiとBluetoothを内蔵する低コスト＆低消費電力なSoCのマイクロコントローラEPS32がリリースされました．Xtensa LX6マイクロプロセッサ（Tensilica）を採用しており，デュアル・コア版とシングル・コア版があります．デザイン・ルールは，0.13 μmから90 nmを経て，現在は40 nmを使っています．

〈姜 波〉

表3　無線マイコンESP32シリーズのラインナップ
ESP-WROOM-32に搭載されているのはESP32-D0WDQ6

型　番	コア数	内蔵フラッシュ・メモリ	パッケージ
ESP32-D0WDQ6	2	無し	QFN 6×6
ESP32-D0WD	2	無し	QFN 5×5
ESP32-D2WD	2	16Mビット	QFN 5×5
ESP32-S0DW	1	無し	QFN 5×5

● スケッチでプログラミングできる

　ESP-WROOM-32は，学生/ビギナ向けマイコン・ボードArduino用の開発環境であるArduino IDE（図2）を使ってプログラムを作成できます．ライブラリもたくさん公開されています．プログラムの書き換えも後述する開発ボードがあればUSBケーブル1本でできるので，10分あればWi-Fiに接続するプログラムが開発できます．

　ESP-WROOM-32のすべての機能が使える専用の開発環境ESP-IDF（IoT Development Framework）もメーカから提供されています．Bluetooth機能はArduino IDEでは使えないので，ESP-IDFを使って開発します．

● すぐに使える開発ボードが提供されている

　すぐに試したいユーザ向けに，開発ボードが発売されています（表2）．電源IC，USBシリアル変換ICの有無などにより値段が異なります．

　ESP-WROOM-32を単体で使用するためには，2.2～3.6Vを出力する電源IC，プログラム書き込み用のUSBシリアル変換チップが必要です．これらが搭載された開発ボードを用意すれば，パソコンとUSBケーブルを接続するだけで使用できるのでおすすめです．microSDカード・スロット搭載の開発ボードを選べば，SD/MMCカード・インターフェースも試せます．

ESP-WROOM-32の基本スペック

1 Wi-Fiマイコン・チップ

● あらまし

　Wi-FiモジュールESP-WROOM-32には，ESP32-D0WDQ6（Espressif Systems）というWi-Fiマイコン・チップが搭載されています．型名のESP32はマイコンのシリーズ名で，表3に示す4種類の製品が用意されています．マイコン自体は電波法の認証を受けていません．本マイコンを使って新たにWi-Fiモジュールを開発するには使用者が認証を受ける必要があります．

　図1にESP32-D0WDQ6（Espressif Systems）の内

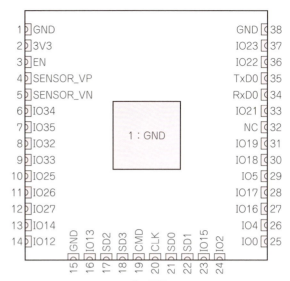

図3　ESP-WROOM-32の端子配置

部ブロックを示します．主な構成要素はデュアルCPUコア，520KバイトのSRAM，Wi-Fi/Bluetooth用のRF回路，暗号化回路，電源管理モジュール，各種I/Oです．

● CPU…最高240MHz動作のTensilica製コア

　ESP32シリーズには，Tensilica Xtensa LX6というCPUコアが搭載されています．

　Tensilicaはかつてシリコンバレーに存在したIPコア企業の名称です．1997年にMIPS社を創業した内の1人であるChris Rowen氏によって設立されました．2013年にケイデンス社に買収され，現在では同社の一部になっています．

　Tensilica Xtensa LX6はオープン・ソースのコンパイラGCC（GNU Compiler Collection）でサポートされています．ESP32シリーズのCPUコア用コードは，GCCで生成できます．

● メモリ…大容量520KバイトRAM

▶内蔵RAM

　ESP32-D0WDQ6には，容量520KバイトのRAMが内蔵されています．

　RAMの一部はROM上のコードを実行する命令処理と開発環境のSDKに使われます．ArduinoIDEで実際に確認したところ，ユーザのプログラムが使用できるのは260Kバイト程度でした．

▶内蔵ROM

　ESP32-D0WDQ6には，ROMが内蔵されています．起動時に使う命令コード用の448Kバイトと，設定保存用の1Kビットがあります．

　1Kビットのうち，256ビットがMACアドレスなど

表4[3] ESP-WROOM-32のアナログ端子機能

GPIO番号	パッド名	アナログ機能		
		1	2	3
0	GPIO0	—	ADC2_CH1	TOUCH1
2	GPIO2	—	ADC2_CH2	TOUCH2
4	GPIO4	—	ADC2_CH0	TOUCH0
12	MTDI	—	ADC2_CH5	TOUCH5
13	MTCK	—	ADC2_CH4	TOUCH4
14	MTMS	—	ADC2_CH6	TOUCH6
15	MTDO	—	ADC2_CH3	TOUCH3
25	GPIO25	DAC_1	ADC2_CH8	—
26	GPIO26	DAC_2	ADC2_CH9	—
27	GPIO27	—	ADC2_CH7	TOUCH7
32	32K_XP	XTAL_32K_P	ADC1_CH4	TOUCH9
33	32K_XN	XTAL_32K_N	ADC1_CH5	TOUCH8
34	VDET_1	—	ADC1_CH6	—
35	VDET_2	—	ADC1_CH7	—
36	SENSOR_VP	ADC_H	ADC1_CH0	—
37	SENSOR_CAPP	ADC_H	ADC1_CH1	—
38	SENSOR_CAPN	ADC_H	ADC1_CH2	—
39	SENSOR_VN	ADC_H	ADC1_CH3	—

表5 ESP-WROOM-32のオプション機能の設定端子
リセット解除時のピンの状態でチップの動作が設定される

IO12（プルダウン）	デフォルト	VDD_SDIO
0	*	3.3 V
1		1.8 V

（a）SDカード・インターフェースの電源電圧設定

IO0（プルアップ）	IO2（プルダウン）	デフォルト	Boot mode
1	—	*	モジュール内蔵ROMから起動
0	0		RXD0/TXD0からダウンロードされたプログラムで起動

（b）プログラム書き込みモードの設定

IO15（プルアップ）	デフォルト	起動時のTXD0へのデバッグ・ログ出力
0		出力しない
1	*	出力する

（c）起動時のTXD0へのデバッグ・ログ出力設定

IO15（プルアップ）	IO5（プルアップ）	デフォルト	SDIO Slaveのタイミング
0	0		Falling-edge Input, Falling-edge Output
0	1		Falling-edge Input, Rising-edge Output
1	0		Riging-edge Input, Falling-edge Output
1	1	*	Riging-edge Input, Rising-edge Output

（d）SDIOスレーブのタイミング

のネットワーク関連の設定を保存するために使われます．残りの768ビットはユーザに開放されています．

● I/O…豊富な機能をかなり自由自在に端子に割り当てられる

図3に示すのは，ESP-WROOM-32の端子配置です．電源端子（GND，3V3），リセット端子（EN）以外は，すべてGPIO端子として使えます．EN端子はロー・アクティブなので，Hレベルを入力するとリセットが解除されます．

▶ディジタル端子の割り当て機能

ESP-WROOM-32は，端子の割り当て機能が充実しています．ディジタル端子に限れば各種機能の入出力を，ほぼすべてのGPIO端子に自由に割り当てられます．

ESP32-D0WDQ6にはGPIO matrixと呼ばれる巨大な信号セレクタを内蔵しています．SPIやUART，I²Cなど内部に162本あるペリフェラル入力は，34本あるGPIO端子のどこにでも割り当てが可能です．内部に176本あるペリフェラル出力も同様に，34本あるGPIO端子のどこにでも割り当てが可能です．

イーサネットやSDIO，SPI，JTAG，UARTなど高速な動作が求められるインターフェースでは，より良い信号品質を得るためにGPIO Matrixをバイパスする機能があります．これらの入出力は，割り当てられるGPIO端子が限定されます．

▶アナログ端子の割り当て機能

A-D/D-Aコンバータ，タッチ・センサなどのアナログ・ペリフェラルは割り当てられる端子が限定されます．

表4にアナログ機能を持つ端子の機能一覧を示します．TOUCH0～9はタッチ・センサ用です．ADC_HはESP32-D0WDQ6に内蔵されているホール素子の磁気センサをA-Dコンバータに接続した状態になります．

▶動作設定端子

IO0，IO2，IO5，IO12，IO15はESP32-D0WDQ6の動作設定を行う端子です．リセット信号解除時に各端子の値を読み込みます．

各端子ともリセット後はプルアップまたはプルダウンされるので，何も接続しなければ内蔵ROMに書き込まれたプログラムが起動します．

表5に各端子の設定内容を示します．SDカード・インターフェースの電源電圧やタイミング，起動時のデバッグ・ログの有無，ブート・モードの切り替えができます．

ESP-WROOM-32にプログラムを書き込むときは，IO0とIO2をLレベルにしながら起動します．IO2は

Column 2　初心者にはこちらをおすすめ！Wi-FiモジュールESP-WROOM-02

　ESP-WROOM-32の前モデルであるESP-WROOM-02は，ESP8266と呼ばれるWi-Fiマイコン・チップを内蔵したモジュールです．550円という値段の安さと，日本国内の電波法の認証を取得していたことで，注目を集めました．外観を**写真A**に，主な仕様を**表1**(p.11)に示します．

　ESP-WROOM-32と同じように，プログラム開発環境として，メーカからSDK(Software Development Kit)が無償で公開されています．

　初心者向けにArduino用の開発環境であるArduino IDEでもプログラムが作れます．こちらも無償で入手できます．

▶**理由1：Arduinoライブラリが充実している**

　ESP-WROOM-02用のArduinoライブラリは，ESP-WROOM-32よりも充実しています．Wi-Fi機能を使ってセンサ・データをクラウド・サービスに送る程度であれば，ESP-WROOM-02の方がおすすめです．

　ESP-WROOM-32のArduinoライブラリの不安要素は，メーカが自ら開発を行っている点です．ESP-WROOM-02のArduinoライブラリは，ボランティア中心で開発していたので，世界中のオープ

（a）表面　　　　　　　　（b）裏面

写真A　初心者にはコチラをおすすめしたい！Wi-FiモジュールESP-WROOM-02

ン・ソース・エンジニアが開発に貢献できました．一方，ESP-WROOM-32はメーカが専従者を確保して開発しているので，ボランティアが貢献できず，開発が遅れる恐れがあります．

▶**理由2：必要十分な処理能力を持っている**

　ESP-WROOM-32と比べると見劣りますが，ESP-WROOM-02も必要十分な処理能力を持っています．Wi-Fi経由でセンサ情報やシリアル通信を行う程度であれば，ESP-WROOM-02で十分でしょう．

〈成松　宏〉

プルダウンされているので，実際にはIO0だけLレベルにしながらリセット解除すればプログラム書き込みモードに切り替わります．起動したらRXD0/TXD0端子よりプログラムをダウンロードし，内蔵ROMに書き込みます．

● **電源管理モジュール…低電力動作の要**

　ESP32-D0WDQ6には，後述するRTCと呼ばれる電源管理モジュールが搭載されています．RTCにはPMU(Power Management Unit)やULP(Ultra Low Power)コプロセッサ，リカバリ・メモリなど省電力動作のための機能が集約されています．

　表6に示す5つのパワー・モードが用意されています．スリープ・パターンがAssociation(接続維持)のモードでは，CPUとWi-Fi/Bluetoothモジュールがあらかじめ決められた周期で目覚め，Wi-Fi/Bluetoothの接続を維持します．ULPセンサ・モニタでは，CPUはDeep-sleepとなり，ULPコプロセッサのみ動作しセンサの値を収集します．センサ値に基づいてメイン・システムを起動させます．

▶**なぜ「RTC」という名称なのか？**

　一般的なマイコンは，RTCというとReal Time Clockのことを指します．ところが，ESP32-WROOM-32のデータシート[2]にもテクニカル・リファレンス・マニュアル[3]にもReal Time Clockという記述はありません．開発当初はReal Time Clockを内蔵することを想定して別系統電源を用意していたものの，途中で機能自体が削除されてしまい，モジュール名として「RTC」が残ってしまったのではないかと想像しています．

◆**参考・引用＊文献**◆
(1) ESP-WROOM-02でファームウェア書き換えが工事認証を無効にする可能性について
　　https://www.switch-science.com/catalog/2346/
(2) ESP32-WROOM-32 Datasheet
　　https://espressif.com/en/support/download/documents
(3)＊ESP32 Technical Reference Manual
　　https://espressif.com/en/support/download/documents
(4) ESP32 AT Instruction Set and Examples
　　https://espressif.com/en/support/download/documents
(5) ECO and Workarounds for Bugs in ESP32
　　https://espressif.com/sites/default/files/documentation/eco_and_workarounds_for_bugs_in_esp32_en.pdf

（初出：「トランジスタ技術」2017年11月号）

表6(2) ESP-WROOM-32のパフォーマンス＆消費電力モード

パワー・モード	スリープ・パターン	CPU	Wi-Fi/Bluetooth	RTCモジュール	ULPコプロセッサ	消費電流[注1]	備考
Active	Association（接続維持）	ON	ON	ON	ON	240 mA	送信 802.11b, DSSS 1 Mbps, +19.5 dBm
						190 mA	送信 802.11b, OFDM 54 Mbps, +16 dBm
						180 mA	送信 802.11g, OFDM MCS7, +14 dBm
						95 m～100 mA	受信 802.11b/g/n
						130 mA	送信 BT/BLE, 0 dBm
						95 m～100 mA	受信 BT/BLE
Modem-sleep		ON	OFF	ON	ON	30 m～50 mA	クロック周波数240 MHz
						20 m～25 mA	クロック周波数80 MHz
						2 m～4 mA	クロック周波数2 MHz
Light-sleep		PAUSE	OFF	ON	ON	0.8 mA	－
Deep-sleep	ULPセンサ・モニタ	OFF	OFF	ON	ON/OFF	150 μA	ULPコプロセッサの電源はON
						100 μA	ULPセンサ・モニタ・パターン, デューティ比1%
						10 μA	RTCタイマ＋RTCメモリ
Hibernation	－	OFF	OFF	OFF	OFF	5 μA	RTCタイマのみ

注1：送信時の消費電力は，デューティ比50%時のもの

Column 3 Wi-Fiモジュールの泣き所！ 起動時の電源電流を必ずチェックせよ

　無線機能を内蔵しているWi-Fiモジュールは，通信時に数百mAの大きな起動電流が流れるので，それに応じて電源周りを強化する必要があります．ここでは，ESP-WROOM-32がWi-Fi通信をしているときの電源電流を計測しました．図Aのように，5V電源ラインに0.1Ωの抵抗を挿入し，その両端の電圧をオシロスコープで観測しました．

　図BにWi-Fi通信時の電流波形を示します．1目盛り(20 mV)は，電流値に換算すると200 mAです．定常的に流れているのは200 mA程度で，Wi-Fi通信を行うタイミングに800 mAぐらいの起動電流が発生しています．Wi-Fiを使用しないときはパルス電流は発生しません．

　数十μsとはいえ，800 mAもの電流が流れるので，電源ラインの配線抵抗による電圧降下も無視できません．仮に電源ケーブルの抵抗が1Ωだとすると，800 mAの電流で0.8 Vの電圧降下が発生します．

▶電源ICは出力電流に余裕のあるタイプを選ぶ

　ESP-WROOM-32に3.3V電源を供給する電源ICは，電流容量に余裕のあるタイプを選びましょう．たとえば3.3V/500 mAの電源ICだと，800 mAの起動電流が流れたときに，過電流保護回路が働き，出力電圧が大幅に低下する可能性があり，動作が不安定になる恐れがあります．

〈成松 宏〉

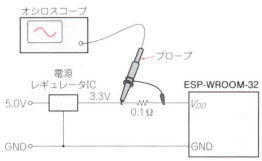

図A ESP-WROOM-32の電源電流をオシロスコープで観測した
0.1Ωのシャント抵抗を挿入して電流の変化を観た

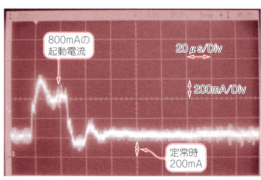

図B ESP-WROOM-32がWi-Fi通信しているときの電流波形
定常的に流れる電流は200 mA．Wi-Fi通信時に800 mAのパルス電流が流れる

第3章 長年の蓄積で使いやすく，低消費電力でお財布にもやさしい

IoTお試し開発におすすめ！「ESP-WROOM-02」

米田 聡 Satoshi Yoneda

　ESP-WROOM-02はESP-WROOM-32の「前モデル」とされることが多いのですが，開発元のEspressif Systems社（以下，Espressif）はESP-WROOM-02とESP-WROOM-32を併売しており，ターゲットの異なる製品と位置づけています．実際，処理能力や使いやすさ，価格などを検討するとESP-WROOM-02で十分な場合も多いと思われます．

　本稿では，ESP-WROOM-02の特徴を紹介し，ESP-WROOM-02とESP-WROOM-32をどのように使い分ければよいのかを考察します．

ESP-WROOM-02とは

　ESP-WROOM-02とは，Espressifが開発したSoC「ESP8266」シリーズを使用し，フラッシュ・メモリやWi-Fiのアンテナなどを組み付けたモジュール製品です．

● 中核となるSoC「ESP8266」の特徴

▶高速なCPUコアを採用

　CPUコアにはTensilicaが開発した「Xtensa LX106」を採用しています．初期のころESP8266の動作クロックは80MHzで「160MHzの動作も可能（オーバークロック）」とされていましたが，現在では公式に，最大160MHzのクロックで動作するとされています．

▶RAMを内蔵

　命令用64Kバイト，データ用96KバイトのRAMをオンチップに集積しています．外付けのRAMは不要です．

▶フラッシュ・メモリの高速伝送をサポート

　フラッシュ・メモリのインターフェースには，高速伝送のためにデータ線を2本使うDual SPIモードと，データ線を4本使うQuad SPIモードがあります．ESP8266はこれらの両方をサポートしています（**表1**）．

　フラッシュ・メモリ・インターフェースのどれを使うかは，ソフトウェア側で設定します．第5章で出てくる「Generic ESP8266 Module」の設定項目を参照ください．

▶Wi-Fiは802.11b/g/nに対応，ATコマンドでも接続可

　ESP8266はIEEE 802.11b/g/nに対応するWi-Fiを統合しています．

　またESP8266には，シリアル・コンソールからATコマンドでWi-Fiに接続し，TCP/IPの通信を行うことができるファームウェアが用意されています．これにより，当初は「ArduinoなどWi-Fiを持たないマイコンでWi-Fiを使うインターフェース」として利用されました．

　その後，EspressifがESP8266のCPUコアであるLX106や外部インターフェースの技術情報を公開して，今では，ESP8266は単なるWi-Fi専用インターフェースではなく，「プログラム可能なマイコン」として活用されるようになってきました．

▶そこそこ豊富な外部インターフェース

　ESP8266は小型かつバッテリで駆動できる低消費電力のチップでありながら，GPIO，I²C，SPI，10ビッ

表1 ESP8266が対応しているフラッシュ・メモリ・インターフェースの一覧

タイプ	略称	概要
Quad I/O	QIO	4本のSPIとQuad I/O Fast Readコマンドを使う．最も高速
Quad Output	QOUT	4本のSPIとQuad Output Fast Readコマンドを使う．アドレスにMOSIを使うためQIOよりやや遅くなる（15％減）
Dual I/O	DIO	2本のSPIとDual I/O Fast Readコマンドを使う．QIOより45％ほど低速
Dual Output	DOUT	2本のSPIとQuad Output Fast Readコマンドを使う．QIOの1/2の速度になる（50％減）

トの解像度を持つA-Dコンバータ×1チャネルを内蔵しています．Arduinoほど豊富ではありませんが，単体でもさまざまなIoT機器に応用できるでしょう．

● 2種類のESP-WROOM-02が存在する

実は，ESP-WROOM-02には現在，いくつかのバリエーションが存在します．中でも，外観がほとんど同じ，次の2つには注意が必要です．

▶ ESP-WROOM-02［図1(a)］

オリジナルのモジュールです．2Mバイトまたは4Mバイトのフラッシュ・メモリを搭載しています．

▶ ESP-WROOM-02D［図1(b)］

Espressifのデータシートによると，Wi-Fiの動作の安定性および高性能化が図られたリニューアル・モデルとされています．ただし，ESP-WROOM-02Dはフラッシュ・メモリの容量が2Mバイトです．

● ESP-WROOM-02/02Dの端子配置

ESP-WROOM-02モジュールの端子配置を図2に，端子の機能一覧を表2に示します．ESP-WROOM-02Dも端子配置は同じです．

ESP-WROOM-02のプログラム書き込みに利用する端子はUART0です．UART0にUSB-シリアル変換モジュールを接続してパソコンに接続し，プログラムを行うのが一般的です．ESP8266はUART0以外に，出力専用のUART1を内蔵しています．

● モジュール単体で購入するも良し，DIP変換基板や開発ボードを使うも良し

ESP-WROOM-02は，モジュール単体で購入してIoT機器に組み込むことが可能です．2.54mmピッチの変換基板に実装済みのものも発売されています．また，UART0にUSB-シリアル変換モジュールを装備済みで，USBケーブルを使ってパソコンにつなぐだけで使えるような開発ボードも発売されています．

目的に応じてさまざまな形態のモジュールを入手できるのも，この製品の魅力です．

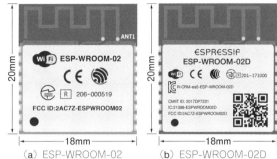

(a) ESP-WROOM-02　　(b) ESP-WROOM-02D

図1　ESP-WROOM-02と02Dの違いに注意

外観はそっくりだが中身は違う．(b)のほうが新しいが，フラッシュ・メモリの容量は2Mバイトになった

ESP-WROOM-02の開発環境

ESP-WROOM-02は発売から数年が経過して，さまざまな開発環境がそろっており，好みに合わせて選べます．よく使われているものを紹介します．

● ESP8266 Core for Arduino

Ardunio IDEで開発する場合に使用します．Arduinoと互換性を持つライブラリや，ESP-WROOM-02固有の機能を制御するライブラリのセットが提供されており，Arduino IDEに組み込んで使います．

以下のURLに情報が公開されています．詳しい使い方は第5章で紹介しています．

https://github.com/esp8266/Arduino

● MicroPython

PyBoard向けに開発されたMicroPythonが，ESP8266にも移植されています．完成度はかなり高く，ESP8266の大部分の機能を制御できます．

以下のURLに情報が公開されています．詳しい使い方は第6章で紹介しています．

ESP8266の進化形？「ESP8285」　　　　　　　　　　　　　　　　　　　　Column 1

ESP8266のバリエーションとして，「ESP8285」というSoCが2016年に発売されています．ESP8285は，ESP8266に8Mビット(2Mバイト)のオンチップ・フラッシュ・メモリを搭載したSoCです．開発キットも発売されており，ESP-WROOM-02とほぼ同じように扱うことができます．

ただし，フラッシュ・メモリ・インターフェースについては少々異なります．ESP8266を搭載するESP-WROOM-02では，フラッシュ・メモリ・インターフェースはQIOかDIOで書き込みを指定するのが一般的です．一方，ESP8285はオンチップにDual SPIでフラッシュ・メモリが載っており，フラッシュ・モードとしてDOUTを指定しないと書き込めないようです．

〈米田　聡〉

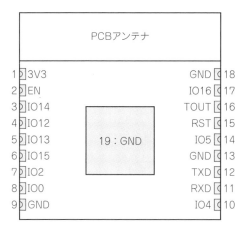

図2 ESP-WROOM-02の端子配置

表2 ESP-WROOM-02の端子の機能一覧

ピン番号	略号	機能
1	3V3	電源(3.3 V)
2	EN	"H"でチップ・イネーブル
3	IO14	GPIO14/HSPI_CLK
4	IO12	GPIO12/HSPI_MISO
5	IO13	GPIO13/HSPI_MOSI/UART0_CTS
6	IO15	GPIO15/MTDO/HSPICS/UART0_RTS
7	IO2	GPIO2/UART1_TXD
8	IO0	GPIO0
9	GND	GND
10	IO4	GPIO4
11	RXD	UART0_RXD/GPIO3
12	TXD	UART0_TXD/GPIO1
13	GND	GND
14	IO5	GPIO5
15	RST	リセット
16	TOUT	開放時3V3の電圧測定/ADC
17	IO16	GPIO16/ディープ・スリープからの復帰
18	GND	GND

https://docs.micropython.org/en/latest/esp8266/esp8266/quickref.html

● 公式SDK「ESP8266 RTOS SDK」

　Espressifが公式のSDK(ソフトウェア開発キット)として、オープン・ソースのリアルタイムOS「FreeRTOS」[1]を用いた開発環境を「ESP8266 RTOS SDK」という名前で提供しています[2].

　FreeRTOSのソース・コード・ツリーはGithubで公開されています．examples以下にあるサンプル・コードに手を加え，FreeRTOSベースの自作アプリケーションを作成してフラッシュ・メモリに書き込むことが可能です．

https://github.com/espressif/ESP8266_RTOS_SDK

　現在のバージョンは2.0ですが，Espressifは次のメジャー・バージョンアップ(3.0)において，ESP32向けの「ESP-IDF」とフレームワークを共通化する計画のようです．

● もう1つのFreeRTOSベースの開発環境

　FreeRTOSベースの開発環境としては，Espressifとは別にオープン・ソースとして開発が進められているプロジェクトもあります．「Open source FreeRTOS-based ESP8266 software framework」です．

Column 2 フラッシュ・メモリの容量を確認する方法

　現在ESP-WROOM-02は，フラッシュ・メモリが4Mバイトのものと2Mバイトのものが市場に混在して出回っており，入手したESP-WROOM-02のフラッシュ・メモリの容量がわからない，ということが起こりえます．

　フラッシュ・メモリの容量は，Python環境で動く「esptool」というツールを使って調べられます(esptoolのインストール方法は第6章を参照)．

　ESP-WROOM-02をパソコンに接続し，書き込みモード(ブート・モード)に切り替えます．次のように，esptoolのflash_idコマンドを実行します．

```
esptool.py -p COM3 flash_id [Enter]
```

　「COM3」の部分には，ESP-WROOM-02が接続されているシリアル・ポートを指定してください．

　実行画面例を図Aに示します．この図では「4 MB」と出ています．　　　　　　　　　　〈米田 聡〉

図A esptoolの実行例

https://github.com/DCoJA/esp-open-rtos

もとはESP8266 RTOS SDKから分岐して作成されました．その後，完全なオープン・ソース・プロジェクトを目指して活発に開発が続けられています．

ESP-WROOM-02と ESP-WROOM-32の使い分け方

ESP-WROOM-02とESP-WROOM-32はどう使い分けるのがよいでしょうか．ESP-WROOM-02の利点をまとめつつ，ケース・バイ・ケースでどちらを使うべきかをまとめます．

● 外部インターフェースがより豊富なのは「ESP-WROOM-32」

ESP-WROOM-32のほうが，対応する外部インターフェースの種類や数が多いです（第2章の表1を参照）．また，Wi-Fiに加えてBluetoothを内蔵するのもESP-WROOM-32の特徴です．ESP-WROOM-02の外部インターフェースで足りないなら，ESP-WROOM-32を選びます．

● 処理が速いのは「ESP-WROOM-32」

ESP-WROOM-32は最大240GHzの動作クロックが設定できます．CPUはESP-WROOM-02より2倍ほど高速です．処理性能が求められる場合はESP-WROOM-32を選びます．

● メモリが大きいのは「ESP-WROOM-32」

ESP-WROOM-32は520KバイトのSRAMをオンチップに搭載しています．メモリを食うIoT機器であれば，ESP-WROOM-32を選ぶべきです．

● 消費電力が低いのは「ESP-WROOM-02」

ESP-WROOM-02は極めて低消費電力で，ディープスリープモードを活用すれば電池でも数カ月の稼働が可能です．電力が限られた環境ではESP-WROOM-02が威力を発揮します．

● 開発が楽なのは「ESP-WROOM-02」

2016年に発売されたESP-WROOM-32に比べると，ESP-WROOM-02は長期に渡って利用されてきただけに，開発環境が豊富で完成度もやや高い部分があります．また，活用事例もESP-WROOM-32に比べると豊富で，トラブルやエラッタの情報も出尽くしています．情報の得やすさもあり，開発はESP-WROOM-02の方が全般的に楽だといえます．

◆参考文献◆
(1) FreeRTOSの公式サイト，https://www.freertos.org/
(2) Espressif Systems：ESP8266 - Resources - SDKs & Demos．https://www.espressif.com/en/products/hardware/esp8266ex/resources

---

Column 3　ESP8266の公式SDKを使うならLinux系かmacOSがおすすめ

ESP8266向けの公式SDK「ESP8266 RTOS SDK」はWindows，Linux，macOSをサポートしますが，WindowsではncursesやGNU makeなど多種のツールを用意してインストールしなければならないため環境構築は簡単ではありません．ESP8266 RTOS SDKを使うのであれば，これらのツールが簡単に導入できるLinux系のディストリビューションか，macOSをおすすめします．

Windows上で開発を行うのであれば，WSL（Windows Subsystem Linux）を用いたUbuntuやDebian環境が利用できます．WSL環境下では/dev/ttySn（nは数字）がシリアル・ポートのCOMnに割り当てられるので，ESP8266マイコンへの書き込みもシリアル・ポートの割り当てが正常に機能すれば行えます．ただし，すべてのWSL環境でシリアル・ポートの割り当てが正常に機能するわけではないようなので，確実に開発が行えることは保証できません．

▶環境構築の概要

Ubuntu（18.04）を例に，ESP8266 RTOS SDK環境の構築法をかんたんに紹介します．WSL環境下のUbuntuでも手順は同じです．

(1) Ubuntuに，ESP8266 RTOS SDKに必要となるパッケージ一式をインストールする
(2) LX106（SoCコア）のツールチェーン（クロスコンパイラやリンカなどの開発ツール一式と標準ライブラリを収容したディレクトリ・ツリー）をUbuntuに導入する
(3) 環境変数PATHをセットする
(4) gitを使ってホーム・ディレクトリにESP8266 RTOS SDKのディレクトリ・ツリーのクローンを作る
(5) 環境変数IDF_PATHをセットする

〈米田　聡〉

第4章 安価&小型&開発しやすい… IoT実験ボードが選び放題！
ESP8266 & ESP32 マイコン・ボード大集合

米田 聡 Satoshi Yoneda

ESP-WROOM-02やESP-WROOM-32を搭載したさまざまなボードやモジュールが販売されています．どのようなボードがあるのかや，入手する際の注意点を紹介します．

● チップ/モジュール/ボードの関係を整理する

最初に位置づけを整理しておきましょう．

ESP-WROOM-02やESP-WROOM-32は，Espressif Systems社が開発したマイコン・モジュールの名称です．モジュール内にあるメインのプロセッサ・チップ（SoC）として，ESP-WROOM-02には「ESP8266EX（以下，ESP8266）」が，ESP-WROOM-32には「ESP32-D0WDQ6（以下，ESP32）」が入っています（図1）．

ESP-WROOM-02とESP-WROOM-32のそれぞれについて，端子を使いやすく引き出した変換基板付きのものが販売されています．また，USB-シリアル変換ICを実装済みの開発ボードも多く販売されています．

また，ESP-WROOM-32モジュールを搭載するのではなく，SoC（ESP32-D0WDQ6）を直接組み込んだガジェット（開発モジュール）「M5Stack Basic」も販売されています．

ESP-WROOM-02（ESP8266搭載）を使いたいなら

ESP8266搭載品を使いたいなら，次のような選択肢があります．

- ESP-WROOM-02モジュールを購入する

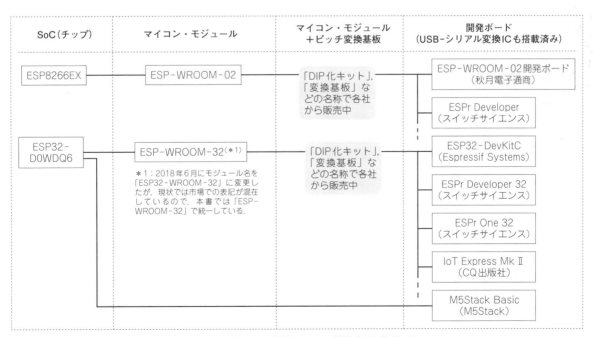

図1 本稿で扱うESPマイコンについてチップ，モジュール，開発ボードの位置づけを整理した
ESP-WROOM-02とESP-WROOM-32はマイコン・モジュールの名称である．マイコン・モジュールの中核となるSoCチップとして，それぞれ「ESP8266EX」や「ESP32-D0WDQ6」が入っている

- ESP-WROOM-02モジュールにピッチ変換基板が付いたものを購入する
- ESP-WROOM-02モジュールを搭載した開発ボードを購入する

● 選択肢1：ESP-WROOM-02モジュールを購入する

IoT機器に組み込むのであれば，ESP-WROOM-02モジュールを入手するのがもっとも便利です．第3章でも触れましたが，ESP8266を用いたモジュールとして，現在はESP-WROOM-02とESP-WROOM-02Dの2種類があります注1．後者は改良版ですが，一般に販売されている製品ではフラッシュ・メモリが2Mバイトしか搭載されていないので注意が必要です．

ESP-WROOM-02モジュールは，aitendoや秋月電子通商，共立電子産業，スイッチサイエンス，千石電商，Digi-Key Electronics，Mouser Electronics，マルツエレックなどの多くのパーツ・ショップや，緑屋電気のような部品商社などが取り扱っています．

▶ESP-WROOM-02を動かすための外付け回路

ESP-WROOM-02を動作させるのは簡単です．図2に示す外付け回路があれば，最低限の機能は果たします．USB-シリアル変換回路を取り付けることで，パソコンと接続してプログラムを動かせるようになります．

注1：正確には，アンテナの部分を変更した「ESP-WROOM-02U」というモジュールを含めて3種類あるが，ここでは詳しく触れないこととする．

▶Espressif Systems製以外のモジュールに注意

ESP-WROOM-02モジュール以外にも，ESP8266搭載モジュールとして，AI-Thinker製モジュールやそのクローンが極めて安価(ESP-WROOM-02の半額以下)に市販されています．しかし，これらは日本の技適を取っていないため，原則として国内では利用できません．注意してください．

● 選択肢2：ピッチ変換基板付きのものを購入する

ブレッドボードなどで試作を行うのなら，2.54mmピッチ変換基板にESP-WROOM-02を実装した製品を入手するのが良いでしょう．こちらも，各パーツ・ショップからさまざまなタイプが販売されています．

● 選択肢3：ESP-WROOM-02の開発ボードを購入する

パソコンにESP-WROOM-02を接続して開発を行う際には，USB-シリアル変換回路が必要です．

ESP-WROOM-02とUSB-シリアル変換ICをあらかじめ搭載した製品が，「開発ボード」，「開発キット」などの名前でいくつか市販されています．手っ取り早く使うにはこれが便利です．一例として，入手しやすいものを表1に示します．

写真1　ESP-WROOM-02開発ボード
(開発元：秋月電子通商)

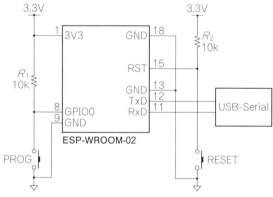

図2　ESP-WROOM-02を利用するために最低限必要な外付け回路

写真2　ESPr Developer(ESP-WROOM-02開発ボード)
(開発元：スイッチサイエンス)

表1　USB-シリアル変換回路を搭載したESP-WROOM-02開発ボードの例

製品名	開発元	搭載するUSB-シリアル変換IC
ESP-WROOM-02開発ボード(**写真1**)	秋月電子通商	FT234X(FTDI)
ESPr Developer(**写真2**)(旧称：ESP-WROOM-02開発ボード)	スイッチサイエンス	FT231XS(FTDI)

表2 USB-シリアル変換回路を搭載したESP-WROOM-32開発ボードの例

製品名	開発元	搭載するUSB-シリアル変換IC	備考
ESP32-DevKitC（写真3）	Espressif Systems	CP2102（Silicon Laboratories）	ESP-WROOM-32の開発元による純正の開発ボード
ESP32最小構成ボード［K-ESP32T］（写真4）	aitendo	CP2102（Silicon Laboratories）	―
ESPr Developer 32（写真5）	スイッチサイエンス	FT231XS（FTDI）	―
ESPr One 32（写真6）	スイッチサイエンス	FT231XS（FTDI）	Arduino UNOとピン互換
IoT Express Mk II（写真7）	CQ出版社	FT231XS（FTDI）	Arduino UNOとピン互換
M5Stack Basic（写真8）	M5Stack	CP2104（Silicon Laboratories）	ESP-WROOM-32モジュールではなく，ESP32のSoCチップを直接組み込んでいる

ESP-WROOM-32（ESP32搭載）を使いたいなら

● モジュール，ピッチ変換，開発ボード…選択肢は豊富にある

　ESP-WROOM-32の場合もESP-WROOM-02と同じように，モジュール単体で入手するか，ピッチ変換基板やUSB-シリアル変換モジュールを搭載した開発ボードとして入手するか，といった選択肢になります．

　ESP32搭載モジュールの場合，技適をとっていないサード・パーティのモジュールは現時点では出回っていないので，ESP8266搭載モジュールの場合に述べた注意を払う必要はなさそうです．

● ESP-WROOM-32を搭載した開発ボードの例

　USB-シリアル変換回路が載った開発ボードの例を表2に示します．

▶Arduinoとピン互換のボードもある

　ESP-WROOM-32は外部インターフェースが豊富なため，Arduino Unoとおおよその互換性を持つボードに仕立てた製品もあります（表2）．Arduino向けに販売されているシールドが利用できるので，電子工作には便利です．

▶ESP32チップを組み込んだガジェットにも注目

　ESP-WROOM-32搭載ではありませんが，ESP32のSoCチップを組み込んだガジェット「M5Stack Basic」も表2に含めました．

写真3　ESP32-DevKitC
（開発元：Espressif Systems）

写真4　ESP32最小構成ボード［K-ESP32T］
（開発元：aitendo）

写真5　ESPr Developer 32
（開発元：スイッチサイエンス）

写真6　ESPr One 32
（開発元：スイッチサイエンス）

写真7　IoT Express Mk II
（開発元：CQ出版社）

写真8　M5Stack Basic
（開発元：M5Stack）

Appendix 1

Arduino 用拡張ボード「シールド」をとっかえひっかえ使える！
組み立てから TRY！ Wi-Fi アルデュイーノ「IoT Express」

開発者：白阪 一郎
設計者：渡辺 明禎

写真1　Wi-Fi/Bluetooth対応ESP-WROOM-32拡張ボード「IoT Express」にすべての部品を実装したところ
表面実装のESP-WROOM-32を実装する．Arduino互換の拡張コネクタが付いているので，でき合いの専用拡張ボード「シールド」をドッキングできる．大容量の画像や動画を格納したmicroSDカードも使える

Arduino互換の拡張基板「IoT Express」の楽しみ方

　筆者は，ESP-WROOM-32用の拡張基板「IoT Express（写真1）」製作用のプリント基板を開発しました．DIP部品をできるだけ採用したので，1日あれば組み立てることができます．組み立て方の動画も用意しました[1][2][3]．プリント基板はCQ出版WebShopで有償頒布しています．搭載用の部品一式はaitendoで購入できます．

　IoT ExpressにはWi-Fi/Bluetoothの通信機能が付いているので，インターネット上のクラウド・サービスと簡単に連携できます．例えば，今はやりの人工知能（AI）を使った音声認識/合成サービスと組み合わせれば，人間の言葉を認識してそれに合った返答をするおしゃべりAIスピーカや，音声アナウンス機能を持つBluetoothヘッドホンも作れます（図1）．

　図2にIoT Expressのブロック図を示します．表1に示すのはESP-WROOM-32のIOピン番号とIoT Expressの拡張コネクタとの対応です．

● ポイント①：700円の高性能Wi-Fiモジュール「ESP-WROOM-32」を搭載する

　2016年9月に，Wi-FiとBluetoothの2大無線通信機能や大容量520KバイトのSRAM，4Mバイトのフラッシュ・メモリなどを搭載したESP-WROOM-32（Espressif Systems）が日本国内で発売されました．

　I^2C，SPI，UART，PWMなど，マイコン制御に必要なインターフェースをほぼすべて備えます．そのほかのペリフェラルとして22本のGPIO端子や18チャネル入力の12ビットA-Dコンバータ，8ビットD-Aコンバータも備えています．CPUはデュアル・コアで，160 M～240 MHzで高速動作します．

● ポイント②：でき合い拡張ボード「世界の標準Arduino用シールド」をドッキングできる

　ESP-WROOM-32のプログラム開発には，超エントリ・マイコン・ボードArduino向けの開発環境ソフ

▶表1 IoT Expressの端子機能
ESP-WROOM-32との対応を示している

ESP-WROOM-32		IoT Express
ピン名	機能	機能
IO0	BOOT	BOOT_SW1
IO1	TXD0	D1/TXD0
IO2	GPIO	ユーザLED
IO3	RXD0	D0/RXD0
IO4	GPIO	D3/TOUCH0
IO5	VSIPCS0	SD_CS
IO6	SCLK	N.C.
IO7	SD0	N.C.
IO8	SD1	N.C.
IO9	SD2	N.C.
IO10	SD3	N.C.
IO11	CMD	N.C.
IO12	HSPIQ	圧電ブザー
IO13	HSPID	D4/TOUCH4
IO14	HSPICLK	D5/TOUCH6
IO15	HPSICS0	D6/TOUCH3
IO16	U2RXD	D7
IO17	U2TXD	D8
IO18	VSICLK	D13/SD_SCK
IO19	VSIPQ	D12/SD_MISO
IO21	GPIO	SDA
IO22	GPIO	SCL
IO23	VSIPD	D11/SD_MOSI
IO25	DAC1	D10
IO26	DAC2	D9
IO27	GPIO	D2/TOUCH7
IO32	AD4	AD0/TOUCH9
IO33	AD5	AD1/TOUCH8
IO34	AD6	AD2
IO35	AD7	AD3
IO36	AD0	AD4
IO39	AD3	AD5

◀図1 IoT Expressの使い方
クラウド・サービスをフル活用すれば，AIおしゃべりスピーカも作れる

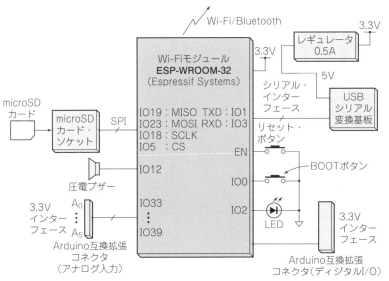

図2 IoT Expressの回路ブロック

トウェアArduino IDEが使えます．

Arduinoには，パソコンとマイコン・ボードをUSBケーブルで接続するだけで，プログラムを書き込めるブートローダのしくみや，独自言語「スケッチ」を使ったコーディングなど，電気・電子やマイコンの専門家でなくてもプログラミングできる工夫が施されています．ESP-WROOM-32もArduinoと同じように使うことができます．

Arduinoには，「シールド」と呼ばれるでき合いの専用拡張ボードも用意されています．センサやLCD，モータ・ドライバなどさまざまな種類のボードが完成された状態で販売されているので，買ってきて接続すればすぐに使えます．

IoT Expressには，Arduinoと同じようにシールドをそのままドッキングできる互換拡張コネクタを備えています．IoT Expressの拡張コネクタは3.3Vインターフェースなので，入力電圧は3.3Vを超えないようにしてください．

● ポイント③：microSDカード×ESP32の強力CPUでアニメーションやムービ再生OK

ESP-WROOM-32は，4MバイトのSPIフラッシュ・メモリを内蔵しています．LEDを光らせたり，Wi-Fiで通信したりするだけならこれでも十分なのですが，画像や動画を格納するには不十分です．IoTエッジ・デバイスには，画像や動画を使ったわかりやすいグラフィカル・ユーザ・インターフェースが求められます．

IoT Expressは，microSDカード・スロットを備えています．microSDカードに容量の大きな画像や動画を格納しておき，ESP-WROOM-32から読み込んでディスプレイに表示することも可能です．

〈白阪 一郎〉

基本情報

● 仕様と各部の使い方

Wi-FiアルデュイーノIoT Expressの主な仕様を表2に示します．

USBシリアル変換基板は，ESP-WROOM-32へのプログラム書き込みやシリアル・データ通信，電源供給を行います．電源は拡張コネクタP_4の5番端子(5 V)からも行えます．

microSDカード用のソケットは，ESP-WROOM-32のVSPIに接続されていて，外部ストレージに使えます．

LEDと圧電ブザーはESP-WROOM-32のGPIO端子と接続されているので，動作チェックやモニタリングに使えます．

表2 ESP-WROOM-32用拡張基板IoT Expressの主な仕様

項　目		内　容
Wi-Fi モジュール	名称	ESP-WROOM-32 (Espressif Systems)
	動作クロック	160 MHzまたは240 MHz
	SRAM	520 Kバイト
	SPIフラッシュ・メモリ	4 Mバイト
	Wi-Fi	802.11 b/g/n
	Bluetooth	v4.2 BR/EDR, BLE
パソコン用 インターフェース		USBシリアル変換 (例：AE-FT234X)
外部ストレージ		microSD
モニタ		LED, 圧電ブザー
電源電圧		+5 V
基板レイアウト		Arduino用拡張基板 シールド互換

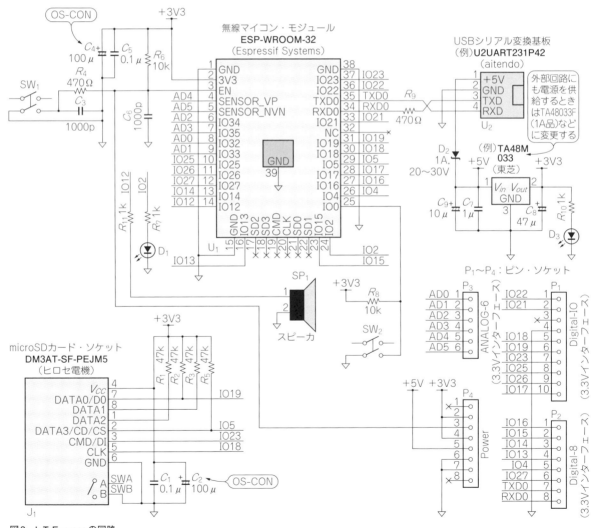

図3　IoT Expressの回路

表3 IoT Expressプリント基板に実装する部品

配線番号	品　名	型名・仕様	数量	備　考
U_1	Wi-Fiモジュール	ESP-WROOM-32	1	－
U_3	電源IC	TA48M033　※外部回路にも電源を供給するときはTA48033F（1A品）などに変更する	1	－
D_2	ショットキー・バリア・ダイオード	11EQS03L，1S3，1N5817など	1	－
R_4, R_9	抵抗	470，1/6 W	2	－
R_7, R_{10}, R_{11}		1 kΩ，1/6 W	3	－
R_6, R_8		10 kΩ，1/6 W	2	－
R_1, R_2, R_3, R_5		47 kΩ，1/6 W	4	－
C_3, C_6	積層セラミック・コンデンサ	1000 pF	2	ピン間5 mm
C_1, C_5		0.1 μF	2	ピン間5 mm
C_7		1 μF	1	ピン間5 mm
C_9	アルミ電解コンデンサ	10 μF，10 V	1	高さ10 mm以下
C_8		47 μF，6.3 V	1	高さ10 mm以下
C_2, C_4		100 μF，6.3 V（OS-CON）	2	高さ10 mm以下
D_3	赤色LED	OSR5JA3Z74Aなど	1	φ3
D_1	黄緑色LED	OSG8HA3Z74Aなど	1	φ3
SP_1	圧電ブザー	PKM13EPYH4000-A0	1	φ13，ピン間5 mm
J_1	microSDカード・ソケット	DM3AT-SF-PEJM5	1	－
U_2	USBシリアル変換モジュール	例：U2UART231P42　※aitendoより固定ピン付きの専用品を発売中	1	－
BOOT，RST	タクト・スイッチ	－	2	－

　拡張コネクタP_1～P_4は，Arduino UNOと同じレイアウトなので，でき合いの拡張ボード「シールド」を装着できます．基板の上側にシールドをスタックして使うので，IoT Expressに実装する部品の高さはすべて10 mm以下にしてください．

● 回路

　図3にIoT Expressの回路図を示します．表3に実装部品を示します．拡張コネクタP_1～P_4の端子数の制約により，ESP-WROOM-32の17～22番端子（SD0～3，CMD，CLK端子）は開放状態になっています．

組み立てに使う工具

① はんだこて

　IoT Expressのように静電気破壊に弱く高密度な部品を実装するときは，工具選びが重要です．

　はんだこてはセラミック・ヒータを使った静電気対策品の高絶縁タイプを使います．ホーム・センタなどで売られているニクロム・ヒータを使った廉価品は，絶縁抵抗が小さくICなどが簡単に壊れるので，使わないでください．直流で使用できるはんだこてが理想的ですが，非常に高価で入手しづらいです．

　私は写真2のAC100 V，70 W出力の温度調整式のPX-238（太洋電機産業，廃番品で2017年9月現在はPX-338）を使っています．太めのこて先ですが，0.5

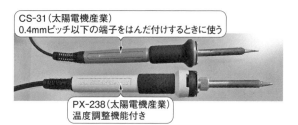

写真2　基板を組み立てるときに使った私のはんだこて
ESP-WROOM-32のように静電気破壊に弱く高密度な部品を実装するときはセラミック・ヒータを使った静電気対策品の高絶縁タイプを使う

mmピッチの端子のはんだ付けにも使えます．0.4 mmピッチ以下の端子をはんだ付けするときはCS-31（太洋電機産業）を使います．

② はんだこて台

　こて先は300 ℃を超えるので，安全に作業するために写真3(a)に示すようなこて台を使います．何回かはんだ付けをすると，こて先が酸化被膜などで汚れてきて，不良はんだの原因になります．水を含んだスポンジにこて先をこすりつけてきれいにしておきます．

③ はんだ

　表面実装などの高密度部品に対してはφ0.4 mm以下，リード線タイプの部品にはφ0.6～φ1.2 mmのはんだを使います．高密度部品に太いはんだを使うと，

(a) はんだこて台

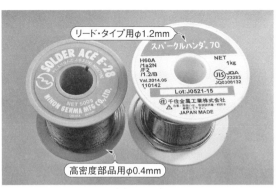
(b) はんだ

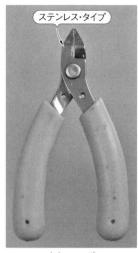
(c) ニッパ

(d) ピンセット

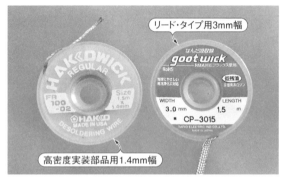
(e) はんだ吸い取り線

写真3　付録基板の組み立てに使った工具類

はんだブリッジなどの失敗をしやすいです．

私は，**写真3(b)**のように，高密度部品用にはニホンゲンマのSOLDER ACE E-28 0.5 kgのφ0.3 mmを，リード線タイプの部品には千住金属工業のスパークルハンダ70 Sn60 1 kgのφ1.2 mmを使っています．

鉛フリーはんだは融点が高いので，有鉛と混在して使うことはできません．専用のはんだこてを別途用意してください．個人的な電子工作の範囲内では有鉛で問題ありません．

④ニッパ

はんだ付けした後のリード線の切断に使います．私はホーム・センタで入手した**写真3(c)**の小型ステンレス・タイプを使っています．ステンレス製は切れ味がよいのですが，強度は弱いです．細い銅線タイプのリード線の切断以外には使わないでください．

もし銅線以外のものを切断するときは100円ショップなどで販売されているニッパを使ってください．

⑤ピンセット

チップ部品のはんだ付けやリード線のランドへのはんだ付けなど，精密な作業が必要なときに使います．私は，**写真3(d)**のように，ストレート型と先端曲がり型を適宜使い分けます．

100円ショップで入手できるピンセットも十分実用的ですが，細かい作業なので手になじむかどうかも重要です．自分に合うピンセットを選んでください．

⑥はんだ吸い取り線

はんだブリッジや部品交換，部品取り外しのときに，余計なはんだを除去します．私は**写真3(e)**の2種類を使っています．高密度実装部品には幅1.4 mmのHAKKOWICK FR100-02（白光），リード線部品や大きなランドには幅3 mmのCP-3015（太陽電気産業）を使います．

ピッチの狭いランドのはんだ除去に，CP-3015のような幅の広い吸い取り線を使うと，複数のランドのはんだを同時に吸い取ってしまいます．先端を45度にカットすれば，吸い取るはんだの量を調節できます．

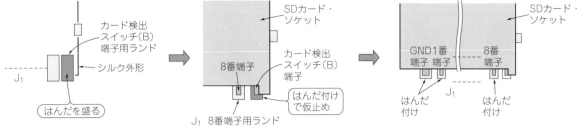

図4 microSDカード・スロットの実装方法

(a) カード検出スイッチ(B)ランドにはんだを盛る
(b) SDカード・ソケットの位置を合わせて仮止め
(c) GND〜8番ピンまではんだ付け

⑦ルーペ

ルーペは，はんだ付けする場所を拡大します．ピッチの狭いランドのはんだ付けをするときや，はんだブリッジの確認などに使えます．

私はMagnifying Clamp Lamp Model；8066DC(2.25倍)を使っていますが，100円ショップで売っているルーペ(虫メガネ)でも十分です．3倍程度だと使いやすいです．

組み立て方

● 背の低い部品からはんだ付けするときれいに仕上がる

高密度実装部品から低密度実装部品，低背部品から高背部品の順序ではんだ付けすると作りやすく格好良く仕上がります．IoT Expressへの部品実装は次の順序で行います．

① microSDカード用ソケットDM3AT-SF-PEJM5の実装
▶手順1：仮止め用のはんだを盛る

図4(a)のように，カード検出スイッチ(B)端子のランドにはんだを盛ります．
▶手順2：仮止めと位置合わせ

図4(b)のように外形シルク線を参考に，カード検出スイッチ(B)端子のランドのはんだを溶かして，ソケットを仮止めします．

各端子が各ランドの中央に配置されているか，端子がランドから浮いていないかを確認します．

各端子が中央にないときや浮いているときは，カード検出スイッチ(B)端子のはんだを溶かし，位置を微調整します．
▶手順3：はんだ付け

図4(c)のように左端のGND端子から#8番端子まではんだ付けをします．

GND端子はグラウンド・ベタ面に接続されているので，はんだこての出力が小さいと，はんだ付けに時間がかかります．そのときは#1番端子からはんだ付けを行って，最後に左端のGND端子のランドをはんだ付けします．

全端子のはんだ付けが終わったら，側面にある4カ所のグラウンド・ランドをはんだ付けします．はんだ付けの完了したmicroSDカード・スロットを写真4に示します．

写真4 はんだ付けの完了したmicroSDカード・スロット

② Wi-FiモジュールESP-WROOM-32の実装
▶手順1：仮止め用のはんだを盛る

図5(a)のように，24番端子のランドにはんだを盛ります．
▶手順2：仮止めと位置合わせ

図5(b)のように外形シルク線を参考に，ESP-WROOM-32を仮止めします．

各端子が各ランドの中央に配置されているか，端子がランドから浮いていないかを確認します．

各端子が中央にないときや浮いているときは，24番端子のはんだを溶かし，位置を微調整します．
▶手順3：はんだ付け

部品の位置が確定したら，図5(c)のように15〜23番端子をはんだ付けします．その後，1〜14番端子，25〜38番端子の順番ではんだ付けします．

最後に基板を引っくり返し，放熱パッドと放熱用ビア・ホールをはんだ付けします．詳細はColumn 1を

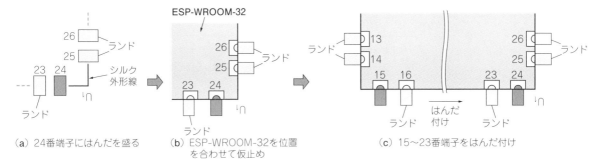

(a) 24番端子にはんだを盛る　　(b) ESP-WROOM-32を位置を合わせて仮止め　　(c) 15～23番端子をはんだ付け

図5　ESP-WROOM-32の実装方法

写真5　はんだ付けの完了したESP-WROOM-32

参照してください．はんだ付けの完了したESP-WROOM-32を写真5に示します．

③ショットキー・バリア・ダイオードの実装

D_2に実装します．ピン間を10 mmになるように両側のリード線を曲げてから実装します．

④積層セラミック・コンデンサの実装

C_1, C_3, C_5, C_6, C_7に実装します．ピン間が5 mmの物はそのまま実装できます．ピン間2.5 mmの物は，ピン間を広げて実装しますが，無理に広げる

放熱パッドを手はんだするときは基板のランド形状を工夫しておく

ESP-WROOM-32には，放熱を目的にモジュール裏面に放熱パッドがあります．放熱パッドはグラウンドになっています．放熱的にも電気的にもプリント基板と結合する必要があります．ここではその手順を解説します．

● 手はんだで実装できるランド形状

クリームはんだとオート・マウンタを使うことを前提としたランドには，φ0.3 mm程度の小さなビアしかないので，手作業で部品をはんだ付けするのは非常に困難です．部品を手作業ではんだ付けすることを想定した放熱ランドを設けると，実装が容易です．図Aに例を示します．

放熱パッドは大径のビアを使い，裏面と結合します．部品実装後に基板を引っくり返し，裏面からはんだ付けできます．

● IoT Expressに設けた放熱パッド用のランド形状

ESP-WROOM-32は放熱パッドが大きいので，φ3 mmの大きなビアを設けました．今回はより実装が簡単になるように，放熱パッドとビアに若干のオフセットを設けました．

大径のビアにはんだ付けをすると，図Bに示す問題が発生することがあります．ビア径が小さかった

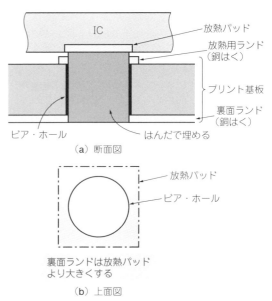

(a) 断面図

裏面ランドは放熱パッドより大きくする

(b) 上面図

図A　ランドに大径ビアを設けると手作業でのはんだ付けもできる

と部品が壊れるので慎重に作業してください．

⑤抵抗の実装

R_1〜R_{11}を実装します．縦に実装するので，上のリード線を180度曲げてから実装してください．

⑥LEDの実装

D_1，D_3をはんだ付けします．φ3 mmのLEDを想定していますが，φ5 mmも実装できます．φ5 mmのタイプは背が高いので，SP_1の後に実装します．LEDには極性があるので図6で極性を確認してから実装してください．

⑦スピーカの実装

SP_1に実装します．

⑧電源ICの実装

U_3に実装します．太いシルク外形線の方が放熱フィン側なので，逆実装しないように注意します．

⑨電解コンデンサの実装

C_2，C_4，C_8，C_9に実装します．電解コンデンサに

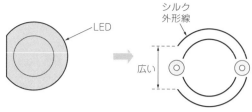

図6 LEDの極性を確認する方法
シルク印刷のすき間が広い方がカソード（足の短い方）

は＋と－という極性があるので，±を間違えないようにします．ピン間距離が基板と合わないものを無理やり挿入すると液漏れなどの事故が発生する恐れがあります．ある程度挿入したところでストレスを感じたら，その位置ではんだ付けします．

⑩タクト・スイッチの実装

リセット用，BOOT用を実装します．タクト・スイッチの端子はフォーミングされているので，基板にしっかり挿入するとはまります．裏返しても部品が落ちないので，はんだ付けは容易です．

Column 1

り，こて先の径が大きかったりすると，はんだを溶かし込んだときに一気に周囲へ回り，ビアが埋まってしまいます．放熱パッドの温度が十分高くないと，はんだが流れて行かず，空気層ができるときがあります．

図Bでは放熱パッドと放熱用ランドのすき間が大きく見えますが，実際は非常に小さく，なかなか空気は抜けません．溶けたはんだを通して裏面側に空気が出ていきます．

空気層がなくならないと，放熱パッドにはんだが流れず，電気的にも熱的にも裏面と結合できません．

IoT Expressのように，放熱パッドとビアに若干のオフセットを設けると，すき間ができて空気が抜けるので，空気層ができにくくなります．

図Cに示すように放熱パッドとビアのすき間に少しずつはんだ付けしていくと，空気層ができません．

〈渡辺 明禎〉

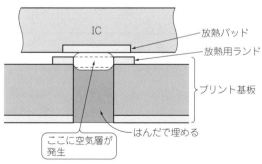

図B はんだが一気に流れ込むと放熱パッドとランドの間に空気層ができる恐れがある

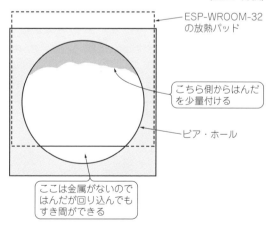

図C 放熱パッドとビアにオフセットを設けると空気層ができにくい

⑪USB-シリアル変換基板の実装

　ソケットを介して実装するか，そのまま基板にベタで実装します．USBコネクタ側にも単ピン・ソケットを取り付けられるので，USBケーブルの抜き差しでモジュールが外れることはありません．

● 参考：ESP-WROOM-32の17～22番端子（SD0～3，CMD，CLK端子）を使うとき

　ESP-WROOM-32は端子間距離が1.27 mmあるので，ランドにビニール線を直接はんだ付けできます．未接続の17～22番端子（SD0～3，CMD，CLK端子）端子を使うときは，次の手順でランドにビニール線をはんだ付けします．

　1.27 mmピッチのフラット・ケーブルを使うときは次の手順で行います．

(1) 端を揃えて線を切断する
(2) 表皮を1本ずつ剥く
(3) 必ず予備はんだをする
(4) IC側のランドにはんだを追加する
(5) ビニール線の先をピンセットで挟み，右利きの人は左端から付けていく（左利きの人は右端から）

　　ピンセットであまり線の先端を挟むと，ビニール線が溶ける場合があります．逆端から付けると，図7のように，こて先が既にはんだ付けされたランドの上にくるので，ビニール線が溶けたり，取れるときがあります

(6) ランドのはんだの温度が下がったら，ピンセットでビニール線を挟んで軽く引っ張り，はんだ付けがうまくできているかを確認する

　　はんだが熱いうちに線を引っ張ると，ランド自体が基板から剥がれるときがあります．

〈渡辺 明禎〉

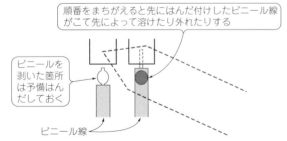

図7　ランドにビニール線を直接はんだ付けするときは順番を間違えないようにする

IoT Expressの動作確認

● 導通を確認する

　IoT Expressを組み立てたら，すぐに電源を入れて動作を確認せずに，想定通りに接続できているか確認しましょう．テスタを用意して，**電源とグラウンドがショートしていないか**を確認してください．

● パソコンとの接続を試す

　問題がなければUSBケーブルでパソコンと接続して動かします．接続するとUSBシリアル変換基板に搭載されているチップのドライバが自動的にインストールされます．接続してもインストールされないときは，チップ・メーカのWebページからドライバをダウンロードしてください．例えば，USBシリアル変換基板にAE-FT234X（秋月電子通商）を使っているときは，次のURLからダウンロードできます．

http://www.ftdichip.com/Drivers/VCP.htm

　ESP-WROOM-32には出荷時にATコマンド用のファームウェアが書き込まれています．パソコンとIoT Expressを接続した状態で，TeraTermなどの端末ソフトウェアを起動すると，リセット・ボタンを押した後にメッセージが表示されます．

　TeraTermは［設定］→［シリアルポート］でシリアルポート設定ウィンドウを表示して「ポート」をUSBシリアル変換基板の番号に，「ボー・レート」を［115200］に設定します．

　正常にメッセージが表示されていれば組み立ては成功です．

　メッセージが正常に表示されないときは，部品実装やはんだ付けに異常がないか確認してください．

〈白阪 一郎〉

◆参考文献◆

(1) トランジスタ技術SPECIAL編集部：本書のサポート・ページ，
https://www.cqpub.co.jp/trs/trsp144.htm
(2) トランジスタ技術編集部：「IoT Express」組み立て動画①［microSDカード・スロット］，
https://youtu.be/R_9DidndvOg
(3) トランジスタ技術編集部：「IoT Express」組み立て動画②［ESP32の実装］，
https://youtu.be/PHwaM1j7Po8

（初出：「トランジスタ技術」2017年11月号）

Appendix 2

①プログラムの自動書き込み機能 ②電源周り強化 ③拡張ポートの3機能を追加
完成品Wi-Fiアルデュイーノ「IoT Express Mk Ⅱ」

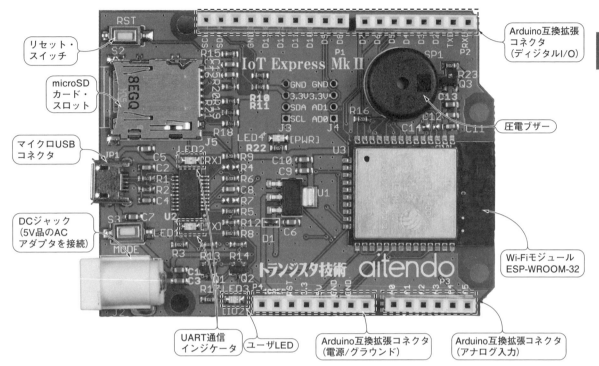

写真1 ESP-WROOM-32を搭載するArduino互換ボード「IoT Express Mk Ⅱ」（CQ出版社）
IoT Express Mk Ⅱの完成品は，aitendoで購入できる

CQ出版社では，ESP-WROOM-32拡張基板「IoT Express」を改良した，新Wi-Fiアルデュイーノ「IoT Express Mk Ⅱ（**写真1**）」を開発しました．本ボードは完成品のみを頒布します．
〈編集部〉

● Wi-Fi搭載Arduino互換ボードが機能アップ！

IoT Expressは，トランジスタ技術2017年11月号に付属した「IoT Express製作用プリント基板」を使って製作するマイコン・ボードとして誕生しました．手作業で組み立てられるように，DIP部品をできるだけ採用しています．しかし，電子部品のパッケージは表面実装タイプが主流なので，選択肢が限定されていました．

今回，**写真1**の新Wi-FiアルデュイーノIoT Express Mk Ⅱを開発しました．プリント・パターンと回路を見直して改良を行いました．

IoT Express Mk Ⅱの全体構成を**図1**に，回路を**図2**にそれぞれ示します．

従来品からの改良点

① パソコンとのインターフェース回路を搭載

IoT Expressは，パソコンとのインターフェース回路を搭載していません．パソコンと接続するためには，USBシリアル変換回路を実装する必要があります．

IoT Express Mk Ⅱでは，あらかじめUSBシリアル変換回路を搭載しました．USBシリアル変換ICには，FT231XS(FTDI)を採用しました．通信状態を示すインジケータLEDも実装しました．

② 自動書き込み回路の追加

IoT Expressは，プログラムを書き込むとき，リセット・ボタンとBOOTボタンを決まった手順で操作して書き込みモードに移行する必要があります．ボタンを押すタイミングを間違えるとうまく書き込めません．開発中は何度もプログラムを書き直すので，その都度ボタンを押すのは煩雑です．

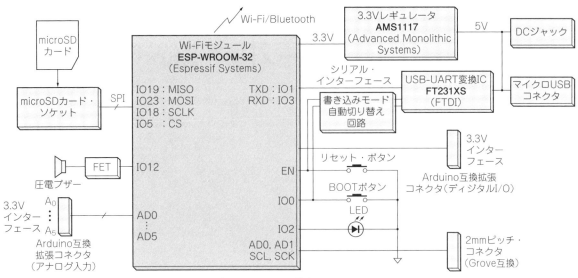

図1 新Wi-Fiアルデュイーノ「IoT Express Mk II」のハードウェア構成

IoT Express Mk IIでは，ボタン操作をしなくても自動的に書き込みモードに移行する回路を追加しました．

本機能を搭載したESP-WROOM-32開発ボードはほかにもありますが，うまく書き込めず，結局ボタン操作が必要になる場合もありました．この問題の原因は，EN端子とIO0端子の信号タイミングが合わないことです．EN端子に1μF程度のコンデンサを追加して，信号を遅延させることで対策できます．

最新のESP-WROOM-32用開発ライブラリ「Arduino core for ESP32」では，書き込みモード操作のリトライが自動的に行われるようになりました．しかし使っているパソコンによっては，うまくいかない場合もあります．そのため，IoT Express Mk IIでも，EN端子にコンデンサを追加できるようにしました．部品は未実装にしています．

③ 電源周りを強化

IoT Expressでは，最大許容電流500 mA，3.3 V出力の電源レギュレータTA48M033（東芝）を採用しています．ESP-WROOM-32の消費電流は，起動時および無線通信時の数十μsの間を除けば，ほぼ500 mA以下です．しかし，IoT Expressの外部に，他のモジュールや回路を追加して動かすことを想定すると，TA48M033では電流が足りません．

IoT Express Mk IIでは，最大許容電流0.8 Aの3.3 V電源レギュレータAMS1117（Advanced Monolithic Systems）を採用しました（理由はColumn 1を参照）．

④ 拡張ポートの追加

▶DCジャック

IoT Express Mk IIでは，市販のACアダプタから給電できるように，DCジャックを搭載しました．このDCジャックには，5 V品のACアダプタが接続できます．5 V品のACアダプタは市場に多く出回っており，容易に入手できます．

DCジャックの入力は，IoT Expressの5 V電源ラインに直結されています．ACアダプタ用のレギュレータは用意されていません．**マイクロUSBコネクタとの同時接続はできません．**

▶2 mmピッチ・コネクタ用拡張端子

IoT Express Mk IIでは，2 mmピッチのコネクタを実装できる拡張端子を追加しました．拡張端子には，ピン・ヘッダやピン・ソケットのほかに，Seeed Studio社のGrove専用コネクタも接続できます．

J_3には，I^2Cインターフェースに使えるディジタル端子2本（IO21，IO22）と3.3 V電源，グラウンドが接続されています．J_4には，A-Dコンバータのアナログ入力端子2本（AD0，AD1）と3.3 V電源，グラウンドが接続されています．

⑤ 基板の形状

IoT Expressの形状はESP-WROOM-32のアンテナ部分に出っ張りがあり，IoT Expressをケースに組むときに邪魔になります．

IoT Express Mk IIの形状は，ESP-WROOM-32のアンテナ部分が出っ張らないようにしました．基板の外形はArduino UNOと同じです．Arduino UNO用のケースにそのまま組むことができます．

〈砂川 寛行〉

（初出：「トランジスタ技術」2018年6月号）

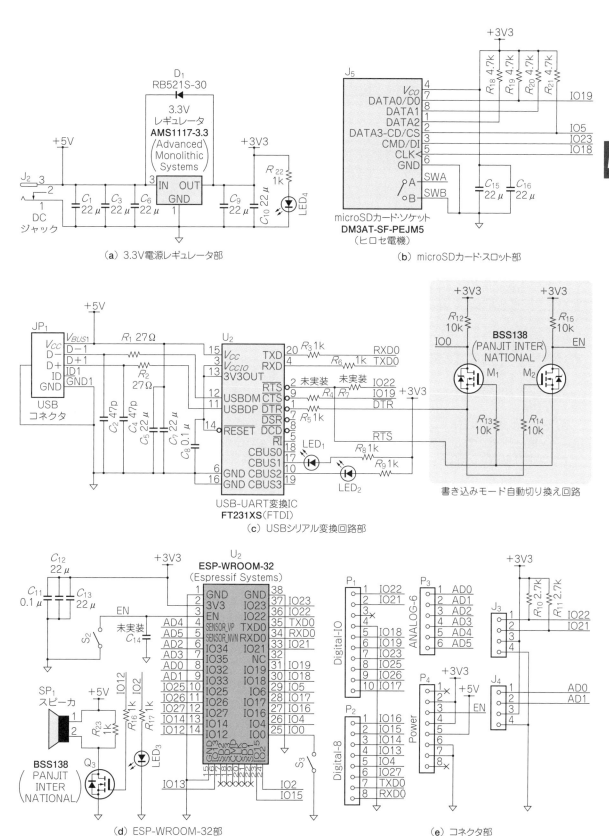

図2 新Wi-Fiアルデュイーノ「IoT Express Mk II」の回路

従来品からの改良点

3.3V電源レギュレータに「AMS1117」を選んだ理由　　Column 1

● 出力1Aの小型品を探した

IoT Express Mk II の 3.3 V 電源レギュレータには，最大許容電流 0.8 A の AMS1117(Advanced Monolithic Systems)を採用しました．パッケージは，表面実装タイプの中でも小型な SOT-223 を選びました．

SOT-223 パッケージの電源レギュレータには，LM1117(テキサス・インスツルメンツ)という定番ICがあります．「1117」という型番を付けた類似品が各社から発売されています．AMS1117 もその1つです．

IoT Express Mk II の 3.3 V 電源レギュレータを選定する目的で，表A に示す IC を入手しました．LM1117 の類似品のほかに，ESP-WROOM-32 用電源として使われることの多い ADP3338(アナログ・デバイセズ)も入手しました．

● 高負荷(Wi-Fi通信)時の電圧波形を比較

ESP-WROOM-32 の Wi-Fi 通信時の各電源レギュレータ IC の出力波形をオシロスコープで確認しました(図A)．

ADP3338 の出力電圧降下は，最大で 30 mV でした．AMS1117 の出力電圧降下は，最大で 35 mV でした．応答性能は ADP3338 よりも悪い結果になりました．TA84M033F の出力電圧降下は，最大で 60 mV でした．応答性能は，AMS1117 よりも悪い結果になりました．

● 考察

ADP3338 は入出力電圧差などスペック上の性能も良く，今回比較した3つの電源レギュレータの中で最も安定した波形を示しましたが，価格が高いデメリットがあります．秋月電子通商で購入すると1個 300 円です．IoT Express Mk II に採用すると，販売価格に影響が出そうです．

AMS1117 は，ADP3338 よりも安定性は劣りますが，価格が安いメリットがあります．aitendo で 3 個 90 円で入手できます．1 個あたり 30 円です．ADP3338 と比較すると，単価で10倍の差があります．IoT Express Mk II に採用しても販売価格に影響はなさそうです．

図A の結果を見ると，AMS1117 の出力電圧は，ESP-WROOM-32 の電源電圧範囲 2.6～3.6 V を十分満足しています．

以上のことから，IoT Express Mk II の 3.3 V 電源レギュレータには，性能面，価格面ともに要求を満たす AMS1117 を採用しました．　　〈砂川　寛行〉

表A　IoT Express Mk II 用に検討した 3.3 V 電源レギュレータIC

型名	メーカ名	入力電圧	入出力間電圧差	出力電圧	最大許容電流
TA48M033F	東芝	最大29 V	最大0.65 V ($T_J = 25℃$)	3.3 V	0.5 A
AMS1117	Advanced Monolithic Systems	最大15 V	最大1.3 V ($T_J = 25℃$)	3.3 V	0.8 A
ADP3338(採用)	アナログ・デバイセズ	最大8.5 V	最大0.4 V ($T_J = -40～+125℃$)	3.3 V	1.6 A

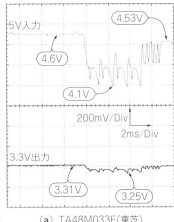

(a) TA48M033F(東芝)

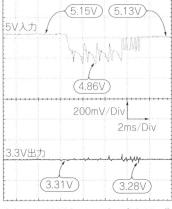

(b) ADP3338(アナログ・デバイセズ)

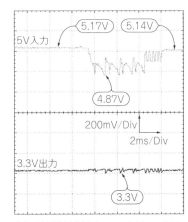

(c) AMS1117(Advanced Monolithic Systems)

図A　各電源レギュレータIC の入出力の電圧波形
ESP-WROOM-32 が高負荷な時(Wi-Fi通信時)に観測

Appendix 3

54×54×21 mmの筐体にLCDとバッテリまで内蔵！ モジュールの組み合わせで自在に拡張できる
ESP32搭載の電子ガジェット「M5Stack」

M5Stackとは

● ESP32ベースの電子ガジェット

M5Stackは2017年末に発売され話題となった，ESP32ベースの電子ガジェットです．小さな筐体にESP32マイコンと320×240ドットのLCD（液晶ディスプレイ），バッテリを内蔵しており，マイコン・プログラミングや簡単な電子工作を体験できます．開発元は，M5Stackというスタートアップ企業です．

ここでは，M5Stackの基本セットである「M5Stack Basic」を中心に紹介します．

● 積み重ねて機能を増やせる！

M5Stack Basicの外観を写真1に示します．筐体のサイズは実測で約54×54×21 mm．この中に，ESP32マイコンと，次のような装備が詰め込まれています．

- 320×240ドットのカラーLCD（SPI接続）
- リチウム・イオン・バッテリ（容量850 mAh）
- スピーカ
- microSDカード・スロット
- ボタン3個＋電源／リセット・ボタン
- USB Type-Cコネクタ
- インターフェース：SPI，I^2C（Groveコネクタ互換），UART，I^2S

M5Stackは名前のとおり，積み重ねる（スタックする）ことで拡張できるのが特徴です．かつてあった画期的な電子実験おもちゃ「電子ブロック」に少し近いコンセプトと考えてもいいかもしれません．

● Basic＝CORE＋BOTTOM

M5Stackの基本構成であるM5Stack Basicは，ESP32マイコンを搭載した「COREモジュール」と，標準I/Oおよびバッテリを備えた「BOTTOMモジュール」を組み合わせたものです．写真2のように，BOTTOMモジュールは取り外せます．

▶COREモジュール

ESP32マイコン・ボードや操作ボタン，LCD，スピーカ，各種外部インターフェースなどが詰め込まれています．

▶BOTTOMモジュール

150 mAhのバッテリに加えて，本体周囲にI/O端子が備えられています．付属のジャンパ・ケーブルを使ってセンサをつないだり，ブレッドボードに引き出したりと言ったことができます．

● 拡張機能いろいろ！ モジュール紹介

COREモジュールに好きなモジュールを積み重ねて，機能を拡張します．いろんな拡張モジュールがありますが，主なものを表1に示します．

またM5Stackには，COREモジュールをカスタマイズし，モジュールをセットにしたバリエーション製品もあります．主なものを表2に示します．

開発環境

M5StackはESP32マイコンを搭載しているので，基本的にはESP-WROOM-32開発ボードと同様に，Arduino IDEやMicroPython，ESP-IDFが使えます．

またM5Stackでは，クラウド版のMicroPython開発環境「M5Cloud」が用意されています．スタンドア

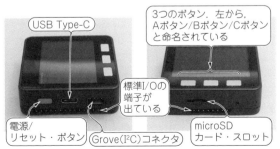

(a) 左の側面から見たところ　　(b) 正面から見たところ

写真1　M5Stack Basicの外観

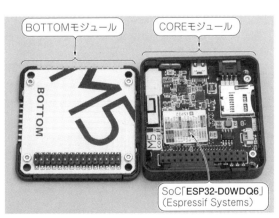

写真2　M5Stack BasicはCOREモジュールとBOTTOMモジュールに分かれる

表1 M5Stackの主な拡張モジュール

*:2018年8月時点のスイッチサイエンスの販売価格を参考価格とした

モジュール名	概要	参考価格*
PROTOモジュール	試作用のユニバーサル基板が入っている	1,270円
BATTERYモジュール	850 mhの容量を持つバッテリが入っている	2,040円
GPSモジュール	アンテナ端子付きのGPSとユニバーサル基板が入っている	5,119円

表2 M5Stack製品のバリエーション

製品名	概要	参考価格*
M5Stack Basic	COREモジュールとBOTTOMモジュールを組み合わせたもの．これがM5Stackの基本構成となる	4,490円
M5Stack Gray	M5Stack Basicに，9軸モーション・センサ（加速度／ジャイロ／磁気を計測できる）「MPU9250」を追加した製品．筐体の色がグレーになっている点がBasicと異なる	5,260円
M5Stack Faces	M5Stack Grayに，フルキーボード，テン・キー・パッド，GameBoy風ジョイ・パッド・パネルなどがセットになっている．カバー・パネルを付け替えることでオリジナルのポケット・コンピュータやゲーム機が作れる．特にGameBoy風ジョイ・パッド・パネルを取り付けるとGameBoyそっくりになる	11,534円
M5GO IoT Starter Kit	M5StackのCOREモジュールに，レゴ風に接続できるGrove仕様の各種センサをセットにした製品	12,295円
M5Stack Fire	M5Goの装備に4MバイトのPSRAMを追加した製品．ただし，M5GOのセンサ類は付属しない	6,210円

ロン環境でMicroPythonを使いたい場合は，M5Cloudのオフライン版を使います．

ここでは，Arduino IDEを使う場合の注意点と，M5Cloudの使い方について解説します．

● USB-シリアル変換ICのドライバをインストールする

M5Stackとパソコンをつなぐには，M5StackのType-Cポートとパソコンのusbポートを接続します．

M5StackはUSB-シリアル変換にSilicon LaboratoriesのCP2104を使っています．CP2104のドライバはWindowsには標準でインストールされていないので，接続直後はデバイスマネージャに「不明なデバイス」として表示されます．

以下のURLからドライバをダウンロードしてインストールすると，COMポートに仮想シリアル・ポートが割り当てられます．

https://www.silabs.com/products/development-tools/software/usb-to-uart-bridge-vcp-drivers

開発環境やシリアル・コンソールなどでポートを指定する際には，このポートを使います．

● Arduino IDEの場合：ESP32 Core for Arduinoを入れればM5Stackのボード情報なども取り込める

M5StackはESP32を利用しているので，Arduino IDEにESP32 Core for Arduinoをインストールすれば，M5Stackのボード情報などもArduino IDEに追加されます（インストール方法は第5章を参照）．ボードの選択やライブラリのインストールは，下記のように設定を行います．

▶M5Stackボードの選択

ボードの選択は，Arduino IDEのメニューから，［ツ

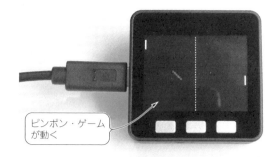

ピンポン・ゲームが動く

写真3 TFT_Pongが動き出した

ール］-［ボード］-［M5Stack-Core-ESP32］を選びます．

▶M5Stackライブラリのインストール

Arduino IDEのメニューから［スケッチ］-［ライブラリをインクルード］-［ライブラリを管理］を選択してライブラリマネージャを開きます．

検索欄に「m5stack」と入力して，M5Stack関連のライブラリだけを表示します．「M5Stack」と「M5Stack-SD-Updater」という2種類のライブラリがあります．前者がLCDやボタンといったM5Stackの基本機能を制御するライブラリで，後者はmicroSDカードからコンテンツをロードするなどの動作をサポートするライブラリです．「M5Stack」のほうを選択してインストールします．以上でM5Stack用のセットアップは完了です．

▶サンプル・スケッチを試してみる

LCDやボタンを使ったサンプルがArduino IDEの［ファイル］-［スケッチ例］-［M5Stack］以下から読み出せるので，試してみてください．

例えば［Advanced］-［Display］-［TFT_Pong］

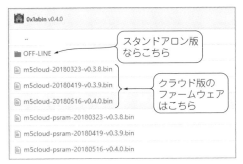

図1 M5Cloudのファームウェアをダウンロードする

図2 APモードで起動しているM5Stackのアクセス・ポイントに接続する

図3 使いたいアクセス・ポイントを選んで設定する

を実行すると，M5StackのLCD上でピンポンのサンプルが動きます（**写真3**）．

M5Stack用のライブラリには，LCDの制御，内蔵スピーカの駆動，ボタンの制御という3つの機能が実装されています．多数のサンプルが用意されているので，LCDやボタンの扱い方はサンプルを見ればおおよそわかるでしょう．また，Github上のヘッダ・ファイル（M5Stack.h）でAPIの一覧を見ることもできます[1]．これらを参考にすれば，M5Stackで動くゲームなどを作れるでしょう．

● MicroPythonのクラウド開発環境「M5Cloud」のインストールと使い方
▶クラウド版とオフライン版でファームウェアが異なる
M5Cloudのファームウェアは，下記のURL（GitHub内）で公開されています．

https://github.com/m5stack/M5Cloud/tree/master/firmwares

この中の，m5cloudで始まる拡張子.binのファイルがM5Cloud用のMicroPythonのファームウェアです（**図1**）．クラウド版ではなくスタンドアロン版を利用したいときは，「OFF-LINE」ディレクトリ以下にあるファームウェアを使います．

m5cloud-psramで始まるファームウェアはPSRAM搭載版です．M5Stack Basicでは「psram」の文字がないファイルのうち，最新のバージョンをダウンロードします．執筆時点ではm5cloud-20180516-v0.4.0.binでした．

インストールから使い方までは日本語のドキュメントが用意されています[2]．ただ，注意が必要な点もあったので，使い始めるまでの流れをここで紹介します．
▶フラッシュ・メモリは消去してから書き込む
esptoolを使ってファームウェアを書き込みます．まず，次のようにフラッシュ・メモリをクリアします．

esptool.py --chip esp32 --port COM5 erase_flashg [Enter]

続いて，ファームウェア・ファイルをカレント・ディレクトリに置き，次のようにして書き込みます．

esptool.py --chip esp32 --port COM5 write_flash --flash_mode dio -z 0x1000 m5cloud-20180516-v0.4.0.bin [Enter]

▶パソコンで接続確認を行う
ファームウェアの書き込みに成功すると，M5Stackは，初期状態ではアクセス・ポイント・モード（APモード．M5Stack自身がアクセス・ポイントになるモード）で起動します．ここでM5Stackの公式情報では「スマートフォンでも設定できる」とありましたが，筆者が試した限りでは，スマートフォンではブラウザの接続ができませんでした．パソコンからWi-Fi接続を試すほうがよいでしょう．

パソコンからWi-Fiのアクセス・ポイントを探すと，「M5Stack-nnnn」（nnnnの部分はMACアドレスの下位けた）というアクセス・ポイントが見つかるので，これに接続します（**図2**）．このAPモードはパスワードで保護されていないため，誰でも接続できてしまいます．作業は手早く終わらせましょう．

接続に成功したらブラウザで「http://192.168.4.1/」を開きます．SSID欄のプルダウンメニューから自分が使いたいアクセス・ポイントを選び，Password欄にパスフレーズを入力して［Configure］をクリックします（**図3**）．

M5Stackがアクセス・ポイント接続に成功すると，ブラウザ画面に「WiFi connection success」と表示されます．成功を確認してブラウザを閉じます．

失敗した場合，ブラウザで再度http://192.168.4.1/を開き，設定をやり直します．

設定の変更ができなくなってしまったら，M5Stack

図4 クラウド開発環境M5Cloudに登録，ログインする

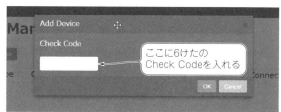

図5 Add DeviceダイアログにCheck Codeを入力する

図6 デバイス一覧に自分のM5Stackが表示される

のCボタンを押しなら再起動させます．APモードかつWi-Fi設定モードでM5Stackが起動します．

▶M5Cloudの利用登録を行う

M5Stackが指定したアクセス・ポイントに接続でき，M5Stackからインターネットが参照できるようになると，LCDにCheck Codeという6けたの数字が表示されます．数字が表示されることを確認したら，M5Cloudを使えるように登録を行います．

パソコンで以下のURLを開き，「Register」をクリックしてメール・アドレスとパスワードを登録，ログインします(図4)．

http://io.m5stack.com/

ログインするとクラウド開発環境が開きます．左上にある[Add]をクリックして「Add Device」ダイアログを開き，M5StackのLCDに表示されている6けたの数字を入力して[OK]を押します(図5)．なお，Check Codeは一定の時間が経つと自動的に変わっていくので，その時点で表示されている6けたの数字を入力します．追加に成功すると，一覧に自分のM5Stackの情報が表示されます(図6)．

▶プログラムを実行する

図6に表示されたデバイスをクリックすると，「Hello world」とLCDに表示するサンプル・コードが開きます．サンプル・コードのmain.pyはコメントアウトされていますが，動作するかを確認したいので，コメントを外します(図7)．

その上で，左ペインの一番下にある「Upload & Run」アイコンをクリックすると，クラウド上からM5Stackにコードが書き込まれます．

M5Stackが再起動し，LCDに「Hello world」と表示されれば成功です．

◆参考文献◆

(1) M5Stack：M5Stackのヘッダ・ファイル(M5Stack.h)，https://github.com/m5stack/M5Stack/blob/master/src/M5Stack.h
(2) M5Stack：M5Stack Web IDE(M5Cloud)，https://github.com/m5stack/M5Cloud/blob/master/README_JP.md

〈米田 聡〉

図7 main.pyのコメントを外す

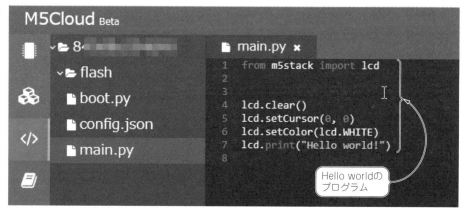

第5章 マイコン初心者でもプログラム初心者でも気軽に始められる

Arduino IDE で TRY！プログラム開発と実行

富永 英明／米田 聡　Hideaki Tominaga / Satoshi Yoneda

(a) その1：超エントリ・マイコン用の環境 Arduino IDE

(b) その2：全機能をサポートするメーカ純正開発環境 ESP-IDF

図1　ESP-WROOM-32は初心者向けでおなじみのArduino IDEでもプログラミングOK
メーカ純正の専用開発環境を使いこなすためには前提知識や慣れが必要

表1　各開発環境がサポートする機能（2017年9月現在）
Arduino IDEはESP-WROOM-32の一部の機能しかサポートしていない

機能		Arduino IDE	ESP-IDF
無線	Wi-Fi通信	○	○
	Bluetooth通信	×	○
インターフェース	I²C	○	○
	SPI	○	○
	SDカード	○	○
	Ethernet	×	○
	I²S	×	○
その他ペリフェラル	GPIO端子によるI/O制御	○	○
	A-Dコンバータ	○	○
	D-Aコンバータ	○	○
	PWM制御	○	○

　ESP-WROOM-32は，超エントリ・マイコンArduino用のプログラム開発ソフトウェア「Arduino IDE」でプログラムを開発できます．Arduino IDEは対話的なGUIや直感的でわかりやすいメニュー画面を持っているので，専門知識がなくても容易にマイコン・プログラミングができます（**図1**）．

　通常，マイコンのプログラムを開発するときは，たいていメーカ純正の環境を使います．ESP-WROOM-32にも，製造元のEspressif Systems社からESP-IDFと呼ばれる専用の開発環境が用意されています．Bluetoothなど現時点でメーカが提供する全機能（**表1**）をサポートしています．対話的なGUI（グラフィック・ユーザ・インターフェース）はありません．操作はCLI（コマンド・ライン・インターフェース）で行い，メニュー画面や設定も独自の内容なので，使いこなすには慣れが必要です．

　本稿では初心者向けにArduino IDEによるESP-WROOM-32用プログラムの開発手順を解説します．
〈編集部〉

Arduino IDEとは

● あらまし

　Arduinoは，2005年末にイタリアの大学で電気・電子の学生のために開発されたマイコン・ボードです．電気・電子やソフトウェアの専門家でなくても容易にマイコン・プログラミングができるよう，さまざまなお膳立てがされています．

　Arduino IDEはArduino用のマイコン・プログラム開発ソフトウェアで，Windows，macOS，Linuxでの動作をサポートしています．

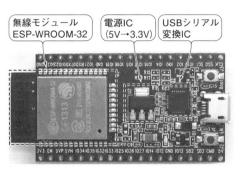
(a) 全部入りで1,480円のメーカ純正開発ボード ESP32-DevKitC

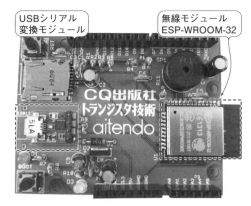
(b) IoT Express(各種部品を実装して完成させた状態)

写真1 開発ボードを使えばUSBケーブルでパソコンとつなぐだけでプログラムの書き込みができる

● 特徴

▶ プログラムの書き込みが超簡単！

Arduinoでは，パソコンとマイコン・ボードをUSBケーブルで接続するだけでプログラムの書き込みができます．通常のマイコン・ボードだと専用の書き込み器を別途購入する必要があります．

ESP-WROOM-32も，**写真1**のような開発ボードを使えば，同じようにUSBケーブルで接続するだけでプログラムの書き込みができます．単体で使うときは別途USBシリアル変換モジュールを用意します．

▶ C++ベースの独自言語でコーディング

プログラム(スケッチと呼ばれる)の記述には，C++をベースとした独自言語(Arduino言語)を使用します．プログラムは理解しやすいシンプルな構成です．わずか5行のプログラムでLEDを点灯できます．CやC++で必要な初期設定が要らない注1 など，まったくのマイコン未経験者でもとりあえず動かせるプログラミングの第1ステップが用意されています．次のステップとして，CやC++で使うような複雑な構造化プログラムも記述できます．

▶ 簡単なコードでI/O端子にアクセスできる

マイコン・ボードのピン番号を指定して簡単な設定を行うだけでI/O端子にアクセスできます．初心者でもわずか数分でLEDを光らせることができます．

例えばArduinoの3番端子を出力にして，出力状態をHレベルにするときは，次の2行を記述するだけで済みます．

pinMode(3, OUTPUT);
digitalWrite(3, HIGH);

通常のマイコンでは，入力/出力の設定をするだけでも分厚いマニュアルを調べて，使いたい端子のレジスタ・アドレスとビットを確認する必要があります．さらに，どのようにプログラムを書けば値が反映されるのかを調べて，それを理解したらやっと使えるようになります．

Arduinoではマイコンのマニュアルを読む必要もありません．

▶ でき合いのライブラリがたくさん用意されている

Arduino IDEには入出力やタイマ，Wi-Fiなどモ

注1：CやC++では，最初に実行するmain()関数やハードウェア固有の設定を行うinit()関数などを定義しないとマイコンが動かない．特にinit()関数の中ではマイコンの機能を個別に設定する関数をいくつも定義する必要がある．
　Arduinoのスケッチでは，これらの内容を隠蔽しているので，初心者でも悩まずに使える．

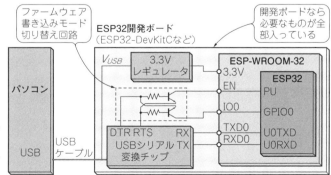

図2 開発ボードとUSBケーブル1本をパソコンにつなぐだけでESP-WROOM-32をプログラミングできる
開発ボードESP32-DevKitCには3.3VレギュレータやUSBシリアル変換チップなど必要なものが全部搭載されている

ジュールの機能を簡単に使えるようにするでき合いの関数(ライブラリ)が組み込まれています.

LCDやセンサなど外付け部品のライブラリも豊富にあるので,ハードウェアを組んだらすぐに動かせます.
▶そのまま動く！豊富なサンプル付き

Arduino IDEにはライブラリと一緒に使用例(サンプル・プログラム)が豊富に収録されています.やりたいことに近いサンプル・プログラムを探して,それを元に修正していくと,一から作るよりも簡単にプログラムを作成できます.

例えば,Wi-Fi機能を使ったWebサーバやHTTPクライアント,プログラム・アップロード機能OTA(Over The Air),SDカード・インターフェース,タイマ,低消費電力モードを試すサンプル・プログラムがあります.

● 開発に必要なハードウェア

Arduino IDEには,マイコン・ボードやライブラリを追加する機能が用意されています.その機能により,700円Wi-FiモジュールのESP-WROOM-32もArduino IDEで開発できます.

Arduino IDEを使ってESP-WROOM-32のプログラムを開発するときの構成を図2に示します.必要な機器は次のとおりです.

- ESP-WROOM-32本体
- USBシリアル変換基板(ESP32-DevKitCなどの開発ボードを使うときは不要)
- パソコン(Windows/macOS/Linux)
- USBケーブル

```
ここに#includeや#defineを記述

ここに定数やグローバル変数を記述

void setup() {
  ここに初期化処理を記述
}

void loop() {
  ここに実行処理を記述
}

ここに関数などを記述
```

図3 Arduino用プログラム「スケッチ」のコード・ブロック
スケッチ自体はC++に準拠するが,初期状態ではsetup()とloop()しかない.C++を使ったことのある人は逆に困惑するかもしれない

本稿ではArduino IDEをWindows 10パソコンで動作させるものとして解説します.プログラムの動作確認には写真1に示すESP-WROOM-32開発ボードESP32-DevKitCを使います.

Arduino用プログラム「スケッチ」の書き方

● 言語のあらまし

Arduino IDEで使われるプログラミング言語(Arduino言語)は,C++の難しい部分がうまく隠蔽され,マイコンのプログラムを記述するために最適化されているので,基本的な文法さえ覚えればとても簡単に使えます.

例えば,Arduino言語にはStringクラスが存在するので,文字列を連結させるときは次のように記述できます.

```
String s = "abc";
s = s + "xyz";
```

いままでのマイコン・プログラムのように,文字列(文字配列)のためにメモリを確保したり破棄したりするコードは不要です.

● setup()関数とloop()関数

スケッチでは,図3のようにsetup()関数内に初期化コードを記述し,loop()関数内に繰り返し実行したい処理を記述します.

シリアルモニタに何らかの情報を表示するときに使うSerialオブジェクトを例に記述例を示します.初期化部分はsetup()関数内に次のように記述します.Serialオブジェクトを使って115200 bpsで通信を開始するコードです.

```
void setup() {
  Serial.begin(115200);
}
```

loop()関数には文字列を送信するコードを記述します.

```
void loop() {
  for (int i = 0; i<100; i++){
    Serial.println(i); // 改行付きで送信
  }
}
```

このスケッチを実行すると,シリアルモニタに0～99の値が繰り返し表示されます.

● スケッチの文法を調べる方法

[ヘルプ]-[リファレンス]の順に選択すると,スケッチの言語リファレンス(英語版)が開きます.日

本語のリファレンスは，書籍「Arduinoをはじめよう（Make:PROJECTS）」の後半に記載されています．いずれもESPマイコン固有の情報は載っていませんが，文法を軽くチェックすることは可能です^{編注}．

● スケッチとフォルダ

Arduino IDEでプログラム（スケッチ）を1から書きたいときは，ツール・バーにある［新規ファイル］のアイコンをクリックします．すると新しいArduino IDEウィンドウが立ち上がります．ツール・バーにある［保存］アイコンをクリックして，スケッチに名前を付けていったん保存してからソースコードを記述してください．

スケッチのファイル拡張子は＊.inoです．＊.inoファイルは同名のフォルダに格納されている必要があります．例えばsampleという名前でデスクトップに保存すると，デスクトップにsampleという名前のフォルダが作成されて，その中にsample.inoが保存されます．

保存したスケッチを開くにはツール・バーの［開く］アイコンをクリックし，開きたいスケッチのファイルを指定します．

● ライブラリ

Arduinoには，Arduino IDEにあらかじめインストールされている標準のライブラリのほかに，世界中の開発者が作った専用ライブラリが数多く存在します．それらのライブラリの多くはArduino IDEの「ライブラリマネージャ」という機能を使うとインストールできます．

ライブラリマネージャは［スケッチ］-［ライブラリをインクルード］-［ライブラリを管理…］の順に選択すると開きます．

ライブラリマネージャに対応していないライブラリは，ZIP形式でダウンロードしてから［スケッチ］-［ライブラリをインクルード］-［ZIP形式のライブラリをインストール…］の順に選択するとインストールできます．

〈富永 英明〉

（初出：「トランジスタ技術」2017年11月号）

編注：ESPマイコンで使えるArduinoライブラリのリファレンスを本書の第3部 第1章に掲載しています．参照ください．

ESP-WROOM-02 × Arduino IDEでプログラム開発

● 使用するボード

ここでは秋月電子通商が販売している「ESP-WROOM-02開発ボード」を例に説明します（**写真2**）．ほとんどのESP-WROOM-02モジュールは同じような方法で扱えるので，使用するモジュールの説明書を参照しつつ，本稿を参考にしてください．

● 作業の流れ

ESP-WROOM-02の開発環境としてArduino IDEを使うためには，以下の作業を行います（**図4**）．

① パソコンにArduino IDE本体をインストールする
② 使用するボード（マイコン）用のパッケージをArduino IDEに追加（インストール）する
③ ボードをパソコンに接続し，必要に応じて，通信す

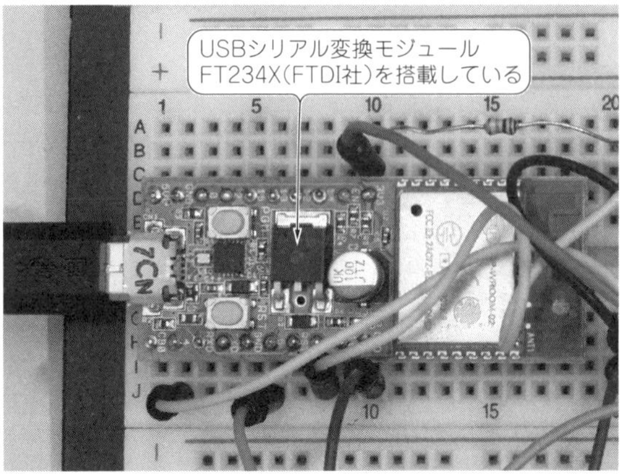

写真2 本稿で使用した「ESP-WROOM-02開発ボード（秋月電子通商）」
ピンが2.54mmピッチのDIP形状になっており，ブレッドボードに接続して使える．USBシリアル変換モジュールも搭載している

① Arduino IDEを入手してパソコンにインストールする
② マイコン・ボード用のパッケージを入手して，Arduino IDEに追加する
③ マイコン・ボードをパソコンに接続する（必要に応じてドライバをインストールする）

あとはArduino IDE上でプログラムを書いて，コンパイルして書き込むだけ！
※必要に応じて，**使用する部品などのライブラリをArduino IDEに追加する**

図4 Arduino IDEを使ってマイコン・ボード用のプログラムを開発する手順
Arduino IDEに対応したマイコン・ボードなら，マイコン・ボード用のパッケージやライブラリ・ファイル群が用意されている

るためのドライバをパソコンにインストールする

ここまで準備できたら，Arduino IDE上でプログラム（スケッチ）を記述してコンパイルし，ボードに書き込むとプログラムが実行されます．

また，必要に応じて，使用する部品等のライブラリをArduino IDEに追加します．

以下，この流れに沿って説明していきます．

1 Arduino IDEをインストールする

● Arduino IDEの入手とインストール

まず，Arduino IDEをAdruinoの公式サイトから入手してインストールします．本稿ではWindowsを前提に説明しますが，その他のOSでも基本的な手順に大差はありません．

Arduino IDEは以下のURLでダウンロードできます．

https://www.arduino.cc/en/Main/Software

Windows向けのArduino IDEにはインストーラ版とZIP版があります（図5）．どちらを使ってもかまいません．

筆者はZIP版（adruino-1.8.5-windows.zip）をダウンロードしました．このZIPファイルを解凍し，「arduino-1.8.5」フォルダをCドライブのルート・ディレクトリにコピーしました．

arduino-1.8.5フォルダを開き，直下にある実行ファイルarduino.exeをダブルクリックすると，Arduino IDEが起動します．

2 ボード（マイコン）用のパッケージをArduino IDEに追加する

● 設定方法は2種類ある

Arduino IDEにボード（マイコン）用のパッケージを設定する方法は2種類あります．

- Githubなどからパッケージを入手し，手動で設定する方法
- Arduino IDEのボードマネージャの機能を利用する方法

使用するマイコンがArduino IDEのボードマネージャに対応している場合は，ボードマネージャ機能を利用するほうが簡単で，パッケージが変更されたときもスムーズに更新できます．本稿では，ボードマネージャの機能を利用する方法を説明します．

なお，ESP-WROOM-02（搭載マイコンは「ESP8266EX」）向けのArduino IDE用パッケージは，以下のURL（GitHub内）で公開されています．手動で

図5 Arduino公式サイトからArduino IDEをダウンロードする
執筆時（2018年7月）のバージョンは1.8.5だった

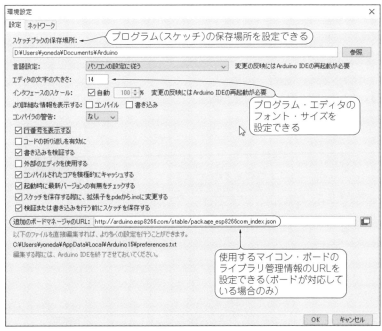

図6 「追加ボードマネージャのURL:」に使用するマイコンのボード情報が記されているURLを追加する

ファイルを入手・設定する場合はここから入手します．

https://github.com/esp8266/Arduino

● ボードマネージャ機能による設定方法

▶手順1：ボードマネージャのURLを指定する

メニューから［ファイル］-［環境設定］を開き，「追加ボードマネージャのURL：」にESP-WROOM-02のボード情報が記された下記のURLを追加します（図6）．

http://arduino.esp8266.com/stable/package_esp8266com_index.json

その他，フォント・サイズなど変更したい設定があったらここで変えておくとよいでしょう．変更を終えたら［OK］ボタンを押してダイアログを閉じます．

▶手順2：ボードマネージャを起動してインストール

続いてメニューから［ツール］-［ボード］-［ボードマネージャ］を開きます．開いたダイアログの検索欄に「esp8266」と入力すると，ESP-WROOM-02用のパッケージだけが表示されます（図7）．

パッケージを選択し，右下に表示される「インストール」ボタンを押すと，ネットワークを通じてESP-WROOM-02モジュール用の設定やライブラリ一式がArduino IDEにインストールされます．

3 ボードをパソコンに接続し，使えるように設定する

● ボードを接続し，ドライバを設定する

ここからの設定は，使用するボードやモジュールによって多少変える必要があります．本稿では秋月電子通商の「ESP-WROOM-02開発ボード」を例に説明しますが，手持ちのモジュールのマニュアルなどを参考にして設定を進めてください．

まず，パソコンとボードがシリアル通信を行える状態にする必要があります．「ESP-WROOM-02開発ボード」はUSB-シリアル変換にFTDI製のFT234Xを使っています．ボードをUSBケーブルでパソコンに接続すると，自動でWindowsアップデートからドライバが導入されるはずです．されない場合は，下記のURLからドライバをダウンロードしてインストールします．

http://www.ftdichip.com/Drivers/VCP.htm

● 割り当てられたCOMポートの番号を確認する

USB-シリアル変換が正常に認識されると，Windowsの「デバイスマネージャー」にCOMn（nは通常は3以降）が確認できるはずです（図8）．

Arduino IDEのメニューから［ツール］-［シリアルポート］がCOMnになっていることを確認します（図9）．シリアル・ポートに接続しているのがESP-WROOM-02だけなら自動的に選択されているはずです（違っていたら，サブメニューから手動で選択する）．

● ボードを切り替える

続いてボードを切り替えます．メニューから［ツール］-［ボード］-［Generic ESP8266 Module］を選択します．

Generic ESP8266 Moduleを選択した場合，接続しているボード用のコンフィグレーションを［ツール］

図7 検索欄に「esp8266」と入力するとESP8266に関係する情報だけが表示される

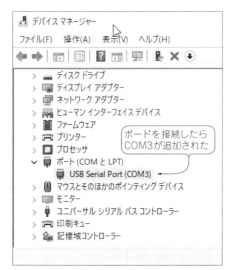

図8 この例ではCOM3が割り当てられている

図9 デバイスマネージャで確認したCOMnになっていることを確認

メニューに設定する必要があります(図10).今回のボードの場合は表2のように設定します.

④ いよいよ! プログラムを記述&コンパイル&実行する

● おなじみ「Lチカ」で動作テスト

ひととおりの設定はできました.ここで,ボードにプログラムを書き込めるか試してみます.Arduino IDE上で,リスト1のようなLEDを点滅させるプログラム(スケッチ)を記述します.

LEDと抵抗(120Ω程度)をGPIOとGNDの間に接続します.本ボードはGPIO16の隣にGNDがあるので,GPIO16にLEDを接続することにしました.

Arduino IDEのメニューから[スケッチ]-[検証・コンパイル]を選択し,コンパイルが完了することを確認します.

● ボードをプログラム書き込みモードに切り替える

本ボードは基板上にRST(リセット)スイッチとGPIO0に接続されたPGM(プログラム)スイッチがあります.プログラム書き込みモードに切り替えるには,RSTスイッチとPGMスイッチを同時に押して,RST→PGMの順で離します注2.

プログラム書き込みモードの状態でArduino IDEのメニューから[スケッチ]-[マイコンボードに書き込む]を選択します.正常にESP-WROOM-02が接続されていれば書き込みが行われ,Arduino IDEのウィンドウに「書き込みが完了しました」と表示されます.

注2:このほかのボードでも,RSTとGPIO0をGNDに落とした後,RST,GPIO0の順でプルアップすればプログラム書き込みモードに切り替わるはずだ.

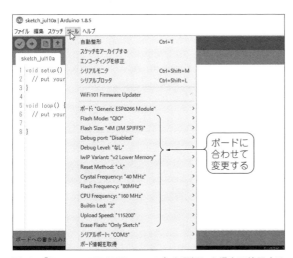

図10 「Generic ESP8266 Module」を選択した場合は使用するボードに合わせたコンフィグレーションを[ツール]メニューに設定する

書き込みに成功するとESP-WROOM-02が自動的に再起動し,スケッチの実行が始まります.LEDが点滅することを確認してください.

● 書き込めないときは転送速度を確認する

書き込み時にエラーが出る場合は,[ツール]メニューに設定したモジュールの情報が誤っている可能性があります.特にありがちなのが「Upload Speed」の間違いです.本ボードは115200 bpsを設定する必要がありますが,ESP-WROOM-02モジュールによっては他の値が設定されている場合があるので,まずはここを確認してください.

⑤ 必要に応じて,使用する部品等のライブラリをArduino IDEに追加する

● ボードに合わせてコア・ライブラリが切り替わる

Arduino IDEで使用するボードを切り替えると,コンパイル時に使われるコア・ライブラリがそのボード(マイコン)用のものに切り替わります.ボード用のコア・ライブラリやボード依存のライブラリは,hardwareディレクトリ以下の,ボード固有のディレクトリ・ツリーに格納されています.

● Arduino用のライブラリ流用に挑戦!

ESP-WROOM-02のライブラリの多くは,Arduinoとおおむね互換性を持ちます.既に示したGPIOのほか,SPIやI^2C(Wire)といったライブラリもArduino互換として利用できます.そこで,I^2Cで接続する部

表2 「ESP-WROOM-02開発ボード」を使う場合の「Generic ESP8266 Module」の設定項目

変更する項目	設定内容
Flash Mode	QIO
Flash Size	4M(3M SPIFFS)
Reset Method	clk
Crystal Frequency	26 MHz
Flash Frequency	80 MHz
CPU Frequency	160 MHz
Upload Speed	115200

リスト1 LEDを点滅させるプログラム(スケッチ)

```
#define LED 16

void setup() {
 pinMode(LED, OUTPUT);
}

void loop() {
 digitalWrite(LED, HIGH);
 delay(500);
 digitalWrite(LED, LOW);
 delay(500);
}
```

品を例に，Arduino用の部品のライブラリを流用してESP-WROOM-02から利用する実例を示します．

用意したのは秋月電子通商で販売されている「I2C接続小型LCDモジュール（8x2行）ピッチ変換キット」です．このキットは，「AQM0802」という8文字×2行のLCDモジュールのピン・ピッチを2.54 mmに変換しています．

AQM0802は日本ではポピュラーで，Arduino用のライブラリが作成/公開されています．このライブラリを基本的にそのままESP-WROOM-02で利用できます．ここでは，ESP-WROOM-02に合わせて少し手を加えてみます．

● ハードウェアの接続

ESP-WROOM-02とAQM0802を図11のように接続しました．SDAをGPIO4に，SCLをGPIO5に接続しています．SDAとSCLのプルアップは，ピッチ変換基板裏に設けられたジャンパをショートして基板上の10 kΩを使っています．ジャンパを用いない場合は，SCLとSDAを外部の10 kΩでプルアップしておく必要があります．

● ライブラリの入手

AQM0802のArduino用ライブラリ「FaBoLCDmini-AQM0802A-Library」を以下のURLからダウンロードします．「Download ZIP」を選択し，ZIPファイルとしてダウンロードします（図12）．

https://github.com/FaBoPlatform/FaBoLCDmini-AQM0802A-Library

● ライブラリのインストール

ライブラリをそのまま使う場合は，ダウンロードしたZIPファイルをArduino IDEに読み込むだけでインストールが完了します．

Arduino IDEのメニューから［スケッチ］-［ライブラリをインクルード］-［.ZIP形式のライブラリをインストール］を選択して（図13），ダウンロードしたZIPファイル（FaBoLCDmini-AQM0802A-Library-master.zip）を選択します．これでFaBoLCDmini-AQM0802A-Libraryがインストールできます．

● ライブラリの内容を編集する

ライブラリの内容を編集する場合は，ダウンロードしたZIPファイルを適当な場所に展開して（フォルダ名やファイル名は変えない），ファイルの内容をテキスト・エディタで編集/保存した後，再度，ZIPファイルに圧縮し直します．

今回は3カ所を修正します．

▶library.propertiesファイルの編集

ZIPファイルを展開し，FaBoLCDmini-AQM0802A-Library-masterフォルダ直下にあるlibrary.propertiesというファイルをエディタで開きます．下記の行を削除して，ファイルを保存します．

```
architectures=avr
```

architecturesディレクティブは，このライブラリのアーキテクチャを指定するもので，FaBoLCDmini-AQM0802A-LibraryではAVRが指定されています．architecturesが限定されていても警告が出るだけでESP-WROOM-02で利用することはできますが，煩わしいので削除します．

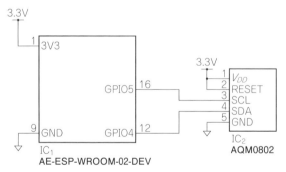

図11 ESW-WROOM-02とAQM0802の接続

図12 「Download ZIP」をクリックしてZIPファイルをダウンロードする

図13 「ZIP形式のライブラリをインストール」でFaBoLCDmini-AQM0802A-Libraryをインストールする

▶ソース・コード（*.hおよび*.cpp）の編集

ArduinoではI²CのSDAとSCLに使用するピンを変更することはあまりないため，FaBoLCDmini-AQM0802A-Libraryでは，デフォルトのSDAとSCLのピンを使うよう決め打ちになっています．一方，ESP-WROOM-02では，SDAとSCLに任意のピンを使うことができます．ESP-WROOM-02のArduino IDEのライブラリではデフォルトでSDAにGPIO4が，SCLにGPIO5がアサインされていますが，ESP-WROOM-02はI/Oポート数が限られているだけに，アサインするピンを変えたい場合があります．そこで，随時変更できるよう，ソースに改変を加えます．

FaBoLCDmini-AQM0802A-Library-master¥srcディレクトリの下にある*.hファイルと*.cppファイルに，それぞれリスト2，リスト3に示す改変を加えました．

編集が完了したら，改めてFaBoLCDmini-AQM0802A-Library-master.zipとして圧縮し直して，前述の方法「.ZIP形式のライブラリをインストール」でインストールします．

● ライブラリを使ったプログラムを試す

ライブラリに付属しているサンプル・プログラムをESP-WROOM-02で実行してみましょう．

Arduino IDEのメニューから［ファイル］-［スケッチ例］-［FaBoLCDmini AQM0802A Library］-［Hello World］を選択すると，LCDに"Hello World"を表示するサンプル・プログラムが開きます．

先ほどと同じようにコンパイルを行い，プログラムをマイコン・ボードに書き込みます．ファイルの改変に失敗していなければLCDに"Hello World"と表示され，2行目には経過した秒が表示されます（写真3）．

● ESP-WROOM-02のA-D変換はやや特殊

Wireのように多くのライブラリはそれほど改変せずに利用できますが，ESP-WROOM-02のA-D変換だけはやや特殊です．

- TOUT端子のA-D変換の仕様は最大入力電圧が1V，解像度が10ビット，フルスケールが3.3Vではない点に注意が必要．
- ESP-WROOM-02でアナログ入力ができるのはTOUT端子だけである．したがって，analogRead()関数で読み取ることができるのもTOUT端子の入力のみ．
- TOUT端子のA-D変換の仕様は最大入力電圧が1V，解像度が10ビット，フルスケールが3.3Vではない点に注意が必要．

例として，ダイオードの順方向降下電圧（約0.6V）を測定し，LCDに表示させてみました（写真4）．図14に回路構成を，リスト4にプログラムを示します．

analogRead()はTOUT端子の電圧を返すので，ダイオードの順方向降下電圧VfをmV単位でLCDに

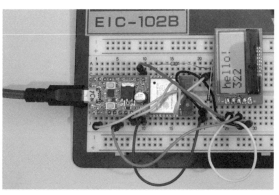

写真3　LCDにHello Worldが表示された

リスト2　FaBoLCDmini_AQM0802A.hの変更箇所

```
（中略）

#define LCD_SDA 4    // 追加
#define LCD_SCL 5    // 追加

class FaBoLCDmini_AQM0802A : public Print {
 public:
  FaBoLCDmini_AQM0802A(uint8_t addr = AQM0802A_SLAVE_ADDRESS, int sda = LCD_SDA, int scl = LCD_SCL );

（以下略）
```

リスト3　FaBoLCDmini_AQM0802A.cppの変更箇所

```
（中略）

FaBoLCDmini_AQM0802A::FaBoLCDmini_AQM0802A(uint8_t addr, int sda, int scl)
{
 _i2caddr = addr;
 Wire.begin(sda, scl);
}

（以下略）
```

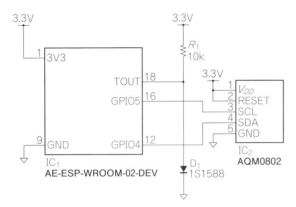

図14 ダイオードの順方向降下電圧を表示する回路

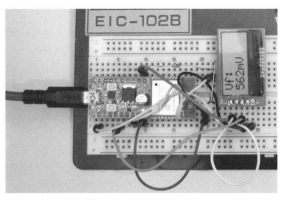

写真4 順方向降下電圧がLCDに表示された

リスト4 ダイオードの順方向電圧を読み取る

```
#include <FaBoLCDmini_AQM0802A.h>

FaBoLCDmini_AQM0802A lcd;

void setup() {
  lcd.begin();
  lcd.setCursor(0,0);
  lcd.print("Vf:");
}

void loop() {
  // put your main code here, to run repeatedly:
  int value = analogRead(0);
  int voltage = value * 1000 / 1024;
  lcd.setCursor(0,1);
  lcd.print(String(voltage) + "mV");
  delay(500);
}
```

表示しています．順方向降下電圧は温度によって変化するので，ダイオードを指で触ると測定値が変化するようすが観測できます．うまく校正できれば温度計として使えるかもしれません．

　　　　＊　　　　＊　　　　＊

　以上のように，A-D変換はArduinoと大きく異なりますが，それ以外のライブラリは多くが互換として利用できます．また，ESP-WROOM-02固有のWi-Fi接続とネットワーク・スタックに関しては，Arduino IDEのメニューから［ファイル］-［スケッチ例］に多数のサンプル・スケッチが用意されているので，参考にして使ってみてください．

〈米田 聡〉

ESP-WROOM-32 × Arduino IDEでプログラム開発

　本稿ではArduino IDEをWindows 10パソコンで動作させるものとして解説します．プログラムの動作確認には**写真1(a)**に示すESP-WROOM-32開発ボードESP32-DevKitCを使います．

1 Arduino IDEをインストールする

● 手順1：ダウンロード
　Arduino IDEは次のWebページから入手できます．

https://www.arduino.cc/en/main/software

　ダウンロードできるファイル形式には，いくつか種類がありますが，ここではインストーラ版を使います．

● 手順2：インストール
　Arduino IDEのインストール手順は次のとおりです．
(1) ダウンロードしたインストーラをダブルクリックして実行します．
(2) 使用許諾を読み，内容に問題がなければ［I Agree］をクリックします．
(3) インストール・オプションの選択画面が表示されます．特にオプションを変更する必要はないので［Next >］をクリックします．
(4) 図15のようにインストール先を変更します．

C:¥Arduino

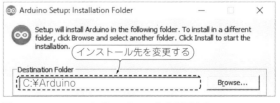

図15 Arduino IDEのインストール先を変更する
Windowsのユーザ・アクセス制御機能（UAC, User Account Control）の影響を受けないようにするためインストール先は変更しておいたほうが無難

デフォルトのままにするとインストール・フォルダがWindowsのユーザ・アクセス制御機能（UAC, User Account Control）の影響を受け，ファイルの書き込みや削除ができなくなるときがあります．
　インストール先を変更したら，［Install］をクリックします．
（5）Arduino用のUSBドライバをインストールします．何回か「インストールしますか？」というメッセージが出てきますが，すべて［インストール］をクリックしてください．
（6）インストールが完了したら［Close］をクリックします．

2 ESP-WROOM-32開発用のパッケージをインストールする

● ESP32のライブラリ公開場所
　前項でインストールしたArduino IDEには，ESP-WROOM-32を開発するためのライブラリは入っていません．自分で追加インストールします．
　ESP-WROOM-32開発用パッケージ（ライブラリ・ファイル群）ライブラリは「Arduino core for the ESP32」という名前でGitHubに公開されて日々更新されています．

https://github.com/espressif/arduino-esp32

● インストール
　Arduino IDEのメニューから［ファイル］-［環境設定］を開き，「追加ボードマネージャのURL:」に下記のURLを追加します（図6を参照）．

https://dl.espressif.com/dl/package_esp32_index.json

　続いて［ツール］-［ボード］-［ボードマネージャ］を開き，ESP32のパッケージを選択してインストールします．

3 ボードをパソコンに接続する

● USBシリアル変換チップのドライバをインストール
　ESP-WROOM-32の開発ボードESP32-DevKitCは，USBシリアル変換チップのCP2102（シリコンラボラトリーズ）を搭載しています．本チップ用のUSBドライバをパソコンにインストールします．
　ESP32-DevKitCをパソコンとUSBケーブルで接続すると，自動的にドライバがインストールされます．接続してもインストールされないときは，シリコンラボラトリーズ社のWebページから最新版のドライバを入手してください．URLは次のとおりです．

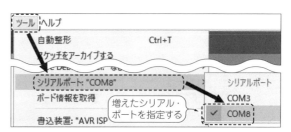

図16 ESP32-DevKitCが接続されているシリアル・ポートを選択する
開発ボードを接続して新たに増えたポート番号を指定する方法が手軽

ボードが「追加ボードマネージャ」機能に対応していない場合のインストール方法　　　Column 1

　以前（2017年8月時点）は，Arduino core for the ESP32は「追加ボードマネージャ」機能に対応していませんでした．このような場合は，以下の方法で手動でインストールします．
（1）次のWebページから［Download ZIP］をクリックしてZIP形式のライブラリ・ファイル群をダウンロードします（図12を参照）．

https://github.com/espressif/arduino-esp32

（2）C:¥Arduino¥hardwareフォルダにespressifフォルダを作成します．espressifフォルダの中にesp32フォルダを作成します．esp32フォルダの中に（1）でダウンロードしたZIP形式のライブラリ・ファイル群を解凍します（図A）．

（3）解凍すると現れるtoolsフォルダの中に移動し，get.exeを管理者権限で実行します．コマンド・プロンプトが表示されるので，消えるまでしばらく待ちます．　　　　　　　　　　〈富永 英明〉

図A　ボード用のライブラリ・ファイル群を手動で設定する場合のフォルダ構造

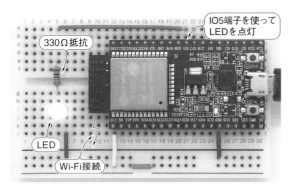
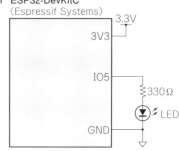

▶図17 ESP-WROOM-32のLED点灯回路

写真5 ブレッドボード上に回路を組んでWi-Fi LEDチカチカに挑戦する

リスト5 サンプル・プログラムSimpleWiFiServerの一部を書き換える
ESP-WROOM-32を接続するWi-FiアクセスポイントのSSIDとパスワードを記述する

```
#include <WiFi.h>

const char* ssid     = "yourssid";    // アクセス・ポイントのSSID
const char* password = "yourpasswd";  // アクセス・ポイントのパスワード

WiFiServer server(80);
```

http://jp.silabs.com/products/development-tools/software/usb-to-uart-bridge-vcp-drivers

4 Wi-Fi経由でLEDチカチカ

● 手順1：ボードの設定

ESP-WROOM-32のプログラムの開発手順を解説します．ここでは実際にGPIO端子を使ったLEDの点滅（通称LEDチカチカ）を行ってみます．ESP-WROOM-32のWi-Fiを使ってLEDを点滅させてみましょう．

Arduino IDEを開いたら［ツール］-［ボード:］-［ESP32 Dev Module］の順に選択します．

ボードの選択が済んだら，シリアル・ポートの番号を確認します．ESP32-DevKitCを接続していない状態で［ツール］-［シリアルポート］で表示されているポートを確認します．次にESP32-DevKitCを接続して再度［ツール］-［シリアルポート］を確認します．このとき新たに増えた番号がESP32-DevKitC用のシリアル・ポートなので，図16のようにクリックして指定します．

● 手順2：LEDチカチカ用の回路を組む

ESP32-DevKitCにはプログラムからON/OFFを制御できるLEDが付いていません．写真5のようにブレッドボードを用意してLEDを外付けします．回路は図17のとおりです．IO5端子にLEDと電流制限用の330Ω抵抗を直列に接続します．

▶図18 Arduino IDEでプログラムを書き込む
［→］を押すとコンパイルと書き込みがいっぺんに実行される

ESP32-DevKitCはボードの幅が広いので，一般的なブレッドボードを使うと片側1列しか余裕がありません．これでは部品の配置が困難です．幅の広いブレッドボードを使うのがおすすめです．私はESP32-DevKitCを挿しても両側に空きのあるSAD-101（サンハヤト）を使用しています．

● 手順3：プログラム（スケッチ）の制作

Arduino IDEにはLEDチカチカ用のサンプル・スケッチが用意されています．［ファイル］-［スケッチ例］-［ESP32 Dev Module用のスケッチ例 WiFi］-［SimpleWiFiServer］の順でクリックすると，サンプル・プログラムが開きます．ソースコードが表示されたら，リスト5のようにWi-Fiアクセス・ポイントのSSIDとパスワードを記述します．

● 手順4：コンパイルと書き込み

手順3で制作したプログラムのコンパイルとESP-WROOM-32への書き込みを行います．図18のようにツールバーにある［→］をクリックするとコンパイルと書き込みを一度に行います．

正しくコンパイルされ，ESP-WROOM-32への書き込みが完了すると，Arduino IDEの下部に「ボードへの書き込みが完了しました」と表示されます．

● 手順5：IPアドレスのチェック

手順4のプログラム書き込みが正常に完了すると，ESP-WROOM-32はWi-Fi接続されて，アクセス・ポイントからIPアドレスが払い出されます．ESP32-DevKitCにはLCDなどの表示機がないので，払い出されたIPアドレスがわかりません．ここではArduino IDEのシリアルモニタと呼ばれる機能を用いてESP-WROOM-32とシリアル通信を行い，IPアドレスを確認します．

ツールバーにある虫眼鏡のアイコンをクリックすると，シリアルモニタが開きます．正しくWi-Fi接続されていると，図19のように表示されます．ここでは192.168.1.26が払い出されました．

● 手順6：Webブラウザを経由してLEDをチカチカさせる

ESP-WROOM-32と同じアクセス・ポイントに接続されているパソコンやスマートフォンのWebブラウザに手順5で確認したIPアドレスを入力します（図20）．「here」と表示されているリンクをクリックすると，ESP32-DevKitCに接続されているLEDが点灯

図19 ESP-WROOM-32とシリアル通信を行ってIPアドレスを確認する
シリアルモニタを開くとアクセス・ポイントから払い出されたIPアドレスが表示される

図20 ESP-WROOM-32とWi-Fi接続完了！リンクをクリックするとLEDをつけたり消したりできる
アクセス・ポイントから払い出されたIPアドレスをWebブラウザのアドレス・バーに入力したら表示される

したり消灯したりします．

〈富永 英明〉

（初出：「トランジスタ技術」2017年11月号）

Column 2 プログラム書き込みモードに自動で切り替わらないボードを使う場合の書き込み方法

IoT ExpressにはESP32-DevKitCのような自動でプログラムの書き込みを開始する回路がないので，Arduino IDEの[→]ボタンをクリックするだけではプログラムの書き込みができません．図Bの手順でESP-WROOM-32を書き込みモードにする必要があります．

①BOOTボタンとリセット・ボタンを押しっぱなしにする
②リセット・ボタンを離す
③BOOTボタンを離す
④Arduino IDEの[→]ボタンをクリックする
⑤書き込みが完了したらリセット・ボタンを押して離すとプログラムが実行される

〈白阪 一郎〉

図B IoT Expressにプログラムを書き込むときのボタン操作手順

第6章 ラズベリー・パイの標準開発言語をマイコンで動かす
MicroPythonでTRY！プログラム開発と実行

米田 聡／白阪 一郎 Satoshi Yoneda / Ichiro Shirasaka

MicroPythonとは

インタプリタ型コンピュータ・プログラミング言語Python

● CやC++と同じくらいメジャーになったPython

プログラミング言語Pythonは，WindowsやLinux，あるいはLinuxが動作するシングル・ボード・コンピュータで盛んに利用されているプログラミング言語です．利用範囲は広く，システム管理者の日常の管理ツールの作成からWebアプリケーションの開発，昨今では機械学習の開発用言語としても使われるなど，C言語やC++言語と並んで利用している人が多いプログラミング言語に成長しました．

● Cで書かれたインタプリタ「CPython」

WindowsやLinux上で利用されているのは，文法および標準的なライブラリをすべて利用できるフルセットのPythonです．インタプリタ（逐次実行プログラム）本体はC言語で実装されており，"CPython"とも呼ばれます．

Pythonにはフルセットの CPython以外にもさまざまな実装があります．たとえば，インタプリタをJavaで実装した"JPython"，Microsoft .NET Framework に実装した"IronPython"，Python自身でPythonインタプリタを実装した"PyPy"などです．

ここで取り上げるMicroPythonも，そんなPythonの実装のひとつです．

Pythonのマイコン用インタプリタ「MicroPython」

● 多くのマイクロコントローラに移植が進んでいる

"MicroPython"は人気急上昇中のプログラミング言語Pythonの実装のひとつです．各種マイクロコントローラ用に開発されたインタプリタ言語です．

MicroPythonはもともと，クラウド・ファンディングで資金を得てスタートした"pyboard"と呼ばれるマイクロコントローラの開発ボード向けに開発されました．

pyboardは現在でも販売されていますが，MicroPython自体はpyboard以外のマイクロコントローラに移植が進み，現在ではST MicroelectronicsのST32F4ボードや，Espressif SystemsのESP8266，ESP32などでもMicroPythonが動作するようになっています．

● 特徴

MicroPythonのおもな特徴を紹介しておきます．

▶インタプリタ言語

MicroPythonは，CPythonと同様にインタプリタで用いる言語です．

厳密に言うとPythonは，ソース・コードを中間言語（バイト・コード）にコンパイルして，中間言語を実行するタイプのインタプリタ型の言語です．

そのため，実行速度がインタプリタ型としては高速で，なおかつ人間にわかりやすい高水準の文法をもっています．

▶Python3互換の実装

MicroPythonは，最新のPython3とおおよその互換性をもつPythonの実装です．Python3で拡張された文法の多くをサポートします．

ただし，MicroPythonはメモリやCPUパワーに制限があるマイクロコントローラ用の実装であるため，Python3と完全な互換性をもつわけではありません．一部，制限があるので，込み入ったプログラムをMicroPythonで作成する場合は，Python3との微妙な違いに注意する必要が出てきます．

▶対話型のコンソール（REPL）が利用できる

Pythonを利用したことがある方ならおなじみの対話型のコンソールをMicroPythonでも利用することができます．Pythonの対話型コンソールはRead-Eval-Print Loop（REPL；対話型評価環境）と呼ばれ，

REPL上で1行1行入力し，Pythonコードの動作を確かめることが可能です．

たとえばGPIOの動作などをREPL上で確認し，Pythonコードを書くといったことが可能です．その場その場で動作確認を行うことができるので，非常に便利です．

▶簡単に動作させられる

MicroPythonは，すでに対応しているマイコン・ボードであればファームウェアが公式サイトに掲載されています．マイコン・ボードのフラッシュ・メモリにファームウェアを書き込むだけで利用を始めることができます．

ファームウェア開発中のマイコン・ボードはファームウェアをビルドする必要があり，また開発が行われていないマイコン・ボードではそもそも利用できませんが，公式サイトにファームウェアがあるマイコンならば非常に簡単に使えるのもMicroPythonの利点です．

ESP-WROOM-02 × MicroPythonでプログラム開発

ESP-WROOM-02でMicroPythonを活用する例を紹介します．MicroPythonはインタープリタ言語らしいプログラミングのしやすさと実用十分な速度を実現しているので，ぜひ活用したい開発環境です．

● 使用するボードとホストPC

ここでは秋月電子通商が販売している「ESP-WROOM-02開発ボード」を例に説明します．ESP-WROOM-02モジュールであれば，ほかの製品でもほぼ同じ手順で扱えます．

また，WindowsパソコンをホストPCとして使います．macOSやLinuxでも，基本的な手順は同じです．

● 作業の流れ

ESP-WROOM-02の開発環境としてMicroPythonを使うためには，次の作業を行います（図1）．

① マイコン・ボードにファームウェアを書き込むツール（esptoolなど）を入手する
② MicroPythonのファームウェアを入手する
③ ボードをパソコンに接続し，ファームウェアを書き込む

MicroPythonをインストールするにあたり，パソコンとボードがシリアル・ポート経由で接続され，通信できる状態になっている必要があります．

また，ボードにファームウェアを書き込んだ後，プログラムを実行する方法は2種類あります．

● その1：パソコンのシリアル・コンソール（Tera Termなど）から1行ずつプログラムを入力し，1行ずつ実行する（対話型）
● その2：パソコンからマイコン・ボード内のファイル・システムを操作するツール（ampyやuPyCraftなど）を使い，プログラムを転送・実行する

esptoolやampyを実行するにはパソコン上にPythonの環境が必要なので，準備の一環として，Windowsパソコンにインストールしておきます（Linuxパソコンであれば，多くのディストリビュー

図1 MicroPythonを使ってマイコン・ボード用のプログラムを開発する手順
MicroPythonに対応したマイコン・ボードなら，MicroPythonの公式サイトにファームウェアが掲載されている

図2 Customize installationをクリックする

ションでPythonの環境がインストール済み）．

これらのツールを使わないとしても，ESP-WROOM-02でMicroPythonを利用していく上で，ホストPC上にもPythonの環境があったほうが何かと便利です．

1 必要なツールを入手して インストールする

● WindowsにPythonをインストールする

まずはWindowsパソコンにPythonをインストールします．Pythonのインストーラは，公式サイトからその時点での最新の安定版を入手します．

https://www.python.org/downloads/

ダウンロードしたファイルを実行するとインストールが始まります．標準ではいまインストールしているユーザのみが使えるディレクトリにインストールされますが，わかりにくいので「Customize installation」を選びます（図2）．

続くダイアログでインストールするオプションを聞いてきますが，すべてチェックを入れておけばよいでしょう（図3）．

次のダイアログで拡張オプションを指定します．ここで「Install All Users」にチェックを入れて，「Customize install location」欄のインストール先にわかりやすいインストール先パスを設定してください．また，「Add Python to environment variables」にチェックを入れて，Pythonを利用する環境変数を自動でセットするよう指定しておきます（図4）．

あとは［Install］ボタンをクリックすれば，指定したディレクトリにインストールが行われます．インストール後，Windowsのコマンド・プロンプトを開き，pythonとコマンドを入力すると図5のようにREPLに切り替わることを確認しておいてください．

● esptoolをPython環境にインストールする

MicroPythonをボードに書き込むために使う，

図3 オプションを選択する

図4 拡張オプションの指定

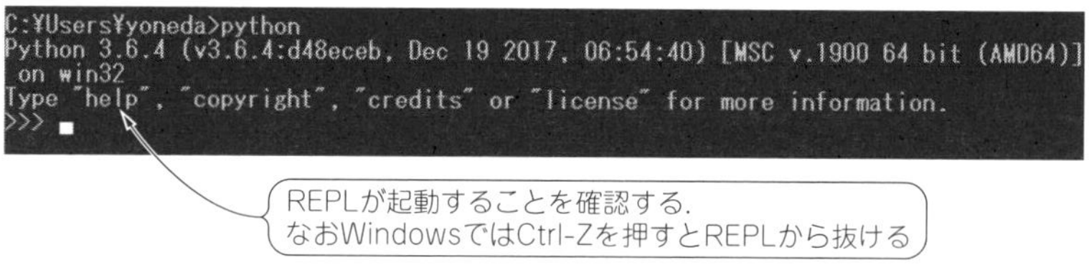

図5 コマンドプロンプトでPythonが利用できることを確認しておく

```
C:¥Users¥yoneda>pip install esptool
Collecting esptool
  Using cached https://files.pythonhosted.org/packages/69/ce/2b572f10b11b25c1a
e/esptool-2.5.0.tar.gz
Requirement already satisfied: pyserial>=3.0 in c:¥python37¥lib¥site-packages
Requirement already satisfied: pyaes in c:¥python37¥lib¥site-packages (from es
Requirement already satisfied: ecdsa in c:¥python37¥lib¥site-packages (from es
Installing collected packages: esptool
  Running setup.py install for esptool ... done
Successfully installed esptool-2.5.0

C:¥Users¥yoneda>_
```

エラーなく終了すれば成功

図6　esptoolをインストールする

Pythonのツール「esptool」をインストールします．Pythonのパッケージ管理システム“pip”を使ってインストールを行います注1．

コマンドプロンプト上で次のようにpipコマンドを実行します．

```
pip install esptool [Enter]
```

図6のようにエラーなく完了すれば，esptoolを利用できるようになります．

● MicroPythonのファームウェアを入手する

MicroPythonの公式サイトからESP8266用のMicroPythonのファームウェアを入手します(**図7**)．拡張子が.binのファイルを入手してください．執筆時点の最新の安定版はesp8266-20180511-v1.9.4.binでした．

```
https://micropython.org/download/esp8266
```

注1：pipは，PyPi(https://pypi.org/)と呼ばれるPythonのライブラリやツールを集積したネット上のリポジトリ(書庫)から，ローカルのPython環境にライブラリなどをインストールするツールである．“Pip Installs Python”の略とされるが，GNUなどと同じ再帰的頭字語であり名前に深い意味はない．

Firmware for ESP8266 boards

The following files are stable firmware for the ESP8266. Program your board using the esptool.py program as described in the tutorial.

- esp8266-20180511-v1.9.4.bin (elf, map) (latest)
- esp8266-20171101-v1.9.3.bin (elf, map)

クリックする

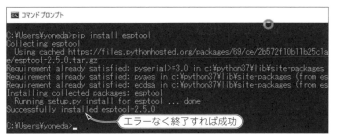

図7　MicroPythonの公式ページからファームウェアをダウンロードする

● ファームウェアをボードに書き込む

▶手順1：binファイルを所定の場所に置く

Windowsの「コマンド プロンプト」を開きます．今いる場所(カレント・ディレクトリ)に，先ほどダウンロードしたbinファイルを移動させます．コマンドプロンプトで下記のコマンドを実行するとエクスプローラでカレント・ディレクトリが開くので，そこにbinファイルをコピーするとよいでしょう．

```
cmd /c start . [Enter]
```

▶手順2：ボードを書き込みモードに切り替える

ESP-WROOM-02ボードをパソコンに接続し，ボードを書き込みモードに切り替えます．ESP-WROOM-02開発ボードの場合，モジュール上のPGMボタンとRSTボタンを同時に押し，RST，PGMの順で離すと書き込みモードになります．他のモジュールの場合でも，GPIO0とRSTを“L”に落とし，

```
C:¥Users¥yoneda>esptool.py --port COM3 --baud 115200 write_flash --flash_size=detect 0 esp8266-20180511-v1.9.4.bin
esptool.py v2.5.0
Serial port COM3
Connecting....
Detecting chip type... ESP8266
Chip is ESP8266EX
Features: WiFi
MAC: 5c:cf:7f:be:99:35
Uploading stub...
Running stub...
Stub running...
Configuring flash size...
Auto-detected Flash size: 4MB
Flash params set to 0x0040
Compressed 604872 bytes to 394893...
Wrote 604872 bytes (394893 compressed) at 0x00000000 in 35.0 seconds (effective 138.3 kbit/s)...
Hash of data verified.

Leaving...
Hard resetting via RTS pin...

C:¥Users¥yoneda>_
```

図8　ファームウェアの書き込みに成功した

RST，GPIO0を順に"H"にすれば書き込みモードになるはずです。
▶手順3：esptoolでファームウェアを書き込む

その状態で，次のコマンドを実行します．なお，シリアル・ポート番号（COM3）や＊.binのファイル名は，自身の環境に合わせて変えてください．

```
esptool.py --port COM3 --baud 115200 write_flash --flash_size=detect 0 esp8266-20180511-v1.9.4.bin [Enter]
```

これで図8のように書き込みが完了するはずです．

2 プログラムを対話型で実行してみる

● 対話型コンソールで動作を確認する

シリアル・コンソールを使って，MicroPythonのREPLの動作確認を行います．シリアル・コンソールにはTera Termを使うとよいでしょう．

https://ja.osdn.net/projects/ttssh2/

Tera Termをインストールして起動し，シリアル・ポートを選択します．シリアル・ポート番号は先に確認しておいた番号を選択してください．

コンソールのウィンドウが開いたら，メニューから「設定」→「シリアルポート」を選択します．シリアル・ポートの設定ダイアログがポップアップするので，スピード（ビット・レート）を115200 bpsに設定します（図9）．データ8ビット，パリティなし，ストップ・ビット1，ハードウェア・フローなしで設定しておきます．
▶ビット・レートが合っていないと文字化けする

ESP-WROOM-02をリセットすると，画面例のように化けた文字が表示されます．これは，このボードが起動時に76800 bpsに設定され，ファームウェア起動後に改めて115200 bpsにセットされるためです．ブート・メッセージのビット・レートが合わないために化けた文字が表示されてしまいます（図10）．

メニューから［コントロール］-［端末リセット］を選択するとコンソールがリセットされ，Enterキーを押すとREPLのプロンプトである「>>>」が表示されます．コンソールをリセットするまで文字化けは直りません．
▶Pythonのコマンドを実行してみる

プロンプトでPythonの文を入力してみましょう．

```
print('hello') [Enter]
```

図11のように返ってくれば，MicroPythonは正常に機能しています．

リセットしても文字化けが直らない，あるいは化けた文字が延々と表示され続けるというような場合，ファームウェアの書き込みに失敗しています．ボードのボタン操作でESP-WROOM-02を書き込みモードにしてから，コマンドプロンプトで次のコマンドを実行し，フラッシュをいったんクリアしてください．

```
esptool.py --port COM3 erase_flash [Enter]
```

その上で，MicroPythonのファームウェアを改めて書き込むとうまくいくはずです．

● LEDの点滅を試してみる

REPLでLEDを点滅させる例を紹介します．
▶プログラム実行前にソフトウェア・リセットを実行しておく

REPL上では［Ctrl］キーと［D］キーを同時に押すとソフトウェア・リセットが実行されます．REPL上でプログラムを実行してみるときには，プログラムを入力する前にいったん［Ctrl］+［D］を押し，ソフトウェア・リセットを実行しておくとよいでしょう．
▶GPIO制御にはmachineモジュールを使う

MicroPyhonではmachineモジュールにマイコン固有の機能が集約されています．GPIOの制御は

図9　スピードを115200bpsに設定する

図10　化けた文字が表示される

machineモジュールのPinクラスを通じて行うことができます．概要は巻末のリファレンスを参照してください．

ここではGPIO15に120Ω程度の抵抗を介してLEDを点滅させることにします．入力例を**図12**に示します．

▶制御構造文は複数行をまとめて実行してくれる

MicroPythonのREPLでは，1行入力するたびにインタープリタによって解釈され実行されます．

図12のプログラムで点滅を実行しているのは，繰り返し処理を行うwhile文です．MicroPythonのREPLにおいては，制御構造文を入力すると，自動的にインデントが挿入されます．**図12**のとおりに入力していきwhile文の最後の行を入力し終えたら，インデントを［BackSpace］キーで削除して［Enter］キーを押すと，while文の実行が始まり，LEDが点滅します．

▶実行を停止するには

while文の実行中はREPLの入力の受け付けが止まります．［Ctrl］＋［C］キーを押すと，キーボード割り込みによりwhile文の実行が停止します．また，前述の通り［Ctrl］＋［D］キーを押すと，ソフトウェア・リセットが実行されwhile文実行が停止しますが，同時にREPLに入力した内容もクリアされます．

＊　　＊　　＊

このように，REPLを使うとステップ・バイ・ステップでPythonプログラムの実行を試せます．デバイスの動作テストなどを手早く行えるのが，MicroPythonの大きな利点です．

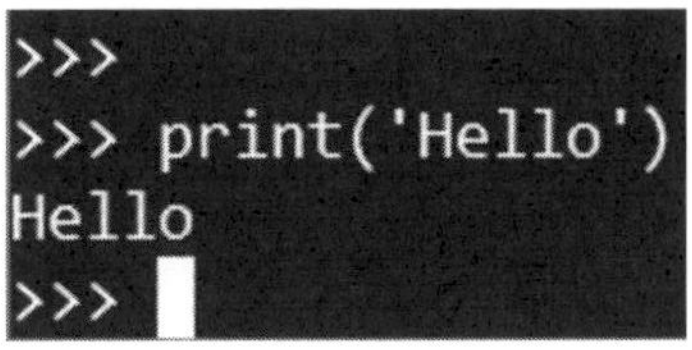
>>>
>>> print('Hello')
Hello
>>>

図11　REPLでPythonが利用できることを確認

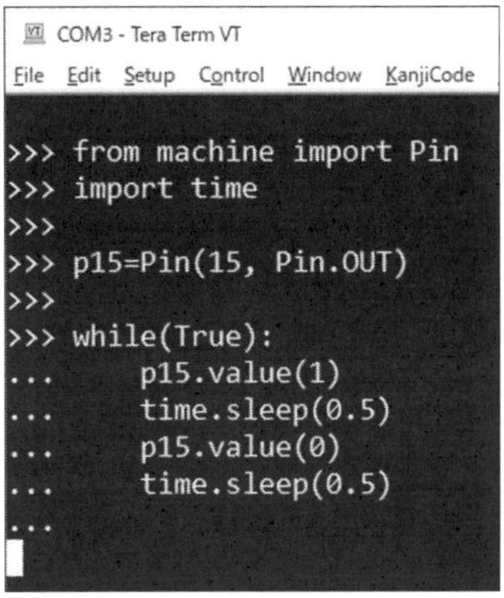
COM3 - Tera Term VT
File Edit Setup Control Window KanjiCode
>>> from machine import Pin
>>> import time
>>>
>>> p15=Pin(15, Pin.OUT)
>>>
>>> while(True):
...   p15.value(1)
...   time.sleep(0.5)
...   p15.value(0)
...   time.sleep(0.5)
...

図12　REPLでコードを入力してLEDを点滅させる

3 プログラムをファイルごと書き込んで実行する

● MicroPythonを本格的に運用するには

REPLはエラーなどを確認しながら実行できるので便利ですが，プログラムが完成して製品としてまとめるという場合は，もちろんREPLは使えません．MicroPythonでは，Pythonコードをフラッシュ・メモリに書き込むことで，電源投入時あるいはリセット後に自動的に実行させることができます．

フラッシュ・メモリへの書き込みにはPythonで作成されたampyと呼ばれるツールを用いるのが一般的です．ampyは，米Adafruitがオープン・ソースとして提供しているツールです．下記のサイトから入手できます．

```
https://github.com/adafruit/ampy
```

ampyを実行するにはPythonの環境がPC上に必要になります．

● ampyをインストールする

コマンド・プロンプト上で次のようにpipコマンドを実行します．

```
pip install adafruit-ampy [Enter]
```

エラーなく完了すれば，ampyを利用できるようになります．

● ampyの使いかた

ampyは，Windowsではコマンド・プロンプト，Linuxなどではコンソール上で実行するコマンドです．次のように実行します．

```
ampy -p SP -b BR [command]
```

SPはシリアル・ポート番号で，WindowsではCOM*n*（*n*は数値），Linuxなどではシリアル・ポートのデバ

表1　ampyのコマンド一覧

コマンド	機　能
ls	フラッシュ・メモリ上のファイルを一覧する
put file	フラッシュ・メモリにfileを書き込む
get file	フラッシュ・メモリ上のfileを閲覧する
rm file	フラッシュ・メモリ上のfileを削除する
mkdir dir	ディレクトリdirを作成する
rmdir dir	ディレクトリdirを削除する
run file	fileを実行する
reset	マイコンをリセットする

イス・ノードです．BRはボー・レートで，本稿で前提にしているESP-WROOM-02の場合は115200です．
commandの部分には表1のコマンドを指定することができます．

なお，ampyはシリアル・ポートを通じてマイコンとの間でファイルをやりとりするので，ampyを使う際には他のシリアル・ポートを使うアプリケーションを閉じておいてください．たとえば，Windowsであればシリアル・コンソールTera Termを閉じておきます．シリアル・ポートを使うアプリケーションを開きっぱなしにしていると，デバイスの競合でエラーになります．

● MicroPythonの起動順序

MicroPythonでは，フラッシュ・メモリ上の次の2つのファイルが起動時に自動実行されます．

- boot.py

ブート直後に実行されるMicroPythonコードです．boot.pyには初期化が必要なハードウェアの初期化コードなどを記述します．

- main.py

boot.pyに続いて実行されるMicroPythonコードです．一般にマイコン・プログラムのメインをmain.pyに記述します．

通常はmain.pyにユーザ・プログラムを記述し，boot.pyはデバイスの初期化などmain.pyに先立って実行すべき特別なコード用として使い分けます．

初期状態ではmain.pyは存在せず，boot.pyのみが置いてあります．次のようにlsコマンドを実行すると，このことが確認できます．

```
ampy -p COM3 -b 115200 ls [Enter]
```

ESP-WROOM-02の場合，初期状態のboot.pyにはリスト1に示すガーベッジ・コレクションを実行するコードが格納されています．ESP-WROOM-32の場合は空のファイルになっています．

● main.pyを書き込んで実行させよう

実際にmain.pyを書き込んで自動実行させる方法を説明します．例としてLED点滅プログラムを使用します．エディタでリスト2のようにmain.pyを入力してください．当然ながら，REPLとは異なりインデントはエディタ上で入力する必要があります．

main.pyをカレント・ディレクトリに置き，次のようにampyを実行します．

リスト1 boot.py
```
# This file is executed on every boot (including wake-boot from deepsleep)
#import esp
#esp.osdebug(None)
import gc
#import webrepl
#webrepl.start()
gc.collect()
```

リスト2 LED点滅プログラム(main.py)
```python
import time
from machine import Pin

def flicker():
    flag = 0
    p2 = Pin(2, Pin.OUT)

    while True:
        p2.value(flag)
        flag ^= 1
        time.sleep(1)
flicker()
```

```
>>>
>>> from flicker import Flicker
>>> f=Flicker()
>>> f.flicker()
```

図13 REPL上でファイルflicker.pyをインポートして実行

リスト3 複数ファイルに分けて開発する
```python
import time
from machine import Pin

class Flicker():

    def __init__(self, pin=2):
        self.flag = 0
        self.pin = pin

    def flicker(self):
        p = Pin(self.pin, Pin.OUT)
        while True:
            p.value(self.flag)
            self.flag ^= 1
            time.sleep(1)
```
(a) flicker.py

```python
from flicker import Flicker

f=Flicker()
f.flicker()
```
(b) main.py

```
ampy -p COM3 -b 115200 put main.py
[Enter]
```

続いて，lsコマンドを実行してmain.pyがフラッシュ・メモリに書き込まれたことを確認してください．main.pyが書き込まれていたら，マイコン・ボードをリセットします．リセット後，LEDが1秒おきに点滅を始めるはずです．

このようにしてmain.pyを書き込めば，MicroPythonで作成したマイコン・プログラムを実用的に使うことができるようになります．なお，main.pyを書き込むと以降，REPLは利用できなくなります．改めてREPLなどを利用して開発を続けるときには，rmコマンドでmain.pyを削除します．

```
ampy -p COM5 -b 115200 rm main.py
[Enter]
```

main.pyを削除してリセットすれば，またREPLが使える状態に戻ります．

● 複数ファイルに分けて開発を効率化

MicroPythonではCPythonと同様に，ファイルからのインポートも可能です．たとえば，Flikerクラスとmain.pyをリスト3のように分けてみましょう．

先の手順に従って，flicker.pyとmain.pyをエディタで入力し，ampyを使ってフラッシュ・メモリに書き込んでください．リセットするとLEDが点滅を始めるでしょう．

また，flicker.pyのみを書き込んでおき，図13のようにREPLでインポートして利用することもできます．

このように，ライブラリを自作してファイルとして書き込んでおくことで，開発効率を向上できます．

④ 実用的なプログラム例

● ESP-WROOM-02をWi-Fiネットワークに接続する

MicroPythonでは起動時にboot.pyが最初に実行されます．そこで，boot.pyにWi-Fiを使って自宅のアクセスポイントに接続するコードを記述しておけば，

リスト4　connect.py

```python
import sys
import time
import network
import gc

SSID = 'your_ap_ssid'              # 右辺をアクセスポイントのSSIDに
PASS = 'your_ap_passphrase'        # 右辺をパスフレーズに

def wificonnect(ssid, passkey, timeout=20):
    conn = network.WLAN(network.STA_IF)
    if conn.isconnected():
        return conn
    conn.active(True)
    conn.connect(ssid, passkey)
    while not conn.isconnected() and timeout > 0:
        time.sleep(1)
        timeout -= 1

    if conn.isconnected():
        return conn
    else:
        return None

if wificonnect(SSID, PASS) is None:
    print('Can not connect ' + SSID)
else:
    print('Connected ' + SSID)

gc.collect()
```

```
D:\python>ampy -p COM3 put connect.py

D:\python>
D:\python>ampy -p COM3 run connect.py
#9 ets_task(4020f474, 28, 3fff9ff8, 10)
Connected Buffalo-G-690A

D:\python>
```

図14　接続に成功した

```
>>> import network
>>> conn=network.WLAN(network.STA_IF)
>>> conn.ifconfig()
('192.168.1.135', '255.255.255.0', '192.168.1.1', '192.168.1.1')
>>>
```

図15　自動接続に成功した場合IPアドレスが表示される

常にESP-WROOM-02がネットワークにつながった状態になります．

いきなりboot.pyに記述するのではなく，まずは自宅のWi-FiアクセスポイントにESP-WROOM-02がつながるかどうかを試してみてください．**リスト4**に，ESP-WROOM-02を指定したSSIDのアクセスポイントに接続するMicroPythonのプログラムを示します．SSIDの右辺を自分のアクセス・ポイントのSSID名に，PASSの右辺を自分のアクセス・ポイントのパスフレーズに書き換えてください．

このプログラムをconnect.pyというファイル名で保存し，カレント・ディレクトリに置きます．そして，次のコマンドでconnect.pyをESP-WROOM-02に書き込みます．

```
ampy -p COM3 put connect.py [Enter]
```

さらに次のコマンドでconnect.pyを実行します．

```
ampy -p COM3 -b 115200 run connect.py
[Enter]
```

接続に成功すると，**図14**のように「Connected SSID名」が表示されるはずです．接続できない場合，SSID名やパスフレーズが誤っている可能性が大きいので，確かめましょう．また，ESP-WROOM-02は2.4GHz帯を使うIEEE802.11 b/gのみしか接続できない点にも注意してください．

接続を確認したら，connect.pyのファイル名をboot.pyに書き換え，ESP-WROOM-02のフラッシュ・メモリに書き込んでおきましょう．ESP-WROOM-02を再起動したらREPLを開き，**図15**の

```
>>> from machine import I2C
>>> from machine import Pin
>>>
>>> i2c=I2C(freq=400000, scl=Pin(5), sda=Pin(4))
>>>
>>> i2c.scan()
[62]
>>>
```

図16 REPLを使ってI²Cの動作を確認する

リスト5 uAQM0802.py

```
from machine import I2C
from machine import Pin
import utime

class uAQM0802:

    def __init__(self, addr=0x3e, _scl=5, _sda=4 ):
        self.__addr = addr
        self.__i2c = I2C(freq=400000, scl=Pin(_scl), sda=Pin(_sda) )

    def init(self):
        self.__cmd(0x38)
        self.__cmd(0x39)
        self.__cmd(0x14)
        self.__cmd(0x70)
        self.__cmd(0x56)
        self.__cmd(0x6c)
        utime.sleep_ms(200)
        self.__cmd(0x38)
        self.__cmd(0x06)
        self.__cmd(0x0c)
        self.clear()

    def __cmd(self, cmd):
        self.__i2c.writeto_mem(self.__addr, 0x00, cmd.to_bytes(1,'little') )

    def __data(self, data):
        self.__i2c.writeto_mem(self.__addr, 0x40, data.to_bytes(1,'little') )

    def clear(self):
        self.__cmd(0x01)
        utime.sleep_ms(2)
        self.__cmd(0x02)
        utime.sleep_ms(2)

    def cursor(self, x, y):
        offset = y * 0x40 + x
        self.__cmd( 0x80 + offset )

    def print(self, str):
        for c in str:
            self.__data(ord(c))
```

```
>>> from uAQM0802 import uAQM0802
>>> lcd=uAQM0802()
>>> lcd.init()
>>> lcd.cursor(0, 0)
>>> lcd.print('Hello')
>>> lcd.cursor(0, 1)
>>> lcd.print('World')
>>>
```

図17 LCDにHello, Worldを表示する

ようなPythonコードを実行してみてください．IPアドレスの情報が表示されれば自動接続は成功です．

● I²C接続の小型LCDをMicroPythonで制御する

続いて，MicroPythonでI²C接続の小型LCD「AQM0802」を制御する例を示します（AQM0802は第5章で紹介しているのでそちらを参照のこと）．ここでも，AQM0802のSDAをESP - WROOM - 02のGPIO5に，SCLをGPIO4に接続します．

MicroPythonでは，machineモジュールに実装されているI2Cクラスを通じてI²Cを制御できます．I2Cクラスのコンストラクタは次のとおりです．

```
i2c=I2C(freq=40000, scl=Pin(5), sda=Pin(4))
```

freqはI²Cクロックの指定（Hz単位），sclとsdaにはI²CのSCLとSDAのPinオブジェクトを渡します．ESP - WROOM - 02ではsclパラメータを省略することはできません．

AQM0802を接続したら，REPLを使って動作を確認するとよいでしょう．例を図16に示します．

I2Cクラスのscan()メソッドは，I²Cバスをスキャンして接続されているデバイスのI²CアドレスをList型で返します．図16の例では10進数で62，16進数に直すと0x3Eが返っています．これがAQM0802のI²Cアドレスです．このようにI²Cアドレスが返ってくれば，AQM0802が正常に接続されていると確認できます．

リスト5に，AQM0802を制御するシンプルなMicroPython用のクラス・ライブラリを示します．

I²Cクラスには I²Cデバイスに対して読み書きを行ういくつかのメソッドが用意されていますが，uAQM0802クラスではwriteto_mem()を利用しています．引き数は下記のとおりです．

```
i2c.writeto_mem(addr, reg, values)
```

この関数は，I²Cアドレスaddrのデバイスのレジスタ・アドレスregにvaluesを書き込みます．valuesはbytes型のバイト列で，writeto_memはバイト列のすべてをI²Cデバイスに書き込みます．

```
>>> from uAQM0802 import uAQM0802
>>> from machine import ADC
>>>
>>> lcd=uAQM0802()
>>> lcd.init()
>>>
>>> adc=ADC(0)
>>>
>>> import utime
>>>
>>> while(True):
...     value = 1000 * adc.read() / 1024
...     lcd.cursor(0,1)
...     lcd.print(str(value))
...     utime.sleep(500)
...
```

図18 アナログ入力端子から読み取った値を電圧に換算してLCDに表示する

リスト5をパソコン上で入力し，uAQM0802.pyというファイル名で保存します．ampyを使って，そのファイルを次のようにフラッシュ・メモリに書き込みます．

```
ampy -p COM3 put uAQM0802.py [Enter]
```

uAQM0802.pyを書き込んだ後，REPL上でLCDに文字を表示してみます．例を図17に示します．

まず，uAQM0802クラスのinit()メソッドを呼び出します．これでLCDが初期化されます．LCDを利用する際には必ず1度は初期化しなければなりません．

cursor()メソッドは指定した(X, Y)座標にカーソルを動かすメソッドです．またprint()メソッドで文字を表示できます．REPL上で図17のとおりに入力していくと，LCDに"Hello, World"と表示されます．

● A-Dコンバータも利用してみる

ESP - WROOM - 02のMicrpPythonのmachineモジュールにはADCクラスも実装されています．ただし，第5章でも述べた通り，ESP - WROOM - 02ではTOUT端子しかアナログ入力を行うことができず，最大入力電圧は1V，解像度は10ビットというやや特殊な仕様です．

図18に，第5章と同じように，ダイオードの順方向電圧をREPL上で測定するプログラム例を紹介します．回路図は第5章に示したものと同じです．

このプログラムを実行すると，LCDの2行目にmV単位で電圧が表示されます．

ADCクラスを使う際にはコンストラクタの引き数にADCを識別するIDが必要ですが，ESP - WROOM - 02ではADCが1つしかないため，0しか指定できません．

実装されているメソッドはread()のみです．

read()は現在のTOUT端子の測定値を返します．図18の例では，0.5秒おきに読み取りLCDに値を表示しています．

＊　　　＊　　　＊

MicroPythonには，ここで紹介したI2CやADC，GPIO以外にもさまざまなクラスが実装されており，ESP-WROOM-02が持つほとんどの機能をMicroPythonで使うことができます．本誌の巻末にクラス・ライブラリのリファレンスを掲載しましたので，活用してください．

ESP-WROOM-32 × MicroPythonでプログラム開発

ESP-WROOM-32でも，ESP-WROOM-02とほぼ同じ手順で環境設定およびプログラム開発を行えます．以下の点は異なるので注意してください．

- MicroPythonのファームウェアのURLは以下となる
  https://micropython.org/download/esp32
- ESP-WROOM-32の場合，boot.pyは初期状態では空のファイルになっている
- 書き込みモード（ブート・モード）への切り替え方法が異なる．ボードによっては，切り替えスイッチを備えたものもある

〈米田 聡〉

（初出：「トランジスタ技術」2018年5月号 別冊付録）

内蔵SPIフラッシュ・メモリのファイルのリード/ライトや実行ができる！ MicroPython向け統合開発環境「uPyCraft」

MicroPythonによるプログラム開発は，Tera Termなどの端末ソフトウェアで一通りの作業は行えますが，ESP-WROOM-32の内蔵SPIフラッシュ・メモリにパソコン上のファイルをコピーする機能はありません．内蔵SPIフラッシュ・メモリのファイル内容を読み書きする機能もありません．

ここでは，内蔵SPIフラッシュ・メモリに書き込まれたファイルへのアクセス機能を持つ「uPyCraft」というMicroPython用の統合開発環境を紹介します（図A）．次のURLから入手できます．

https://github.com/DFRobot/uPyCraft

● 初期設定

IoT ExpressとUSBケーブルで接続して，シリアル・ポート番号とボードの設定を行います．図Bのとおりメニューを選択してuPyCraftの設定画面を表示します．

IoT ExpressのESP-WROOM-32にまだMicroPythonが書き込まれていないときは，書き込みのダイアログが表示されます．

書き込み済みのときは，シリアル通信で接続され，右下のシリアル・コンソール画面に>>（プロンプト）が表示されます．右下のウインドウでは，

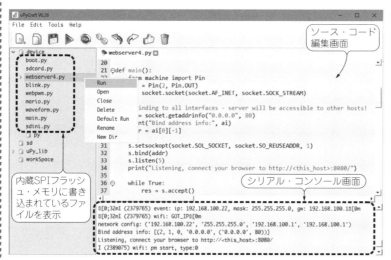

◀図A　MicroPython向け統合開発環境「uPyCraft」の画面
ESP-WROOM-32内蔵のSPIフラッシュ・メモリに書き込まれたファイルの読み書きができる

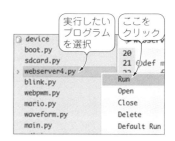

図C　uPyCraftでプログラムを実行する方法

MicroPythonプログラミング入門
1行リターン・プログラミングでループや複数行コメントにも対応！

MicroPythonを動かす方法はとてもシンプルです．>>（プロンプト）の後に**1行命令を入力すれば，その都度命令がすぐに実行されます**．Tiny BASICのダイレクト・モードと同じです．

while文やfor文などの繰り返し命令はすぐに実行されるわけではありません．繰り返しを抜ける指示を入力すると実行されます．

プログラムをファイルに保存したり読み出したりする機能はありません．作成したプログラムの保存や実行には工夫が必要です．

ここでは，ESP-WROOM-32を搭載したマイコン・ボード「IoT Express」を使って，MicroPythonを動かす方法を紹介します．

● LEDチカチカさせてみる

LEDのON/OFFを例に，実際にMicroPythonでプログラムを作成してみましょう．

▶ソース・コードの入力方法

TeraTermなどの端末ソフトウェアとIoT Expressをシリアル通信で接続して，**リスト6**のプログラムを入力します．

1行入力するたびに実行されます．正しく入力されていれば，>>が表示されて待ち状態になります．入力内容に誤りがあるときは，**図19**のようなエラー・メッセージが出力されます．メッセージには行番号が表示されるので，該当箇所を探して修正します．

▶ループ（while文，for文，if文）の入力方法

while文やfor文，if文は，繰り返し実行される処理

Column 1
プログラム開発と実行

TeraTermなどの端末ソフトウェアで接続したときと同じ操作ができます．

● パソコン上でのプログラム作成

[File]-[New]または[Open]を選択すると，プログラムの新規作成や既存ファイルの編集ができます．編集は右上のエディタ画面で行います．エディタは**図A**のように表示されます．[File]-[Save]を選択すると作成したプログラムをパソコン上に保存します．

● 内蔵SPIフラッシュ・メモリへの書き込み

プログラムを内蔵SPIフラッシュ・メモリへの書き込みは，[Tools]-[Download]を選択して行います．ダウンロードが完了すると，シリアル・コンソール画面に「download ok」と表示されます．

内蔵SPIフラッシュ・メモリ内のファイルは，画面左側の「device」フォルダに表示されます．表示されているファイルをダブル・クリックすると，エディタに読み込まれて編集できます．編集したファイルを書き込むときは再度[Tools]-[Download]を選択します．

● プログラムの実行

図Cのように，左側の「device」フォルダ以下に置いてある内蔵SPIフラッシュ・メモリ内のMicroPythonプログラムの中から，実行したいファイルを右クリックして[Run]をクリックします．

右下のシリアル・コンソール画面に実行状態が表示されます．画面上の[Stop]アイコンを押すか，キーボードから[Ctrl]+[C]キーを入力するとプログラムの実行が中断されます．

[Default Run]を選択すると，指定したファイルを電源ON直後に自動実行します．次の記述がmain.pyに書き込まれます．

```
exec(open('./実行するファイル名').read(),
globals())
```

　　　　　＊　　　　＊　　　　＊

uPyCraftは，現在も頻繁にアップデートが行われています．MicroPythonの普及と共に機能が充実していくことを期待しています．

〈白阪　一郎〉

(a) シリアル・ポート番号
(b) ボード

図B　uPyCraftの初期設定内容

リスト6 MicroPythonで作成したLEDチカチカ・プログラム

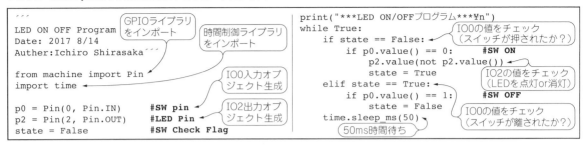

```
Traceback (most recent call last):
  File "<stdin>", line 15
SyntaxError: invalid syntax
```
15行目がシンタックス・エラー

図19 プログラムの記述に誤りがあるとエラー・メッセージを表示する
エラー箇所の行番号を表示する

や条件によって実行される処理を：（コロン）の次の行から入力します．次の行は自動的にインデントされて「...」が表示されます．エディタでプログラムを書くときは決まった数の空白でインデントします．インデントが正しくないとエラーになります．私は空白を4つ入れるようにしています．

繰り返しや条件で実行される処理（ブロック）を入力している間はプログラムは実行されません．最後まで入力したら，［Enter］キーを3回入力するとブロックを抜けて，繰り返しや条件の処理が実行されます．

リスト6のプログラムでは，BOOTスイッチを押すたびにLEDがON/OFFします．無限ループを抜けるには，［Ctl］+［C］キーを入力します．

▶モジュール・ライブラリをメモリ上に展開する方法
import文やfrom文は，モジュールをメモリ上に展開する命令です．次のように記述します．

```
import モジュール名
from モジュール名 import メソッド名
```

モジュールを展開した後，次のように記述するとモジュール内のそれぞれのメソッドの機能を使えるようになります．

```
モジュール名.メソッド名()
```

fromでモジュール内のメソッドを指定してインポートすると，次ようにモジュール名を省略できます．

```
メソッド名()
```

例として，machineというモジュールのPinメソッドを指定してインポートする方法を次に示します．

```
import machine
machine.Pin(10, OUT)
```

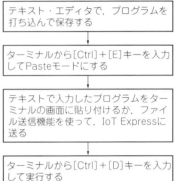

図20 MicroPythonで作成したプログラムを保存する方法
最初からパソコン上でソースコードを記述して，実行するときはTera Termなどの端末ソフトウェアのファイル送信機能を使用する

```
from machine import Pin
Pin(10,OUT)
```

▶その他文法の詳細
文の終わりの区切り文字（C言語だと"；"）は不要です．
行のコメントは"#"です．"#"の後ろに行の終わりまでコメントを書けます．複数行をコメントにするときは，次のとおり記述します．

```
'''コメント1
コメント2
コメント3'''
```

● 作成したプログラムの保存と実行

MicroPythonで作成したプログラムの作成，保存，実行手順を図20に示します．プログラムの作成と保存はパソコン上のエディタで行います．作成したプログラムを実行するときはTera Termなどの端末ソフトウェアを転送して実行します．

▶保存方法
プログラムの記述に誤りがある場合，エラー箇所が行数で表示されるので，行番号表示機能のあるテキスト・エディタがおすすめです．私はフリーで入手できるNotepad++というテキスト・エディタを使っています．次のURLから入手できます．

https://notepad-plus-plus.org/

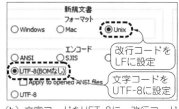

(a) タブを空白4文字に設定する

(b) 文字コードをUFT-8に，改行コードをLFに設定する

図21 プログラムを保存するときのテキスト・エディタの設定
（Notepad++の場合）

リスト7　microSDカードの初期化プログラム

```
def sddrv():
    from machine import Pin, SPI
    import machine, sdcard, os
    spi = SPI(1, baudrate=32000000, polarity=1,
phase=0, sck=Pin(18), mosi=Pin(23), miso=Pin(19))
    sd = sdcard.SDCard(spi, machine.Pin(5))
    os.mount(sd,'/sd')
```

ダウンロードとインストールが済んだら，**図21**のとおり設定します．

- 文字コード：UTF-8
- 改行コード：LF
- タブ：空白4文字

▶実行方法

保存したプログラムをIoT Expressで実行するときは，Tera Termなどの端末ソフトウェアの画面貼り付け機能かファイル送信機能を使います．

Tera Termでの手順は次のとおりです．最初に[Ctrl]+[E]キーを入力してペースト・モードにしてから，ファイル送信または貼り付けを行います．次に[Ctrl]+[D]キーを入力して実行します．プログラムに日本語が含まれるときは，バイナリ転送に設定してください．

MicroPythonは，ほぼPython3に準拠していますが，ネットワークを含めた入出力の部分は，ESP-WROOM-32独自の記述を行います．ESP-WROOM-32の入出力部分のマニュアルはまだないので，MicroPythonの公式ページにあるESP8266のチュートリアルを参考にします．

http://docs.micropython.org/en/latest/esp8266/esp8266/tutorial/index.html

ハードウェア仕様の異なる部分はヘルプを参照します．例えばosモジュールのヘルプを見るときは，次のコマンドを入力すると閲覧できます．

```
>> import os
>> help(os)
```

● ファイル・システムを使ってみる

MicroPythonには，内蔵SPIフラッシュ・メモリやSDカードにアクセスできるファイル・システムがあります．

内蔵SPIフラッシュ・メモリは，ファイルの格納場所として使えます．次のようにosモジュールをimportすると，内蔵SPIフラッシュ・メモリ内のディレクトリを閲覧できます．

```
>> import os
>> os.listdir()
boot.py
```

パソコン上のファイルをコピーしたり内容を読み書きする機能はありません．ファイルの読み書きには便利なパソコン用ソフトウェアがあります．詳細はColumn 1を参照してください．

● microSDカードを使ってみる

▶インストール方法

microSDカード・ドライバは，標準では組み込まれていないので，自分でインストールします．次のURLからZIP形式で圧縮されたソースコードをダウンロードします．

https://github.com/micropython/micropython-esp32

ダウンロードしたZIP形式のファイルを解凍します．解凍が済んだら，次のファイルをESP-WROOM-32内蔵フラッシュ・メモリにコピーします．

drivers/sdcard/sdcard.py

ファイルのコピーが済んだら，**リスト7**の初期化プログラムを実行します．ルート直下にsdフォルダがマウントされ，SDカード内のファイルが閲覧できるようになります．

〈白阪　一郎〉

（初出：「トランジスタ技術」2017年11月号）

Appendix 4

Pythonで書かれたプログラムがマイコンの中でどのように実行されているのか知りたい人へ
インタプリタ MicroPython のメカニズム

書いたプログラムを逐次機械語に変換する

● 機械が使える文字は "0" と "1" だけ

　コンピュータは，人間が書いたプログラムの内容をそのまま実行することができません．作成したプログラムを何らかの手段で機械語(0と1の羅列)に変換してから実行します．人間が機械語の意味を理解することは困難なので，通常はプログラミング言語を使ってプログラムを作成します．

　プログラミング言語から機械語への変換の方式には，大別して「インタプリタ型」と「コンパイラ型」の2種類があります．人間が書いたプログラムはコンピュータに対する命令の集まりです．そのため，変換方式の違いはコンピュータ側が与えられた命令を実行する際の方式の違いと言い換えることもできます．

● Pythonの場合…インタプリタがプログラムを機械語に逐次「通訳」する

　Pythonは，インタプリタ型のプログラミング言語です．インタプリタ(interpreter)は，プログラミング言語の内容を逐次，実行可能な形式に変換して処理を実行するプログラムです．interpreterには「通訳者」という意味があります．プログラミング言語による命令が発せられる度にその内容を解釈して機械語のような実行可能な形式に変換します．

　Pythonのインタプリタの動作を図1に示します．Pythonで記述したxxx.pyというスクリプト・ファイルを実行すると，記述されている命令をインタプリタが1行ずつ解釈して処理を進めていきます．ファイルの最後まで処理が終わるとプログラムは正常に終了します．エラーが出ると，その直前の行まで実行されて処理が停止します．

● Cの場合…コンパイラがプログラムを機械語に一括「翻訳」する

　Cは代表的なコンパイラ型のプログラミング言語です．コンパイラ(compiler)は，プログラミング言語で記述された内容をまとめて機械語の命令に変換するプログラムです．コンピュータは，コンパイラが出力した機械語のコードを使って処理を実行します．

　compileのもともとの意味は「資料を集めて編纂する」ですが，プログラミング言語を機械語にまとめて変換するという動作から，「翻訳」と表現することもあります．

　Cで書かれたプログラムのファイル(ソース・ファイル)から実行ファイルを作成する手順を図2に示します．Cで記述したyyy.cというソース・ファイルをコンパイルすると，プログラムを機械語に変換した実行ファイル(yyyという名前で保存)が作成されます．

　コンパイルが終了した時点では，まだプログラムに記述された処理は実行されていません．別途実行ファイルをプロセッサで実行させる必要があります．

Pythonで書いたスクリプト(xxx.py)
```
for count in range(5):
    print("Hello World!")
```

↓ 内容を解釈

インタプリタ → 実行 → xxx.pyの実行結果
```
Hello World !
Hello World !
Hello World !
Hello World !
Hello World !
```

図1　Pythonプログラムの実行手順(インタプリタ型言語)
インタプリタは単独で機械語への変換と実行を行うので，コードを記述したスクリプト・ファイルだけでプログラムを実行できる

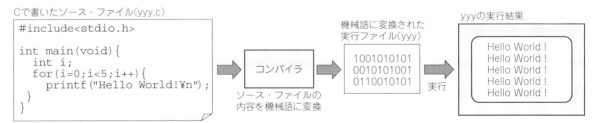

Cで書いたソース・ファイル(yyy.c)
```
#include<stdio.h>

int main(void){
  int i;
  for(i=0;i<5;i++){
    printf("Hello World!¥n");
  }
}
```

→ コンパイラ → ソース・ファイルの内容を機械語に変換 → 機械語に変換された実行ファイル(yyy)
```
1001010101
0010101001
0110010101
```
→ 実行 → yyyの実行結果
```
Hello World !
Hello World !
Hello World !
Hello World !
Hello World !
```

図2　Cプログラムの実行手順(コンパイラ型言語)
Cではソース・ファイルをコンパイラで機械語に変換してからプログラムを実行する．図の流れは簡略化しているが実際の処理はもう少し複雑になる

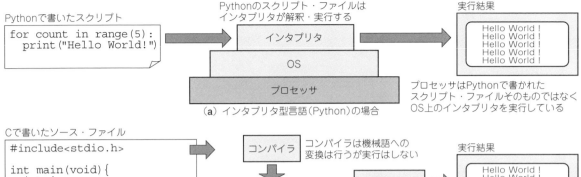
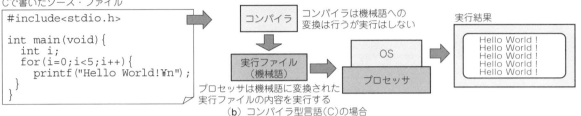

図3 PythonとCではプログラムの処理の主体が違う
デスクトップ環境の場合，プロセッサが動かしているOS上でPythonのインタプリタが動作する．一方，Cのソースファイルをコンパイルした実行ファイルの場合は，OSを介して機械語に変換されたプログラムの命令がプロセッサへ送られ，実行される

インタプリタが処理を実行する

インタプリタ型言語とコンパイラ型言語には，変換方式のほかにも，図3のように処理を実行する主体に違いがあります．

● Pythonを実行するのはインタプリタ

Pythonの処理の主体は，コンピュータ上でプログラムの内容を解釈して実行するインタプリタです．

Pythonの標準的なインタプリタであるCPythonは，基本的にはOS上で動作する前提で作られています．そのため，マイコン上でPythonのプログラムを実行するにはOSを必要としないマイコン専用のインタプリタが必要です．マイコン専用のインタプリタこそが，本稿で紹介するMicroPythonです．

● Cを実行するのはコンピュータ自体

コンパイラ型言語であるCの処理の主体は，実行ファイルに保存されている機械語の命令を実行するコンピュータ自体です．コンパイラは，プログラムのソース・ファイルを実行ファイルに変換するだけなので，処理の主体にはなりません．

ワンチップ・マイコンには，多くの場合OSが入っていません．機械語の命令をプロセッサが直接実行することで，OSがなくてもプログラムを実行できます．

MicroPythonの正体

● CPUから見たらCプログラム

MicroPythonは，Cで実装された組み込み開発向けのPythonインタプリタです．図4のように，Cで記述してコンパイルされた「インタプリタのプログラムの実行ファイル」としてプロセッサ上で実行されます．

人間の側から見ると，MicroPythonを使うとPythonで記述したプログラムがプロセッサ上で実行されているように見えます．ところが，実際にプロセッサが実行しているのは，インタプリタの実行ファイルの中身，すなわち機械語の命令です．

MicroPythonは，人間とプロセッサの間に入ってPythonとCから変換された機械語という2つの言葉を通訳する「通訳者（インタプリタ）」といえます．

● プロトタイピングに向く

Pythonは，文法がシンプルで提供されているライブラリも高機能なので，Cよりもプログラムの記述量が少なくて済むことが多いです．記述量が少ないほうが読みやすいプログラムを作成できるので，コードを頻繁に書き直す場合でも修正量を抑えられます．そのため，MicroPythonは開発初期のプロトタイプの作成に向きます．

プログラムを変更するたびに毎回コンパイルを行う必要がないインタプリタ型言語である点も，プロトタイピングに有利です．

MicroPythonに移植された各種ライブラリは，組み込み開発を意識して実装されているので，マイコン・システムの開発に役立つものが多いです．ネットワークへの接続，いわゆるIoT向けのライブラリも充実しています．

MicroPythonは，無線ネットワークへの接続機能を持つESP32のようなマイコンでも動くので，IoT機器のプロトタイピングにも使えます．もともとPython

```
外から見るとマイコンのプロセッサがそのままPythonのスクリプトを実行しているように見える
```

Pythonで書いたスクリプト
```
for count in range(5):
    print("Hello World!")
```

実行結果
```
Hello World!
Hello World!
Hello World!
Hello World!
Hello World!
```

MicroPython
マイコンのプロセッサ

```
1001010101
0010101001
0110010101
```
MicroPythonの実行ファイル

実際にはCで記述されたMicroPythonのソース・ファイルをコンパイルした実行ファイルがプロセッサで実行されている

MicroPythonのソース・ファイル（Cで実装） → コンパイラ → コンパイルして実行ファイルを作成

図4　MicroPythonの正体はCプログラム
人間が記述したPythonのプログラムをプロセッサが直接実行しているように見えるが，実際はプロセッサ上で実行されているMicroPythonがプログラムの内容を解釈して実行している

は，ネットワーク上のサーバで動くプログラムの作成を得意とする言語です．IoT機器の開発では，サーバ側との連携も重要です．サーバで動作するプログラムと同じ言語で組み込み機器の開発ができる点は大きなメリットといえます．

● こんなときはCのほうが有利

使い方にもよりますが，Cと比べるとPythonは実行速度が遅いです．高速動作が求められる場合や，高い時間精度が要求される場面では，MicroPythonよりもCを選択したほうがよいでしょう．MicroPythonは，インタプリタを介して処理を実行するので，どうしても速度の面でCに劣ります．

MicroPythonを動かすマイコンには，それなりのスペックが要求されます．Digi-Key electronicsのJacob Beningo氏の記事によれば，MicroPythonを動かすマイコンの推奨条件は，次のとおりです．

- 256Kバイト以上のフラッシュ・メモリ
- 16Kバイト以上のRAM
- 80MHz以上のCPUクロック

予算や実装上の制約でスペックの低いマイコンを使わざるを得ない場合は，MicroPythonではなく，低スペックの環境でも動作可能なCを使ってプログラミングを行うのがよいでしょう．　　　　　〈宮下 修人〉

（初出：「トランジスタ技術」2018年5月号）

プログラムの実行速度は何で決まるのか？　　　　Column 1

本文では，PythonよりもCで書いたプログラムの方が高速に実行できると解説しました．プログラムの実行速度は，処理の内容によっても大きく変わります．実行速度の比較は，同じ内容の処理を異なる言語で記述したプログラムを使うことが多いです．

処理の内容が標準化された性能試験のことをベンチマークと呼びます．ベンチマークの方法には複数の種類があり，それぞれの結果はThe Computer Language Benchmarks Game（http://benchmarksgame.alioth.debian.org/）というWebページに掲載されています．Webページに掲載されているベンチマークの結果によると，CのほうがPythonよりも高速です．

Webサイトに掲載されているのは，あくまでプログラミング言語そのものの実行速度を反映した結果です．プログラムの実質的な実行速度はループ処理などの計算量にも依存します．計算量はプログラミング言語ではなく，アルゴリズム（処理の手順）によって決まります．Cで書いた「効率的でないアルゴリズムのプログラム」とPythonで書いた「効率的なアルゴリズムのプログラム」を比較したら，後者の方が高速に動作することもあります．

Pythonが得意とする科学技術計算の分野では，膨大な量の計算が必要になることも多いので，高速化するさまざまな方法が提案されています．これらの方法には静的な変数型や配列の操作といったCの文法の知識が要求されます．

〈宮下 修人〉

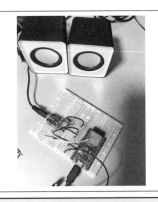

第7章 さすがメーカ純正開発環境！ ESPマイコンが提供する全機能をサポート

ESP-IDFでTRY！プログラム開発と実行

成松 宏 Hiroshi Narimatsu

ESP-IDFとは

● あらまし

ESP-IDF(IoT Development Framework)とは，ESP-WROOM-32の開発元であるEspressif Systems社が提供するメーカ純正の開発環境です．コンパイラやライブラリ，それらをコンパイルするときに使うスクリプト(Makefile)など，ESP-WROOM-32の開発に必要なソフトウェアやファイル一式が含まれています．

ESP-IDFはArduino core for the ESP32と同様にGitHubに公開されており，日々更新されています．合わせて関連ドキュメントも公開されています．

● Arduino IDEとの違い

▶違い①：使える機能

Arduino IDEの開発用ライブラリ「Arduino core for the ESP32」は，ESP-WROOM-32の一部の機能しかサポートしていません．ESP-IDFは，Bluetoothを含むESP-WROOM-32のメーカが提供する全機能をサポートしています．

どちらも提供元はEspressif Systems社ですが，ESP-IDFで全機能をサポートし，それをベースに徐々にArduinoへ移植を行う方針のようです．ESP-IDFもArduinoも頻繁に更新されています．

▶違い②：ユーザ・インターフェース

Arduino IDEは，グラフィック・ユーザ・インターフェースを持つ統合開発環境です．アイコンやツール・バーに開発時に使う機能が集約されています．ソース・コードを記述するテキスト・エディタや各種状況を表示するメッセージ・ウィンドウなども備えており，開発に必要な機能すべてが一体になっています．

ESP-IDFは，コマンド・ライン・インターフェースで提供される開発環境です．Arduino IDEのようなグラフィック・ユーザ・インターフェースはありません．vimなどのテキスト・エディタでソース・コードを編集し，makeというコマンドでコンパイルとESP-WROOM-32へのプログラム書き込みを行います．

● ハードウェア構成

ESP-IDFでプログラムを開発するときのハードウェア構成はArduino IDEと同じです．ESP32-DevKitCのようなUSBシリアル変換チップと3.3V出力の電源ICを搭載した開発ボードとパソコン，USBケーブル1本で開発を始められます．ESP-IDFがサポートしているOSはWindows, macOS, Linuxです．

外部にハードウェアがなくても，開発ボードだけでさまざまな実験ができます．例えばWi-Fi機能を使ってインターネットに接続したり，手持ちのスマートフォンとBluetoothで通信したりできます．

ESP-WROOM-32 × ESP-IDFでプログラム開発

本稿ではESP-IDFをWindows 10パソコンで動作させるものとして解説します．macOS, LinuxパソコンへのインストールはESP-IDFのGitHubのページ(1)を参照してください．プログラムの動作確認には，**写真1**(p.78)に示すESP-WROOM-32開発ボードESP32-DevKitCを使います．

ダウンロードとインストール

図1にインストール全体の流れを，**図2**に作成されるフォルダとファイルを示します．インストール用のファイルを2回ダウンロードし，環境変数の設定を行います．

● **手順①：ツールチェーン（コンパイラなど）のインストール**

コンパイラなどESP-WROOM-32の開発に使うソフトウェア一式を含むツールチェーンと，それらをWindows上で動かすための環境をインストールします．次のWebページから入手できます．

https://docs.espressif.com/projects/esp-idf/en/stable/get-started/windows-setup.html

このページの中の「Toolchain Setup」の項目にある，https://dl.espressif.com/dl/esp32_win32_msys2_environment_and_toolchain-********.zip（末尾の*印は日付を示す）のリンクをクリックするとZIP形式のファイルのダウンロードが開始されます．参考文献(1)にリンクがあります注1．

ダウンロードが完了したら，ZIPファイルを任意の場所に展開してください．私はESP-IDF用のフォルダであることを明示したかったので，次のフォルダを作成して展開しました．

C:¥esp-idf

展開が完了するとC:¥esp-idf¥msys32というフォルダが作成されます．

その中のmingw32.exeをダブル・クリックすると，

注1：原稿執筆時点より階層が深くなっており見つけにくいが，2018年8月時点では以下のようにすればリンクをたどれる．参考文献(1)ESP-IDFのGitHubのページ内にある「Getting Started Guide for the stable ESP-IDF version」(https://docs.espressif.com/projects/esp-idf/en/stable/get-started/ へのリンク)をクリックし，「Setup toolchain」の「Windows」をクリックすると，本文に示した，ツールチェーンのダウンロード用リンクがあるページが表示される．

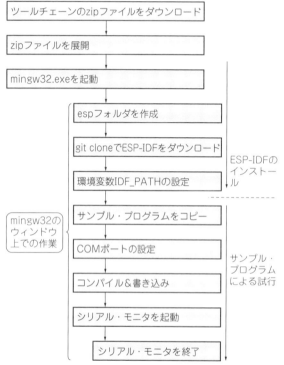

図1　メーカ純正開発環境ESP-IDFのインストール手順

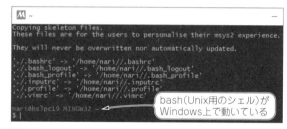

図3　mingw32.exeをダブル・クリックするとbashウィンドウが立ち上がりコマンド受け付け状態になる

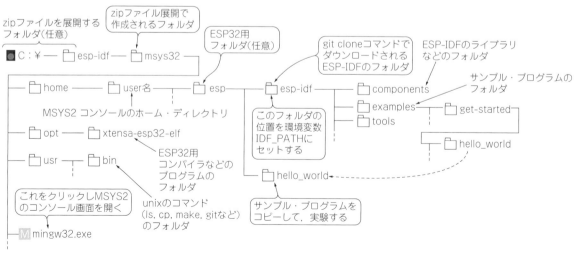

図2　ESP-IDFをインストールすると作成されるフォルダとファイル

図3のようなウィンドウが開きます．このウィンドウでは，bash（Linuxなどで用いられるコマンド・インタプリタ）が動いています．

● 手順②：ESP-IDFの入手

ツールチェーンに含まれるgitコマンドを使用して，ESP-IDFを入手します．espというフォルダを作成して，その中にesp-idfをインストールします．mingw32.exeのbashウィンドウで，次のコマンドを入力してください．

```
$ mkdir␣esp␣
$ cd␣esp␣
$ git␣clone␣--recursive␣https://github.com/espressif/esp-idf.git␣
```

インストールが完了すると，espフォルダの中に新たにesp-idfというフォルダが作成されます．

componentsフォルダには，ライブラリのソース・コードなどが入っています．docsフォルダには，ESP-IDF Programming Guide[2]が入っています．examplesフォルダには，各種サンプル・プログラムが格納されています．ESP-IDFでESP-WROOM-32用のプログラムを開発するときは，この中から似たサンプル・プログラムを探して，それを元に修正していくと作成しやすいです．

● 手順③：環境変数の設定

OSには，さまざまなタスクがデータを共有する環境変数と呼ばれるしくみがあります．ESP-IDFを使用するには，インストール先のesp-idfフォルダのパスをあらかじめ環境変数に設定しておく必要があります．

MSYS32をC:¥esp-idfフォルダに展開している場合は，次のパスを環境変数IDF_PATHとして設定します．

C:¥esp-idf¥msys32¥home¥（使用しているユーザ名）¥esp-idf

▶方法1：Windowsの環境変数として設定する

mingw32.exeのbashは，Windowsの環境変数を引き継ぎます．Windowsの環境変数は，メニューから［設定］をクリックして「Windowsの設定」ウィンドウを開き，検索窓に「環境変数」と入力すると表示される「環境変数を編集」をクリックすると設定できます．設定方法は図4のとおりです．

完了したら，mingw32.exeを再起動します．設定が反映されているかどうかは次のコマンドを実行するとわかります．

```
$ printenv␣IDF_PATH␣
```

▶方法2：mingw32.exeのbashで直接設定する

mingw32.exeのbashとviエディタを使って直接設定する方法もあります．Linuxの操作やviエディタに慣れている人はこちらの方法のほうが手軽です．bashウィンドウに次のコマンドを入力すると，環境変数の設定ファイルをviエディタで編集できます．

図4 ESP_IDFを使用するためにWindowsの環境変数に「IDF_PATH」を追加する
環境変数ウィンドウの「ユーザー環境変数」の［新規］をクリックして追加する

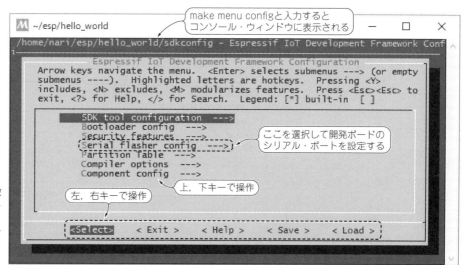

図5 プログラムの各種設定を対話的に行うメニュー画面
make menuconfigとコマンド入力するとコンソール・ウィンドウに表示される

```
$ vim␣/etc/profile.d/export_idf_path.sh␣
```

ファイルの末尾に次の行を入力して上書き保存します.

```
export IDF_PATH = "$HOME/esp/esp-idf"
```

mingw32.exeを再起動すると設定が反映されているはずです.

サンプル・プログラムを試してみる

● 手順①：プログラムをコピーする

プログラムをコンパイルする手順を解説します.ここではexamplesフォルダに格納されているサンプル・プログラムをコピーしてコンパイルしてみます.次のコマンドを実行してhello_worldというサンプル・プログラムをコピーします.

```
$ cd␣~/esp
$ cp␣-r␣esp-idf/examples/get-started/hello_world␣.␣
```

● 手順②：シリアル・ポートの設定

ESP-IDFには，図5のような各種設定を対話的に行うメニュー画面(menuconfig)が用意されています.サンプル・プログラムは最適な設定がされた状態で格納されているので，ほとんど変更する必要はありません.ESP-WROOM-32とパソコンを接続するシリアル・ポート(COMポート)の番号は環境ごとに異なるので，menuconfigを使って設定します.

表1にmenuconfigで設定可能な項目と，hello_worldプログラムでのデフォルト値を示します.menuconfigを起動する方法は次のとおりです.

表1 ESP-IDFのmake menuconfigで設定できる内容
設定できる項目は多岐に渡る

	設定項目		hello_worldのデフォルト値
SDKツール設定	Compiler toolchain path/refix		xtensa-esp32-elf-
	Python 2 interpreter		python
ブートローダ設定	Bootloader log verbosity		Info
セキュア機能	Enable secure boot in bootloader		OFF
	Enable flash encryption		OFF
書き込み設定	Default serial port		/dev/ttyUSB0 ← ここは必ず設定する
	Default baud rate		115200 baud
	Use compressed upload		ON
	Flash SPI mode		DIO
	Flash SPI speed		40 MHz
	Flash size		2 MB
	Detect flash size when flashing bootloader		ON
	Before flashing		Reset to bootloader
	After flashing		Reset after flashing
	make monitor' baud rate		115200 baud
パーティション・テーブル	Partition Table		Single factory app, no OTA
コンパイラ・オプション	Optimization Level		-Og
	Assertion level		Enabled
コンポーネント設定	アプリケーション・レベル・トレース(Data Destination)		None
	Amazon Web Services IOT Platform		OFF
	Bluetooth		OFF
		Bluedroid Bluetooth stack enabled	ON
		Bluetooth event(callback to application)task stack size	3072
		Bluedroid memory debug	OFF
		Classic Bluetooth	OFF
		Release DRAM from Classic BT controller	OFF
		Include GATT server module(GATTS)	ON
		Include GATT client module(GATTC)	ON
		Close the bluedroid bt stack log print	OFF
	ESP32設定	CPU frequency	160 MHz
		Rserve memory for two cores	ON
		Support for external, SPI-connected RAM	OFF

次のコマンドを実行し，プログラムのフォルダに移動して設定メニューを呼び出します．

```
$ cd ~/esp/hello_world
$ make menuconfig
```

menuconfigの操作はカーソル移動キー（上下左右）と［Enter］キーで行います．上下キーで「Serial flasher config」を選択して，画面下のメニューで〈Select〉が選択されていることを確認して，［Enter］キーを押押します．〈Select〉が選択されていないときは左右キーで選択して下さい．

「Default serial port」を選択して［Enter］キーを押します．そのままではESP-WROOM-32にプログラムが書き込めないので，ポート番号を指定します．私の環境ではESP-WROOM-32がCOM8に割り当てられていたので，図6のように設定しました．

〈SAVE〉したのち〈EXIT〉を選択してmenuconfigを終了します．

● 手順③：コンパイル＆書き込み

次のコマンドを実行すると，プログラムのコンパイルとESP-WROOM-32への書き込みを1度に行います．

図6 開発ボードが接続されているシリアル・ポート番号を指定する

設定項目			hello_worldのデフォルト値
コンポーネント設定（つづき）	ESP32設定（つづき）	Use TRAX tracing feature	OFF
		Core dump destination	None
		Number of universally administerd MAC address	Four
		System event queue size	32
		Event loop task stack size	4096
		Main task stack size	4096
		Inter-Processor Call task stack size	1024
		High-resolution timer task stack size	4096
		Line ending for UART output	CRLF
		Line ending for UART input	CR
		Enable 'nano' formatting options for printf/scanf family	OFF
		UART for console output	UART0, TX = GPIO01, RX = GPIO03
		UART console baud rate	115200 baud
		Enable Ultra Low Power (ULP) Coprocessor	OFF
		Panic handler behaviour	Print registers and reboot
		Make exception and panic handlers JTAG/OCD aware	ON
		Interrupt watchdog	ON
		Also watich CPU1 tick interrupt	ON
		Task watchdog	ON
		Invoke panic handler when Task Watchdog is triggerd	OFF
		Task watchdog timeout	5 seconds
		Task watchdog watches CPU0 idle task	ON
		Task watchdog also watches CPU1 idle task	ON
		Hardware brownout detect & reset	ON
		Brownout voltage level	2.1 V
		Timers used for gettimeofday function	RTC and FRC1
		RTC clock source	Internal 150 kHz RC oscilator
		Number of cycles for RTC_SLOW_CLK calibration	1024
		Extra delay in deep sleep wake stub	2000 µS
		Main XTAL frequency	40 MHz
		Permanently disable BASIC ROM Console	OFF
		NO Binary Blobs	OFF

```
$ make␣flash␣
```

make flashコマンドを実行すると，書き込み用プログラムのブートローダやフラッシュ・メモリのパーティション・テーブルなどプログラム本体とは関係のないデータも書き込まれます．プログラムの変更や修正ではパーティション・テーブルは変更されないので，2回目以降のプログラム書き込み時は次のコマンドを実行します．プログラムだけをコンパイルして書き込みます．

```
$ make␣app-flash␣
```

makeコマンドで使用できる引き数は，次のコマンドを実行すると表示されます．

```
$ make␣help␣
```

● 手順④：シリアル・モニタでプログラムの実行状態をチェック

コンパイルと書き込みが正常に終了したら，シリアル・モニタを起動してプログラムの実行状態を確認し

図7 シリアル・モニタの働き
シリアル・モニタはESP-WROOM-32のプログラム実行内容を表示したりパソコンのキーボード入力を受け付けたりできる

```
Hello world!
This is ESP32 chip with 2 CPU cores, WiFi/BT/BLE, silicon revision 0, 4MB extern
al flash
Restarting in 10 seconds...
Restarting in 9 seconds...
Restarting in 8 seconds...
Restarting in 7 seconds...
Restarting in 6 seconds...
Restarting in 5 seconds...
Restarting in 4 seconds...
Restarting in 3 seconds...
Restarting in 2 seconds...
Restarting in 1 seconds...
```

図8 サンプル・プログラムhello_world実行時のようす

（ESP-IDFのサンプル・プログラムから出力されているメッセージ）

リスト1 サンプル・プログラムのソース・コード（hello_world_main.c）

```c
#include <stdio.h>
#include "freertos/FreeRTOS.h"
#include "freertos/task.h"
#include "esp_system.h"
#include "esp_spi_flash.h"


void app_main()
{
  printf("Hello world!\n");

  /* Print chip information */
  esp_chip_info_t chip_info;
  esp_chip_info(&chip_info);
  printf("This is ESP32 chip with %d CPU cores, WiFi%s%s, ",
     chip_info.cores,
     (chip_info.features & CHIP_FEATURE_BT) ? "/BT" : "",
     (chip_info.features & CHIP_FEATURE_BLE) ? "/BLE" : "");

  printf("silicon revision %d, ", chip_info.revision);

  printf("%dMB %s flash\n", spi_flash_get_chip_size() / (1024 * 1024),
     (chip_info.features & CHIP_FEATURE_EMB_FLASH) ? "embedded" : "external");

  for (int i = 10; i >= 0; i--) {
     printf("Restarting in %d seconds...\n", i);
     vTaskDelay(1000 / portTICK_PERIOD_MS);
  }
  printf("Restarting now.\n");
  fflush(stdout);
  esp_restart();
}
```

図9 Arduino-IDEとESP-IDFのシリアル・モニタの違い

(a) Arduinoのシリアル・モニタ

(b) ESP-IDFのシリアル・モニタ

ます．

シリアル・モニタには，ESP-WROOM-32で実行しているプログラムがシリアル出力（U0TXD）に送出している文字列が表示されます．図7のように，パソコンのキーボードから入力した文字列をシリアル入力（U0RXD）に送ってESP-WROOM-32のプログラムで読み込むこともできます．

Tera Termやputtyなどの一般のターミナル・ソフトウェアも使えますが，プログラムを書き込むときにESP-IDFとCOMポートの使用権で競合するので，そのたびに閉じる必要があります．

▶起動方法

次のコマンドを実行してシリアル・モニタを起動します．

```
$ make monitor
```

図8のようにサンプル・プログラムの実行画面が表示されます．プログラムのソース・コードは，次の場所に格納されています．

```
~/esp/hello_world/main/hello_world_main.c
```

内容をリスト1に示します．このプログラムはCPUの情報（コア数，Bluetooth機能，チップ・レビジョン，フラッシュ・メモリ容量）を10秒間表示して，リセットします．再度起動からやり直して，同じ処理を繰り返します．

▶終了方法

シリアル・モニタを終了するときは，［Ctrl +］］キーで終了します．ウィンドウを閉じると図9のようにmingw32.exeのbashウィンドウ自体が閉じるので，作業を続けるときはmingw32.exeを再実行します．

▶そのほかの使い方

［Ctrl + T］キー，［Ctrl + H］キーを連続で押すと，シリアル・モニタで使用できるコマンドが表示されます．ESP-WROOM-32にリセットをかけたり，プログラムの再コンパイル＆書き込みなどが行えます．

充実のサンプル50超！ Bluetoothスピーカ30分クッキング

● ESP-WROOM-32ならワンチップ構成のBluetoothスピーカが15分で作れる！

ここではBluetoothのサンプル・プログラムを使って製作したワイヤレス・スピーカ（図10）を紹介します．

ESP-WROOM-32は，I²S用のDMA機能を使うと内蔵のD-Aコンバータから音声を出力できます．小型化や低消費電力化の求められるIoTエッジ・デバイ

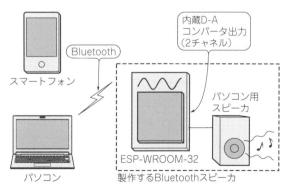

図10 ESP-IDF同梱のサンプル・プログラムを使えばスマートフォンやパソコンの音源をBluetooth経由で再生するワイヤレス・スピーカがすぐ作れる
主な構成部品はESP-WROOM-32とスピーカだけなので超お手軽に製作できる

スに音声出力機能を実装したいときに便利です．

メーカ製の開発環境ESP-IDFには，Bluetoothのサンプル・プログラム（a2 dp_sink）が入っています．これとD-Aコンバータによる音声出力機能を組み合わせれば，図10のようなBluetoothスピーカが製作できます．

本稿ではブレッドボードとパソコン用スピーカと数個の電子部品を用いて，Bluetooth対応のワイヤレス・スピーカを製作しました（写真1，表2）．

● ステップ1：ハードウェアの製作

本器の全体構成を図11に示します．ESP-WROOM-32開発ボードESP32-DevKitC（Espressif Systems）と抵抗器4個，コンデンサ2個，3.5mmステレオ・ミニ・ジャックを用意します．これらを写真1のようにブレッドボード上に組んだら完成です．

3.5mmステレオ・ミニ・ジャックは，秋月電子通商で販売されている2.54mmピッチの変換基板を使って実装しました．

図12のようにR_1，R_2を半固定抵抗に変更すれば，音量調整もできます．

● ステップ2：プログラムのセットアップ

▶手順1：ダウンロード

プログラムはGitHubのESP32 Bluetooth speakerのページ[3]からダウンロードできます．次のコマンドを入力してクローンしてください．

```
$ cd ~/esp
it clone https://github.com/h-nari/ESP32_bt_speaker.git
```

▶手順2：書き込み

クローンが完了するとESP32_bt_speakerというフォルダが作成されます．フォルダの中に移動し，make menuconfigを実行すると，コンフィグ画面が表示されるので，シリアル・ポートの設定を行います．設定が完了したら，make flash monitorを実行してESP-WROOM-32にプログラムを書き込みます．

実行するコマンドは次のとおりです．

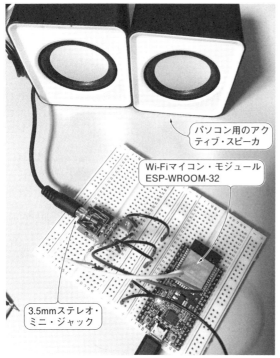

写真1 ブレッドボードに回路を組んで製作したBluetooth対応ワイヤレス・スピーカ

表2 製作したBluetooth対応ワイヤレス・スピーカの仕様

項目	内容
通信方式	v4.2 BR/EDR，BLE
対応機器	iPhoneで動作確認済み
サンプリング周波数	44.1 kHz
分解能	12ビット（内蔵D-Aコンバータは8ビット）

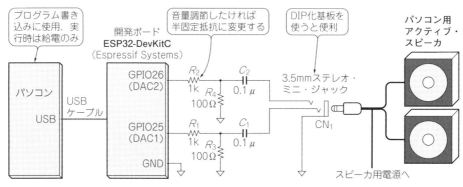

図11 ESP-WROOM-32を使用して製作したワイヤレス・スピーカの全体構成

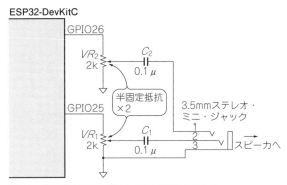

図12 半固定抵抗に変更すれば音量調整もできる

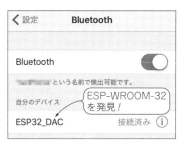

図13 スマートフォンのBluetoothデバイスの探索画面で「ESP32_DAC」の表示を発見！
iPhoneでの動作は確認済み

```
$ cd ESP32_bt_speaker
$ make menuconfig
コンフィグ画面で［Serial flasher config -->］→
［Default serial port］を選択する
$ make flash monitor
```

● ステップ3：Bluetooth接続

ESP-WROOM-32へのプログラム書き込みが完了したら，Bluetoothが使える機器を使ってデバイスを探索してみましょう．正常に動作していれば，図13のように「ESP32_DAC」というデバイスが見つかります．選択して正常に接続されれば，Bluetoothスピーカとして認識され，ワイヤレス・スピーカから音が出力されます．

本器のスペックはプログラムによりサンプリング・レート44.1 kHz，分解能12ビット，ステレオ出力に固定されています．接続するBluetooth機器によっては，うまく音声を出力できないときもあります．iPhoneで動作することは確認済みです．

デバイス名は，main/main.cの86行で「ESP32_DAC」に設定されています．ここを修正すれば好きな名前に変更できます．

◆参考文献◆
(1) ESP-IDFのGitHubのWebページ
   https://github.com/espressif/esp-idf
(2) ESP-IDF Programming Guide
   https://esp-idf.readthedocs.io/en/latest/
(3) ESP32 Bluetooth speakerのページ
   https://github.com/h-nari/ESP32_bt_speaker
(4) 「音楽の再生には何bit必要？」筆者のブログ
   http://www.narimatsu.net/blog/?p=11302

〈成松 宏〉

（初出：「トランジスタ技術」2017年11月号）

8ビット分解能でも十分！ ESP32のD-Aコンバータで音楽再生　　Column 1

ESP-WROOM-32の内蔵D-Aコンバータの分解能は8ビットしかありません．音楽再生器として利用できるかどうか，1～12ビットに加工したWAV形式の音声データを生成して鳴らしてみました．

● 音声データの加工方法

WAV形式の非圧縮PCM音声データを，指定したビット幅のデータに加工するPythonプログラムを，WAVファイル操作ライブラリを使って作成しました．

このプログラムを使って1～12ビットに加工したWAVファイルを作成し，聞き比べてみました．

● 結果：1ビットでも曲判別可能

意外にも，1ビットでも何の曲か判別できました．ノイズは大きいものの，1ビットでも曲がわかります．ビット数を増やしていくとノイズがどんどん減っていきます．5ビットぐらいで，無音部分のノイズは聞こえますが，曲は，ノイズは，ほとんど聞こえなくなりました．

8ビットで，無音部分のノイズがかすかに聞こえる程度で，12ビットにすると無音部分のノイズも聞こえなくなりました．

実験に使用した変換プログラムと，フリー素材の音声データを用いた結果は，私のブログ[4]で公開しています．　　〈成松 宏〉

第2部 ESPマイコン・モジュール徹底活用

第1章 ①データ収集 ②解析 ③記録 ④通信 ⑤表示の5つの基本を学ぶ

オリジナル震度速報にTRY！IoT開発体験ワークショップ

伊藤 雄一 Yuichi Ito

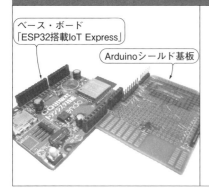

ベース・ボード「ESP32搭載IoT Express」
Arduinoシールド基板

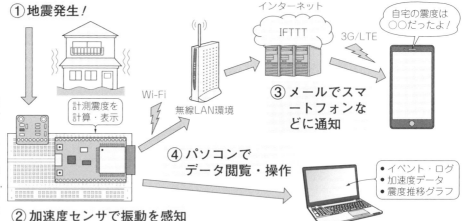

図1 地震波の観測から解析/記録/通信を行う「IoT震度計」
無線LAN接続によりパソコンやスマートフォンからもデータの閲覧，操作できる．加速度データをファイルに記録し，インターネットを経由してメールやLINEでほかの端末に震度情報を送れる

①地震発生！
②加速度センサで振動を感知
③メールでスマートフォンなどに通知
④パソコンでデータ閲覧・操作
・イベント・ログ
・加速度データ
・震度推移グラフ
自宅の震度は○○だったよ！

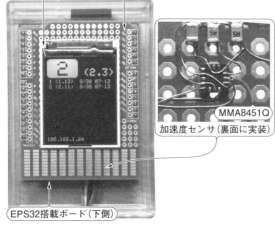

SPI接続TFTカラーLCD Z180SN1720
Arduinoシールド基板（上側）
MMA8451Q
加速度センサ（裏面に実装）
EPS32搭載ボード（下側）

写真1 ESP32搭載ボード「IoT Express」で製作したIoT震度計を例にIoTデバイスの作り方を学ぶ
LCDと加速度センサはArduinoシールド基板に実装した．加速度センサは廉価版のMMA8451Qを使った．実装は0.16 mm UEWを用いて実体顕微鏡下で配線した

IoTワールドが実現すると，家電や工場設備，医療機器，自動車などあらゆるモノが，人を介さずに動くようになります．IoTデバイスが備えるべき機能は，次の2つです．
① インターネットに無線で接続できるWi-Fi通信
② 対象物の状態や物理量を検知するセンシング

本稿では，Wi-FiモジュールESP-WROOM-32と加速度センサを使って，データ収集から解析，記録，通知を行うIoTデバイスを製作してみました．この製作物は震度計として利用できます（**図1**）．
〈編集部〉

例題…IoT震度計を作りながら学ぶ

■ こんな装置

写真1に示すのはESP32搭載ボード「IoT Express」で製作したIoT震度計です．LCDをユニバーサル・タイプのArduinoシールド基板に実装してコンパクトにまとめました．外装にはポリカーボネート・ケース117（95×75×23 mm）を使用しました．

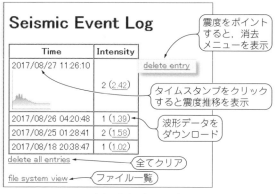
(a) イベント・ログ

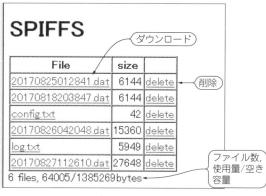
(b) ファイル一覧

図2 IoT震度計のWebインターフェース画面

図2のように無線LAN接続によりパソコンやスマートフォンからもデータの閲覧，操作を行えます．加速度データをファイルに記録し，インターネット上の無料WebサービスIFTTT（イフト）と連携して，メールやLINEでほかの端末に通知できます．

ハードウェアを作る

■ 全体の構成

本器の構成を図3に，回路図を図4に示します．キー・パーツはESP-WROOM-32と加速度センサです．震度の表示はシリアル・コンソールまたはWebブラウザからの閲覧だけと割り切れば，LCDやLED，microSDカードは省略できます．

加速度から計測震度を計算するにはFFT演算が必要なので，CPUには数十MHzの処理能力が求められます．XYZの3軸それぞれで計算するためにワーク・エリアとしてRAMも数十Kバイト要求されますが，ESP-WROOM-32はこれらの条件を軽くクリアしています．多少の制限はありますが，ESP-WROOM-02でも実現できます．

なお，ブレッドボードで試作する場合は，ESP32-DevKitCなどの開発ボードを使うと非常に便利です．それ1枚で電源供給，プログラム書き込み，デバッグ用にシリアル・コンソールの利用ができます．

■ キー・パーツ…加速度センサ

今やスマートフォンやタブレットの中で当たり前のように使われている加速度センサは小型化が進み，手作業によるはんだ付けは困難です．写真2のような市販されているDIPモジュールを利用すれば，ブレッドボードで簡単に試せます．開発環境には操作が簡単でライブラリが豊富に用意されているArduino IDEを使います．

本器の要となる加速度センサには次の性能が求められます．

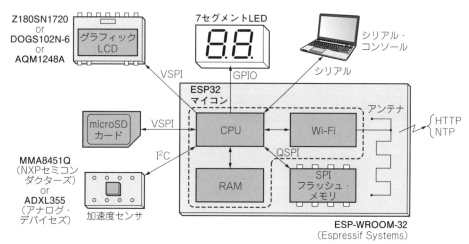

図3 IoT震度計のハードウェア構成
最小構成はESP-WROOM-32と加速度センサのみ

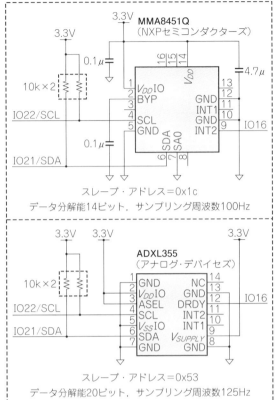

図4 震度計の回路図
加速度センサは必須なのでどちらか1つを選ぶ必要があるが，LCD/LED，SDカードはなくてもOK

- 12ビット以上の分解能
- 100Hz程度のデータ・レート
- 32エントリ程度のFIFOがあること
- I²C接続
- DIPモジュールになっていること
- 低ノイズ

入手が容易な範囲でほかに何機種か試してみました

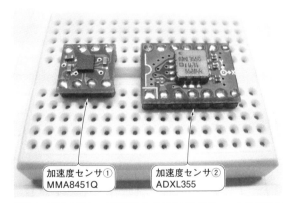

写真2 実装の難しい加速度センサにはDIPモジュールも用意されているのでブレッドボードでも試作できる

が，目的に適うものはなかなかありませんでした．比較的入手しやすいMMA8451QおよびADXL355がおすすめです．

● おすすめ①…1,000円台で買えるMMA8451Q

MMA8451Q（NXPセミコンダクターズ）は，フル・スケールを±2gに設定したときに14ビットと高い分解能が得られます．サンプリング周波数は100Hzに設定します．データはI²C出力なのでアナログ的な調整箇所がなく再現性に優れています．

● おすすめ②…分解能20ビットの高級タイプADXL355

加速度センサを20ビット分解能のADXL355（アナログ・デバイセズ）に替えると大幅に性能が向上します．ノイズが非常に少ないので，体感できないほど小さな振動も検出できます．ADXL355の内部クロックを使うので，サンプリング周波数は125Hzになります．

■ 機能性をUPさせるオプション

①7セグメントLED

ESP-WROOM-32はI/Oの本数が多いので，2けたの7セグメントLEDを接続できます．LCDはバッ

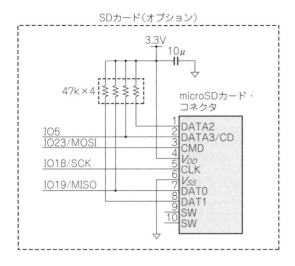

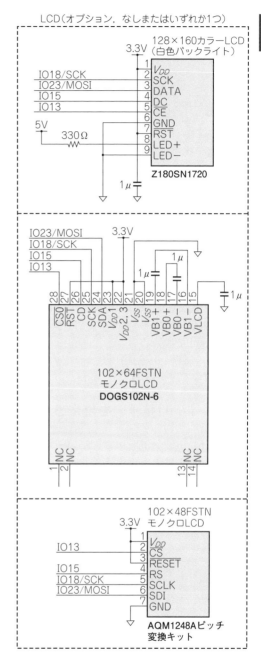

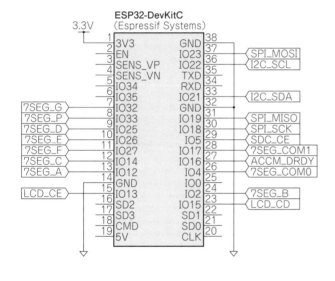

クライトがないと夜間に表示を視認できませんが，LEDならその心配はありません．

本器では2けたの7セグメントLEDをダイナミック駆動します．ESP-WROOM-32のタイマを利用して10msごとに割り込みを発生させ，1けた目と2けた目とを交互に点灯させます．それぞれの点灯時間を同じにしないと輝度ムラやチラつきが生じますので，精度の高いタイマ割り込みを利用しました．

② グラフィックLCD

オプションとしてSPIインターフェースのLCDを追加できます．データ転送にはESP-WROOM-32のVSPIを使用します．バックライト付き1.8インチ128×160ドット・カラーLCD Z180SN1720（aitendo），128×48ドット・モノクロLCD AQM1248A（Xiamen Zettler Electronics），102×64ドット・モノクロLCD DOGS102N-6（ELECTRONIC ASSEMBLY）などが使用できます．

表1 各LCDに用意されているArduinoライブラリの所在

LCD	ライブラリ
Z180SN1720	Adafruit ST7735 Library https://github.com/adafruit/Adafruit-ST7735-Library Adafruit GFX Library https://github.com/adafruit/Adafruit-GFX-Library
DOGS102	U8g2 Library ライブラリ・マネージャからダウンロード&インストール可能
AQM1248A	U8g2 Library ライブラリ・マネージャからダウンロード&インストール可能 ※AQM1248Aそのものズバリの定義がないので，縦のドット数は異なるが同じコントローラのDOGM128で使用

　画面では現在の震度階級および計測震度，過去数件分のイベント・データ，最下行にはステータスとしてIPアドレスを表示します．

③SDカード

　デフォルトではログ・ファイルと加速度波形ファイルはSPIFFS(SPI Flash File System)に記録されますが，SDカードにも記録できます．データ転送にはESP-WROOM-32のVSPIをLCDと共用で使います．

　SDカードを使うときでも，configファイルだけはSPIFFSに記録されます．SDカードのフォーマットはパソコンで行う必要があります．

開発環境を整える

● 手順1：Arduino IDEにソース・コードをインポート

　開発環境にはArduino IDE 1.8.5 ＋ Arduino core for ESP32(2018年8月14日時点の最新版)を使用しました．

　Arduinoスケッチ・フォルダ(メニューより[ファイル]→[環境設定]で確認できる)の下に"SISlog32"という名前のフォルダを作り，付属CD-ROMよりソース・ファイル一式をコピーしてください．

　Arduino IDEを起動したら，メニューより[ファイル]→[開く…]で「SISlog32.ino」を指定し，スケッチを開いてください．タブに並んでいる「config.h」を選択して編集します．使用する加速度センサ，LCD/LEDの有無，ファイルの記録先を構成に合わせて変更してください．

● 手順2：ライブラリのインストール

　オプションのグラフィックLCDを使用する場合，表1に示すライブラリをArduino IDEにインストールしておきます．

　ほかにもArduino core for ESP32に備わっているWi-Fi関連，Serial，Wire，SD，SPIFFSなどのライブラリを積極的に利用しています．特にSPIFFSについては，イベント・ログや加速度データの記録およびconfigデータの保存のために活用します．ESP-

リスト1　MMA8451Qからデータを取得するソース・コード
I^2C Repeated Start Conditionを発行する

```
int read_mma8451q(uint8_t reg_addr) {
  Wire.beginTransmission(MMA8451Q_SLA);
  Wire.write(reg_addr);
  Wire.endTransmission(false);
  Wire.requestFrom(MMA8451Q_SLA, 1, true);
  return Wire.read();
}
```

WROOM-02では3Mバイト(設定により異なる)まで使えていたSPIFFSですが，ESP-WROOM-32では約1.5Mバイト程度が使用可能となっています．

お手本！初めてのIoTプログラミング

　プログラムはsetup()関数で初期化して，loop()関数内で処理します．loop()内で行われるメイン処理の概要を図5に示します．

1 データ収集

● 加速度データの取得

　本器で最も重要なのは，データ・レート100Hzで発生する加速度データをもれなく収集することです．MMA8451Qには32エントリのFIFOが内蔵されており，理論上320msの猶予はありますが，そのほかの処理はこの時間内に完了しなければなりません．加速度センサのデータ・レディ信号をloop()関数中でポーリングしてデータ取得処理を行います．

　後段の震度計算では加速度はGal単位で扱うので，ここでg→Galへの変換も行います．標準重力加速度gもGal(cm/s^2)も加速度の単位です．多くの加速度センサが返す値はg単位であり，震度計算ではGalが用いられます．1g = 9.80665 m/s^2 = 980.665 Galの関係があります．gもGalもSI単位系ではありません．Galは地震関連分野以外では使われません．

　MMA8451Qからデータを取得するには，レジスタ・アドレス書き込みからデータ・リードへの切り替え時にI^2CのRepeated Start Conditionが必要です．Arduinoに備えられているI^2CライブラリWireで行う方法を

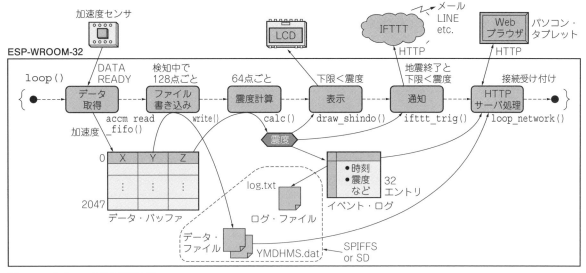

図5　ソフトウェア全体の処理内容
loop()内の処理の概要．基本的に優先度の高い順に処理を行う．条件が成立していないものはスキップ．時間のかかるHTTPサーバ処理は地震検知中はスキップされる

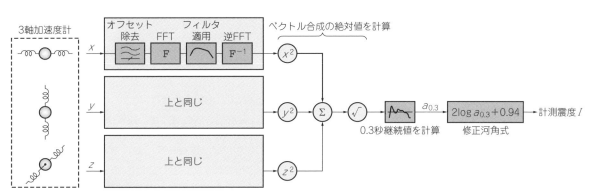

図6　加速度から計測震度を計算する
加速度データにフィルタをかけてから所定の計算式を通して震度を求める

リスト1に示します．Wire.endTransmission()の引き数をfalseにして，Stop Conditionを作らないことがポイントです．プログラム書き込みを行うなどして実行を中断すると，タイミングが悪ければI²CがストールしてCPUリセットでは復帰できなくなります．そのときは電源を入れ直してください．

2 解析

● 震度の計算

約640 msごとに震度を計算します．計測震度は気象庁公示に基づいて図6の手順で計算します[1]．

加速度データからオフセット除去とフィルタ処理（FFT→係数を掛ける→逆FFT）をXYZ各軸に対して行います．フィルタ係数はパソコンで事前に計算して，配列の初期値として記述します．

3軸分のフィルタ処理結果の2乗和（ベクトル合成の絶対値）を計算します．ここから0.3秒継続値$a_{0.3}$を求め，次に示す修正河角式で震度を計算します．

$$I = 2\log(a_{0.3}) + 0.94$$

表2　計算結果と震度の関係

修正河角式の計算結果I	計測震度	震度階級
$I < 0.495$	0 ～ 0.4	0
$0.495 \leq I < 1.495$	0.5 ～ 1.4	1
$1.495 \leq I < 2.495$	1.5 ～ 2.4	2
$2.495 \leq I < 3.495$	2.5 ～ 4.4	3
$3.495 \leq I < 4.495$	3.5 ～ 4.4	4
$4.495 \leq I < 4.995$	4.5 ～ 4.9	5弱
$4.995 \leq I < 5.495$	5.0 ～ 5.4	5強
$5.495 \leq I < 5.995$	5.5 ～ 5.9	6弱
$5.995 \leq I < 6.495$	6.0 ～ 6.4	6強
$6.495 \leq I$	6.5 ～	7

この値を小数第3位で四捨五入し，小数第2位を切り捨てると計測震度が求まります．震度階級は**表2**に示すとおり，さらに小数第1位を四捨五入して求めます．震度5と震度6については，切り上げか切り捨てかのどちらでその値になったかにより「弱」か「強」かに分けます．

　本器では，複素FFTに比べてワーク・エリアが半分で済み，計算時間も短い実数FFTを使用しました．本来の震度の定義では地震波形の全体から震度を計算します．本器では揺れている最中でも震度を表示したいので，約10秒の窓を0.64秒ごとにずらしながら計算することにしました．

　データ長は，公開されている実際の地震波形データ[3][4][5]を使って計算した結果より，ほとんど精度が劣化しない1024点としました．FFTの窓関数は矩形窓としていますが，フィルタの応答特性により不連続境界の影響はほとんどありません．

　240 MHz動作のESP32では，1回の震度計算処理に約4 msかかります．

● 地震の検知

　計算結果が1.0を超えたら地震が発生したとみなします．計算結果が0.5を下回ったら地震は終了したとみなします．現実の地震では本震の揺れが収まらないうちに次の余震が起こることがありますが，本器では判別できません．

震度計算の詳細

● フィルタ係数の計算方法

　気象庁公示に記載されているフィルタの説明はとても複雑に見えますが，よく見れば恐れることではありません．要はFFT後の配列インデックスが周波数でいくつに相当しているかを把握するのがポイントです．FFTは対称性があるので，1から$N/2-1$まで計算すれば係数テーブルが得られます（**図A**）．

● 0.3秒継続値の求め方

　0.3秒継続値は，波形の瞬時値がそれを超えている時間の合計が0.3秒になるという値です．

　ややこしいですが，サンプリング・レートは100 Hz，すなわち1点あたりの時間は0.01秒なので30点集めると0.3秒になります．大きい順に見て30番目の値をとれば$a_{0.3}$が得られます（**図B**）．全点を並べ替えるのは無駄なので，Top30のみソートするようにプログラムを工夫しています．

● 複素FFTと実数FFT

　加速度波形は実信号です．通常は実信号のFFTを行う場合，入力の虚部に0を入れて処理しますが，変換後は実部が線対称，虚部は点対称となるので，出力情報の半分は重複しています．このような場合，実数FFTを利用するとメモリを節約できます（**図C**）．

〈伊藤 雄一〉

FFT後の インデックス	周波数 ($f_S = 100$ Hz, $N = 1024$)
[0]	0(0 Hz)
[1]	$1*f_s/N$ (0.0977 Hz)
[2]	$2*f_s/N$ (0.1953 Hz)
⋮	⋮
[$N/2-1$]	$(2-1/N)*f_s$ (49.90 Hz)
[$N/2$]	$f_s/2$ (50 Hz)
[$N/2+1$]	$(2-1/N)*f_s$ (49.90 Hz)
⋮	⋮
[$N-2$]	$2*f_s/N$ (0.1953 Hz)
[$N-1$]	$1*f_s/N$ (0.0977 Hz)

（a）FFT後のインデックスと周波数の対応

```
#define fs 100      //100サンプル/秒
#define N 1024      //サンプル点数
double filt[N];     //気象庁計測震度フィルタ

//式の通りのフィルタ
filt[0] = 0;
filt[N / 2] = 0;
for(int i = 1;  i < N / 2; i++)   {
  double f = fs / N * i;
  double y = f / 10;
  filt[i] = pow(1 / f, 0.5)
          * pow(1 + 0.694     * pow(y, 2)
                  + 0.241     * pow(y, 4)
                  + 0.0557    * pow(y, 6)
                  + 0.009664  * pow(y, 8)
                  + 0.00134   * pow(y, 10)
                  + 0.000155  * pow(y, 12), -0.5)
          * pow(1 - exp(- pow(f / 0.5, 3)), 0.5);
  filt[N - i] = filt[i];
}
```

（b）フィルタ係数を計算するプログラム

図A　計測震度フィルタ係数の計算方法

3 記録

● 加速度データをファイルに記録する

地震検知中は1280 msごとにESP-WROOM-32内蔵のSPIフラッシュ・メモリに波形データを記録します．特に外部メモリを接続しなくてもそこそこのデータを保存できる点はESP-WROOM-32/02の大きなメリットです．

データ・ファイルはあらかじめ作成，オープンしておき，128点分のデータが蓄積されたところで1536（128×4×3）バイトずつ書き出します．SPIFFSで1536バイトを書き込むには10～100 msかかります．地震が収まったところでファイルをクローズし，発生時刻を基にリネームします．同時に，最新32個以前の古いファイルを削除します．

● NTPで正確な時刻を取得する

データの保存を行う以上，発生時刻を正確に記録することが重要です．Arduinoのtime()関数はNTPによる時刻合わせ機能があるのでそれを利用しました．

4 通知

● その1：Webブラウザ・データ閲覧とコマンドのためのHTTPサーバ

HTTPサーバ処理ではTCP接続を待ち受け，リクエストを処理し，結果を返します．

初期化時に作成したWifiServerオブジェクトをポーリングして外部から接続があったかどうかを調べま

Column 1

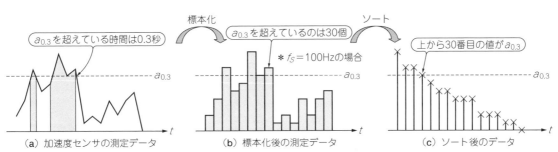

図B　0.3秒継続値はこうやって求める

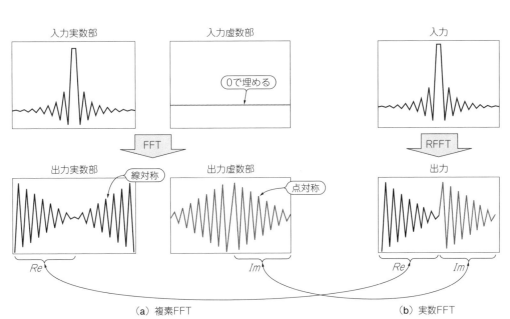

図C　実数FFTは無駄がない
0埋め不要，重複なしでメモリ使用量は半分

(a) サインアップ

(b) アプレットの新規作成

(c) トリガの指定

(e) アクションの指定

(d) イベント名の指定

(f) メール送信先の指定

図7 IFTTTアプレット登録
IFTTTとは「イベントが起きたらアクションを行う」仕組み．WebhooksはURLアクセスでトリガされる．メール以外にもLINEへの投稿などもできる（気象業務法の観点からTwitterへの投稿は推奨しない）

す．接続があればTCPストリームを読んで，1行目にあるURLを解析して処理分岐します．

URLに含まれるコマンドによってイベント・ログ表示，データ・ダウンロード，ログ消去，ファイル・リスト表示，ファイル削除，ファイル・システム初期化，システム設定ができます．HTTPサーバ処理には時間がかかるので，地震を検知していないときにのみ行います．

● その2：外出先に震度情報を通知する

無料のWebサービスIFTTT（イフト）を利用してスマートフォンに通知を送ります．IFTTTはトリガを検知するとあらかじめ設定しておいたアクションを実行するクラウド・サービスです．トリガとしてMaker Webhooksを設定すると特定URLへのアクセスを検知できます．それを基にメール送信などのアクションを実行します．

Webhooksには引き数を3つ渡せるので，ホスト名・検知時刻・計測震度を渡します．設定方法は次のとおりです．

(1) **ユーザ登録する**

GoogleアカウントかFacebookアカウント，または有効なe-mailアドレスを持っていれば，無料でIFTTTにユーザ登録できます．http://ifttt.com/にアクセスして［Sign up］します［図7(a)］．

(2) **アプレットを定義する**

アカウントを作成したら［Sign in］して，［My Applets］→［New Applet］からアプレットを作成します［図7(b)］．
(a) if ＋ this then thatの"this"の部分をクリックしてトリガを指定します［図7(c)］．一覧から"Webhooks"を選びます．
(b) "Receive a web request"をクリックすると"Event Name"の指定になるので，例えば"SISlog"と入力して［Create trigger］します［図7(d)］．

表3 IoT震度計の設定や表示を行うWebインターフェースのURL

ページ	URL
イベントログ画面	http://host.local/
Wi-Fi設定画面	http://host.local/config
ファイル一覧画面	http://host.local/fs
SPIFFSフォーマット	http://host.local/fs?format

表4 IoT震度計の性能
公共の気象庁95型震度計との比較

項 目	気象庁95型震度計	本器（ADXL355使用時）
測定範囲	±2048 Gal	±2.048 g
帯域幅	DC〜41 Hz	DC〜31 Hz
サンプリング周波数	100 Hz	125 Hz
分解能	24ビット	20ビット
ノイズ・フロア	−4程度	−2程度

(c) if this then + that の "that" の部分をクリックしてアクションを指定します［図7(e)］．一覧から"Gmail"を選択します．Emailではユーザ登録時のメール・アドレスにしか送れないので，Gmailを利用しました．あらかじめGoogleアカウントでGmailを有効にしておく必要があります．

(d) メールの送り先，サブジェクト，本文を指定します［図7(f)］．［Create action］，［Finish］でアプレットが作成できました．

(3) Webhooksをトリガする

アプレットがONになっていれば，以下のURLをブラウザなどでアクセスするとメール通知が送られてくるはずです．

https://maker.ifttt.com/trigger/イベント名/with/key/キー?value1=引き数1&value2=引き数2&value3=引き数3

なお"キー"については，サインインした状態でWebhooksのDocumentを見れば調べられます．

5 表示

● 操作
▶Webインターフェース

本器では無線LAN接続によりWebインターフェースで各種コマンドを受け付けられます．もし本体のボタンを手で操作すると，加速度センサに振動が伝わりノイズを生じますが，ネットワーク接続ならその心配がありません．

mDNSに対応した端末・ブラウザからはホスト名でアクセスできます．WindowsでmDNSを利用するにはBonjour Print Serviceをインストールしなければなりません．Microsoft EdgeはmDNSで名称解決ができないので，そのときはIPアドレスでアクセスしてください（表3）．

図2(a)にイベント・ログ画面を示します．最大32件分のイベント・データ（震度および発生時刻）を表示します．イベント時刻をクリックすると短時間震度の推移グラフが見られます．リンクから加速度センサから取得した生データをダウンロードしたり，イベントをログから削除したりすることもできます．

図2(b)にファイル一覧画面を示します．SPIFFS上のファイル一覧を表示します．各ファイルをダウンロードまたは削除できます．特定のURLにアクセスしてSPIFFSをフォーマットできます．

● 無線関係の各種設定
▶Wireless Configモード

本器はNTPによる時刻合わせでWi-Fi経由でインターネット接続が必要なので，SSIDとパスワードを設定します．起動後のWi-Fi接続処理中にIO0のボタンを押すと設定のためのWireless Configモードに入ります．

通常動作時には無線LAN子機として動作していますが，Wireless Configモードでは本器が無線LANアクセス・ポイントになり，接続を待ち受けます．適当な端末から接続して設定画面にアクセスし，SSID・パスワードを設定してください．Wireless ConfigモードAPへの接続に必要なSSIDとパスワードはシリアル・コンソールおよびLCDに表示されます．

▶Serial Configモード

シリアル・インターフェースを接続していれば，そこから設定を行えます．ビット・レートは115200 bpsです．何か1文字を送るとコマンド一覧が表示され，次のとおり入力すればSerial Configモードに入ります．

setup␣

プロンプトに従って，SSID・パスワードを設定してください．

Serial Configモード中は計測を中断しますが，30秒間何もしないと通常モードに戻ります．

完成したIoT震度計の運用

■ 性能

実際に使ってみたところ，安価なMEMS加速度セ

ンサでも実用レベルの震度数値が得られました．数千円のセンサを用いると，公共の震度計の性能までかなり近づけました（**表4**）．

本器の精度は加速度センサでほぼ決まります．加速度センサに安価なMMA8451Qを使うと，震度にして0.3～0.4の定常ノイズがあるものの，机上に置いた状態で貧乏ゆすりがわかるほどの感度が得られました．

加速度センサADXL355を使うと，定常ノイズは非常に小さく－2程度でした．ノイズを考慮した実用検出感度は，MMA8451Qで0.7程度，ADXL355で0.0（計測震度は負の値を取らない）でした．ノイズ・レベルはとても低く，むしろ設置場所による影響の方が大きいと考えられます．

■ 使い方

● 安定した場所にしっかり固定する

一般住宅では設定場所の選択肢はそう多くありません．地盤に設置することはできないので，せめて床か柱か壁にしっかり固定します．公共の震度計は上下・南北・東西をきっちり合わせて設置されますが，震度計算だけが目的なら方角や傾きは無視できます．

参考文献(2)に記載されているとおり，正確な震度を測るためには設置方法が重要ですが，逆にビルの各階で震度相当値がどうなるかなどを調べてみるのも面白いと思います．郷里の実家などに設置すれば，地震発生時にいち早くメールで通知できます．

● 地震検知のしきい値をArduino IDEから設定

地震検知のしきい値は使用したセンサと設置環境に合わせてArduino IDEでconfig.hというファイルの中の定数定義を調整します．あまり感度が高いと近くを歩いただけで反応するので，デフォルトは震度1.0以上で地震検知としました．

　　　　　　＊　　　＊　　　＊

計測震度計算コードの確認のため，防災科学研究所強震観測データ，気象庁強震観測データ，国土交通省港湾地域強震観測データを利用させていただきました．また，Web上で先達たちが公開されているESP8266/ESP32関連情報を参考にさせていただきました．ここに感謝の意を表します．

◆参考文献◆
(1) 気象庁ホームページ，計測震度の算出方法，http://www.data.jma.go.jp/svd/eqev/data/kyoshin/kaisetsu/calc_sindo.htm
(2) 気象庁ホームページ，正確な震度観測を行うために，http://www.data.jma.go.jp/svd/eqev/data/shindo-kansoku/index.html
(3) 気象庁ホームページ，主な地震の強震観測データ，http://www.data.jma.go.jp/svd/eqev/data/kyoshin/jishin/index.html
(4) 防災科学研究所，強震観測網K-NET，KiK-net，http://www.kyoshin.bosai.go.jp/kyoshin/
(5) 国土交通省，港湾地域強震観測，http://www.mlit.go.jp/kowan/kyosin/eq.htm
(6) 大浦 拓哉，FFTの概略と設計法，http://www.kurims.kyoto-u.ac.jp/~ooura/fftman/

（初出：「トランジスタ技術」2017年11月号）

Column 2　本器使用上の注意事項

公共の震度計は設置基準などが厳しく規定(2)されています．本稿で作成する震度計の数値はあくまでも目安にすぎません．

震度計は気象業務法第9条の対象機器ではないものの，検定を受けていない計測器で測定した数値を不特定多数の目に触れるホームページやTwitterなどで公開することは避け，家族や友人との話題にとどめることをお勧めします．どうしても掲載したい場合でも自作機器を用いた私的観測による参考値であることを明記すべきでしょう．

これらの事情により，本稿で製作する震度計はあくまでも「簡易」震度計であり，計測する数値は震度「相当値」であることに留意してください．

〈伊藤　雄一〉

第2章　①ルータレス野外通信　② USBレス書き込み　③リモートPC起動
Wi-Fiアルデュイーノ無線活用 私の㊙テクニック

富永 英明 Hideaki Tominaga

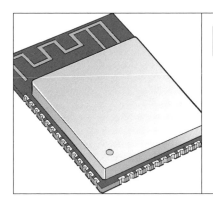

ESP-WROOM-32のWi-Fi機能を使う場合，次のような構成で利用するのが一般的かと思います．
- USB経由のプログラム書き込み
- ルータ/アクセス・ポイント経由のWi-Fi接続
- TCP(Transmission Control Protocol)によるデータ通信

実は，これ以外にもさまざまな使い方ができます．例えば，USBケーブルを使わずにWi-Fi経由でファームウェアを書き換えたり，ルータ/アクセス・ポイントなしでスマホ等と直接接続したりすることができます．

これらの機能を使いこなせば，例えば装置に組み込んだままプログラムを更新したり，無線LAN環境のない外出先でESP-WROOM-32にアクセスできるので，よりスマートな開発や運用が可能になります．

本稿では，**写真1**のようなESP-WROOM-32搭載基板で使えるWi-Fi活用テクニックを3つ紹介します．動作確認はIoT Expressで行っています．本稿で紹介するスケッチは，付属CD-ROMに収録しています．

〈編集部〉

写真1　ESP-WROOM-32を搭載したWi-Fiアルデュイーノ「IoT Express」
搭載するWi-Fi内蔵マイコンESP-WROOM-32は，豊富な無線機能を持つ．その中でも特に便利な無線活用テクニック3つを本稿で紹介する

㊙テクニック1：USBケーブルなしでプログラム書き換え! Over The Air(OTA)

● こんな機能

IoT Expressは通常，USBケーブルを経由してパソコンと接続し，スケッチ等のファームウェアを書き込みます．ESP-WROOM-32用のArduinoライブラリ(Arduino core for the ESP32)に用意されているOver The Air (OTA)のサンプル・スケッチを使えば，**図1**のようにWi-Fi経由でファームウェアの書き換えが行えるようになります．

OTAを使えば，ファームウェアを書き換えるときに，いちいちパソコンと接続する必要がなくなります．例えば，ESP-WROOM-32を搭載したマイクロマウ

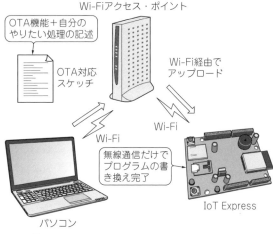

図1　㊙テクニック1：Wi-Fi経由でファームウェアを書き込むOver The Air(OTA)
USBケーブルを使わずにプログラムを書き換えられる

スのようなロボットを製作して，迷路を自律走行させたとします．自律走行のアルゴリズムに不備があり，迷路を抜け出せなくなったとき，走行させながらファームウェアを遠隔で書き換えて，迷路を脱出させる…という芸当も不可能ではありません．

● 使い方

OTA機能を使ったファームウェアの書き込み手順は，次のとおりです．

(1) 専用スケッチのコンパイル＆書き込み

IoT Expressとパソコンを USB 経由で接続し，OTA用のスケッチをコンパイルして，ESP-WROOM-32に書き込みます．

(2) IoT Expressを別の場所に設置

IoT Expressとパソコンの接続を切り離します．IoT Expressは別の場所に設置し，スマートフォンの充電用ACアダプタ，もしくはモバイル・バッテリ等を使って動かします．

(3) Wi-Fi経由でファームウェア書き換え

(1)で使ったOTA用スケッチを書き換えて，コンパイルし，Wi-Fi経由でESP-WROOM-32にファームウェアを書き込みます．

▶スケッチにはOTA用の記述を追記

本稿で紹介しているOTAは，ESP-WROOM-32が備える機能を使うわけではなく，スケッチによるアプリケーションによってWi-Fi経由のファームウェア書き込みを実現しています．そのため，同じ機能のスケッチでも，OTA対応するとファームウェアのサイズや実行時のメモリ使用量が多くなります．

何らかの原因でOTAアップロードができなくなったときは，再度USBケーブルでパソコンと接続し，OTA用のスケッチを書き込む必要があります．

OTA用のスケッチは，ステーション(STA)・モードで動くので，Wi-Fiルータ等のアクセス・ポイントが別途必要です．原稿執筆時点(2018年2月)では，後述のアクセス・ポイント(AP)・モードのOTAはサポートしていません．

● ハードウェアの構成

Wi-FiアルデュイーノIoT Expressを使う場合，マイコン・ボード周りでは追加のハードウェアは必要ありません．USBケーブルと，Wi-Fi経由でESP-WROOM-32のファームウェアを書き換えるためのパソコンを別途用意してください．

● ソフトウェアの作成

▶手順1：OTA用サンプル・スケッチをコンパイル

最初にOTA用のスケッチをコンパイルして，USB経由でESP-WROOM-32に書き込みます．メニュー・バーから[ファイル]-[スケッチ例]-[Arduino OTA]-[BasicOTA]を選択すると，OTA用のスケッチが開きます．リスト1のように使用するWi-Fiアクセス・ポイントのSSIDとパスワードを記述します．記述が済んだら，コンパイルと書き込みを行います．

リスト1　Over The Air(OTA)用のサンプル・スケッチ(BasicOTA.ino)
Wi-FiアクセスポイントのSSIDとパスワードを記述する

```
#include <WiFi.h>
#include <ESPmDNS.h>
#include <WiFiUdp.h>
#include <ArduinoOTA.h>
                                      ← ここに記述する
const char* ssid = "......";     // AP の SSID
const char* password = "......"; // AP のパスワード

void setup() {
  Serial.begin(115200);
  Serial.println("Booting");
  WiFi.mode(WIFI_STA);
  WiFi.begin(ssid, password);
  while (WiFi.waitForConnectResult() !=
                              WL_CONNECTED) {
    Serial.println("Connection Failed!
                                Rebooting...");
    delay(5000);
    ESP.restart();
  }

  ArduinoOTA
    .onStart([]() {
      String type;
      if (ArduinoOTA.getCommand() == U_FLASH)
        type = "sketch";
      else // U_SPIFFS
        type = "filesystem";

      Serial.println("Start updating " + type);
    })
    .onEnd([]() {
      Serial.println("\nEnd");
    })
    .onProgress([](unsigned int progress,
                   unsigned int total) {
      Serial.printf("Progress: %u%%\r",
                    (progress / (total / 100)));
    })
    .onError([](ota_error_t error) {
      Serial.printf("Error[%u]: ", error);
      (中略)
    });

  ArduinoOTA.begin();

  Serial.println("Ready");
  Serial.print("IP address: ");
  Serial.println(WiFi.localIP());
}

void loop() {
  ArduinoOTA.handle();
}
```

▶手順2：アクセス・ポイントへ接続

ファームウェアの書き込みが正常に完了したら，メニュー・バーから［ツール］-［シリアルモニタ］を選択してシリアル・モニタを開きます．アクセス・ポイントに接続し，DHCPサーバからIPアドレスが払い出されると，次のように表示されます．

```
Booting
Ready
IP address: 192.168.1.26
```

アクセス・ポイントへの接続に失敗すると，次のように表示され，再起動を繰り返します．

```
Booting
Connection Failed! Rebooting...
```

このような場合には，アクセス・ポイントのSSIDやパスワードに間違いがないか確認してください．

▶手順3：Arduino IDEを再起動する

アクセス・ポイントへ正常に接続したら，Arduino IDEを再起動します．Arduino IDEを複数個起動しているときは，すべて終了します．

Arduino IDEをすべて終了したら，IoT Expressとパソコンを切り離して別の場所に設置します．

IoT Expressの設置が完了したら，再度Arduino IDEを起動し，メニュー・バーの［ツール］-［シリアルポート］を選択します．すると，新たに［ネットワークポート］という欄に図2のようにIoT ExpressのIPアドレスが表示されます．このポートを指定すると，Wi-Fi経由でファームウェアの書き込みができます．

▶手順4：OTA機能を持ったスケッチを作成する

手順3の後，OTA機能の記述がないスケッチを書き込むと，次の書き換え時はUSBケーブルでパソコンと接続しなければなりません．OTA機能の記述を含むスケッチを作成すれば，再度書き換えを行うときもWi-Fi経由でファームウェアを書き込めるようになります．

具体的にはサンプル・スケッチのBasicOTAに，自分のやりたい処理を追記します．Arduino IDEのメニュー・バーから［ファイル］-［スケッチ例］-［Arduino OTA］-［BasicOTA］を選択してサンプル・スケッチを開いたら，［ファイル］-［名前を付けて保存］を選択してデスクトップ等にスケッチを保存し，必要な処理を追記します．

何も考えずにOTA用のスケッチに処理を追記すると，記述がごちゃごちゃになるだけでなく，正常に動作しない可能性もあります．リスト2のようにsetup()関数とloop()関数の最後でota_setup()関数とota_loop()関数を呼ぶようにすれば，多少はコードの記述が見やすくなります．従来の処理はすべてota_setup()関数とota_loop()関数に記述します．

＊　　＊　　＊

Windowsパソコンの開発環境では，OTA機能を使

図2　［ネットワークポート］にIoT Expressがリストアップされた

リスト2　サンプル・スケッチをベースにしてプログラムを作成するとOTA対応しやすい
BasicOTA.inoへの追記箇所．ota_setup()とota_loop()の中にコードを記述する

```
/* Example 10: Over The Air (Blink) */

#include <WiFi.h>
#include <ESPmDNS.h>
#include <WiFiUdp.h>
#include <ArduinoOTA.h>

const char* ssid = "..........";       // AP の SSID
const char* password = "..........";   // AP のパスワード
const int ledPin PROGMEM = 2;          // LED ピン (IO2)

void setup() {
  Serial.begin(115200);
  Serial.println("Booting");
  WiFi.mode(WIFI_STA);
  WiFi.begin(ssid, password);

  （中略）

  ArduinoOTA.begin();
  Serial.println("Ready");
  Serial.print("IP address: ");
  Serial.println(WiFi.localIP());
  ota_setup();    // ota_setup() を呼び出す
}

void loop() {
  ArduinoOTA.handle();
  ota_loop();     // ota_loop() を呼び出す
}

void ota_setup() {
  pinMode(ledPin, OUTPUT);   // LED のピンを出力に設定
}

void ota_loop() {
  digitalWrite(ledPin, HIGH);   // Lチカ
  delay(1000);
  digitalWrite(ledPin, LOW);
  delay(1000);
}
```

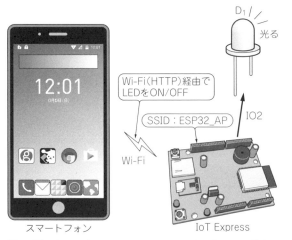

図3 ㊙テクニック2：ESP-WROOM-32をアクセス・ポイントとして動かすアクセス・ポイント・モード
マイコン基板自体がアクセス・ポイントになる．Wi-Fiルータやほかのアクセス・ポイントは不要

写真2 アクセス・ポイント・モードだとスマートフォン等から直接ESP-WROOM-32にアクセスできる

ったファームウェアの書き込みを行おうとすると，ファイア・ウォールによる制限が働くことがあります．［アクセスを許可する］ボタンをクリックして，OTA機能によるWi-Fi通信を許可してください．

原稿執筆時点（2018年2月）では，ファームウェアの書き込みが正常に完了しているのに，Arduino IDEではエラー表示されるときがあります．原因は不明ですが，書き込みが正常に完了していれば無視してもよいでしょう．OTA機能による接続時は，シリアル・モニタは使えません．

㊙テクニック2：ルータなしで直接接続！アクセス・ポイント・モード

● こんな機能

ESP-WROOM-32は，通常ステーション・モードでWi-Fiクライアント（端末）として動作していますが，アクセス・ポイントとして動作するアクセス・ポイント・モード（APモード）も備えています．

ESP-WROOM-32をアクセス・ポイントとして動作させると，Wi-Fiルータやほかのアクセス・ポイントを経由せずに，図3，写真2のようにスマートフォンやパソコン等から直接アクセスできるようになります．例えば，図4のように無線LAN環境のない外出先でESP-WROOM-32にアクセスしたいときに役立ちます．

● ハードウェアの構成

Wi-FiアルデュイーノIoT Expressを使う場合は，特に追加のハードウェアは必要ありません．Wi-Fi経由でESP-WROOM-32に接続するためのスマートフォンやパソコン等を別途用意してください．

（a）自宅　　　　　（b）そのまま野外に持っていくと…　　　　　（c）アクセス・ポイント・モードを使えば…

図4 無線LAN環境のない外出先でもESP-WROOM-32にアクセスできる！

リスト3　私が作成したアクセス・ポイント・モード用スケッチ（Example_09_SimpleWiFiServer_AP.ino）
loop()内はSimpleWiFiServerと同じ

```
/* Example 09: Simple Wi-Fi Server (AP) */

#include "WiFi.h"
#include <WiFiClient.h>

// [Settings]
// ------------------------------------------------
const char *ssid = "ESP32_AP";        // AP の SSID
const char *password = "12345678";    // AP のパスワード

const IPAddress local_ip(192, 168, 100, 1);
                                      // IP アドレス
const IPAddress gateway(192, 168, 100, 1);
                                      // デフォルトゲートウェイ
const IPAddress subnet(255, 255, 255, 0);
                                      // サブネットマスク
const int ledPin PROGMEM = 2;         // LED ピン (IO2)
// ------------------------------------------------

WiFiServer server(80);

void setup() {
  Serial.begin(115200);
  pinMode(ledPin, OUTPUT);
  delay(10);

  Serial.println();
  Serial.println("Configuring access point...");

  WiFi.disconnect(true);              // Wi-Fi を切断
  WiFi.mode(WIFI_MODE_AP);            // Wi-Fi を AP モードに
  delay(10);
  WiFi.softAP(ssid, password);
                                      // AP の SSID とパスワードを設定
  delay(10);
  WiFi.softAPConfig(local_ip, gateway, subnet);
                                      // AP の IP アドレス等を設定
  delay(10);

  IPAddress myIP = WiFi.softAPIP();
                                      // 設定された AP の IP アドレスを取得
  Serial.print("AP IP address: ");
  Serial.println(myIP);               // IP アドレスをシリアルに出力
  Serial.println();

  Serial.println("HTTP server started");
  server.begin();                     // HTTP サーバを開始
}

void loop() {
  WiFiClient client = server.available();
                                      // listen for incoming clients

  (以下略)
      :
```

（a）アクセス・ポイント検索画面

（b）パスワード入力画面

図5　スマートフォンからESP-WROOM-32（アクセス・ポイント）に接続するときの様子
スケッチ内で設定したSSIDが表示され，設定したパスワードでログインできる

図6　WebブラウザからIoT Expressに接続したときの様子
アドレス・バーにIPアドレスを入力するとアクセスできる

き込んだら，メニュー・バーから［ツール］-［シリアルモニタ］を選択してシリアル・モニタを開きます．エラーがなければ次のように表示されます．

```
Configuring access point...
AP IP address: 192.168.100.1
HTTP server started
```

● ソフトウェアの作成

ESP-WROOM-32をAPモードとして動作させるスケッチを**リスト3**に示します．Arduino IDEに最初から用意されているサンプルSimpleWiFiServerとほぼ同じです．見比べてみてください．

▶手順1：APの各種パラメータ設定

SSIDとパスワード，IPアドレス等は，任意に設定できます．一度試すだけならサンプルのままでも問題はありません．

▶手順2：コンパイル&書き込み

スケッチをコンパイルしてESP-WROOM-32に書

▶手順3：APモードで動くIoT Expressに接続

スマートフォン等のWi-Fiクライアント端末からアクセス・ポイント・モードで動作しているESP-WROOM-32を探します．サンプル・スケッチを変更していなければ，**図5**のように「ESP32_AP」というSSIDのアクセス・ポイントが見つかるはずなので，これに接続します．

▶手順4：ブラウザからIoT Expressにアクセス

手順3でアクセス・ポイントに接続できたら，WebブラウザをESP-WROOM-32にアクセスします．アドレス・バーにIPアドレスを入力するとアクセスできます．サンプル・スケッチを変更してい

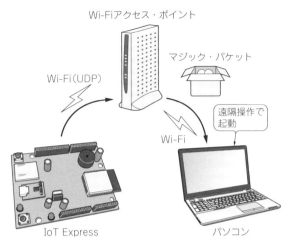

図7 ㊙テクニック3：UDP通信を使ったパケット送出でパソコンの電源をONするWake On LAN
マイコン基板からマジック・パケットを出してパソコンを遠隔起動できる

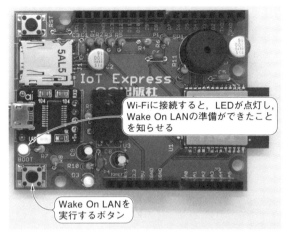

写真3 Wake On LAN時のハードウェア構成
マジック・パケット送出用のボタンを追加する（ここではBOOTボタンを流用した）

なければ，IPアドレスは192.168.100.1です．
ESP-WROOM-32へのアクセスが成功すると，**図6**の画面が表示されます．「here」をクリックすると，LEDを点灯/消灯できます．

㊙テクニック3：Wi-Fi経由でパソコンをON！ Wake On LAN

● こんな機能

Wake On LANは，遠隔でパソコンの電源を投入する手法の1つです．**図7**のように，LAN内に接続されているパソコンにマジック・パケットと呼ばれるデータを送出すると，電源を投入できます．電源を投入したいパソコンのリストをmicroSDカードに記録しておき，一斉に電源を投入することもできます．

● 使い方

マジック・パケットは，0xFF, 0xFF, 0xFF, 0xFF, 0xFF, 0xFFというヘッダの後に，受信側のパソコンのMACアドレスを16回繰り返す102バイトのデータです．これをブロードキャスト・アドレス（サブネットが192.168.1.xxxの場合は192.168.1.255）に対してUDP（User Datagram Protocol）で送信します．

パソコンのMACアドレスは，次のコマンドを入力することで調べられます．

- Windows（コマンド・プロンプト）
  ipconfig ␣ /all ⏎
- macOS/Linux（ターミナル）
  ifconfig ␣ -a ⏎

パソコンによっては，Wake On LANを行うためにBIOSやUEFIによる設定が必要な場合があります．詳細はパソコンのマニュアルを参照してください．

● ハードウェアの構成

Wi-FiアルデュイーノIoT Expressを使う場合は，特に追加のハードウェアは必要ありません．**写真3**のとおり，BOOTボタンをマジック・パケット送出用のボタンにします．D_1のLEDはWi-Fi接続インジケータとして使います．D_1のLEDが点灯していないときにボタンを押下しても，パソコンにマジック・パケットは届きません．

● ソフトウェアの作成

IoT ExpressでWake On LANを行うスケッチを**リスト4**に示します．スケッチ内の[Settings]にあるパラメータは，自分の環境に合わせて書き換えてください．

`setup()`関数では，ボタンとLEDピンを設定します．その後，`connectToWiFi()`関数を使ってWi-Fiに接続します．

`connectToWiFi()`関数の中では，Wi-Fiイベントを処理するイベント・ハンドラ`WiFiEvent()`を登録しています．何かしらのWi-Fiイベントが発生すると，処理がこのイベント・ハンドラに移り，イベントの種類を判断して処理を実行します．

リスト4のスケッチでは，Wi-Fiの接続状態のフラグを更新し，その結果をIoT ExpressのLED D_1に表示しています．接続時は点灯，切断時は消灯します．

`loop()`関数では，ボタンの状態を監視しています．Wi-Fi接続中にボタンが押下されると，マジック・パケットが送出されます．

（初出：「トランジスタ技術」2018年4月号）

リスト4　Wake On LAN用スケッチ（Example_08_WiFi_WOL.ino）
ボタンを押すと，指定のパソコンの電源をWake On LANで投入する

```c
/* Example 08: Wake on LAN */

#include <WiFi.h>
#include <WiFiUdp.h>

// [Settings]
// -----------------------------------------------------------------------------
const char * networkName PROGMEM = "your_ssid";       // AP の SSID
const char * networkPswd PROGMEM = "your_password";   // AP のパスワード
const char * broadcastIP PROGMEM = "192.168.0.255";   // ブロードキャスト・アドレス
const byte wolMAC[6] PROGMEM     = {0x01, 0x02, 0x03, 0x04, 0x05, 0xD6}; // WOL ターゲットの MAC
ADDRESS
const int ledPin PROGMEM         = 2;                 // LED のピン (IO2)
const int btnPin PROGMEM         = 0;                 // ボタンのピン (IO20)
// -----------------------------------------------------------------------------

const byte preamble[6] PROGMEM = {0xFF, 0xFF, 0xFF, 0xFF, 0xFF, 0xFF};  // マジック・パケットのヘッダ
const int wolPort PROGMEM = 7;                                          // マジック・パケット送出ポート

boolean connected = false;
WiFiUDP udp;

// セットアップ
void setup() {
  Serial.begin(115200);                       // シリアル・ポートを開く
  while(!Serial);                             // シリアル・ポートが有効になるまで待つ

  pinMode(ledPin, OUTPUT);                    // LED のピンを出力に設定
  pinMode(btnPin, INPUT_PULLUP);              // ボタンのピンを出力に設定し、内部プルアップをオンにする
  digitalWrite(ledPin, LOW);                  // とりあえず LED は消灯

  connectToWiFi(networkName, networkPswd);    // 指定された SSID とパスワードで Wi-Fi に接続
}

// ループ
void loop() {
  if (connected && (digitalRead(btnPin) == LOW)) {  // Wi-Fiに接続されている状態でボタンが押されたら
    sendMagicPacket();                              // マジック・パケットを送出する
    delay(2000);                                    // チャタリング / ボタン連打防止のため 2 秒待つ
  }
}

// Wi-Fi 接続
void connectToWiFi(const char * ssid, const char * pwd) {
  Serial.println("Connecting to WiFi network: " + String(ssid));
  WiFi.disconnect(true);                      // Wi-Fi から切断
  WiFi.onEvent(WiFiEvent);                    // Wi-Fi イベント・ハンドラを登録
  WiFi.begin(ssid, pwd);                      // 指定された SSID とパスワードで Wi-Fi に接続
  Serial.println("Waiting for WIFI connection...");
}

// Wi-Fi イベント・ハンドラ
void WiFiEvent(WiFiEvent_t event) {
  switch(event) {
    // [イベント] Wi-Fi 経由で DHCP から IP アドレスが振られた
    case SYSTEM_EVENT_STA_GOT_IP:
      Serial.print("WiFi connected! IP address: ");
      Serial.println(WiFi.localIP());         // 取得した IP アドレスをシリアルに送信
      udp.begin(WiFi.localIP(), wolPort);     // UDP 通信を開始
      digitalWrite(ledPin, HIGH);             // インジケータ用 LED を点灯
      connected = true;                       // Wi-Fi 接続フラグを true に
      break;
    // [イベント] Wi-Fi が切断された
    case SYSTEM_EVENT_STA_DISCONNECTED:
      Serial.println("WiFi lost connection");
      digitalWrite(ledPin, LOW);              // インジケータ用 LED を消灯
      connected = false;                      // Wi-Fi 接続フラグを false に
      break;
    // [イベント] その他
    default:
      break;                                  // 何もしない
  }
}

// マジックパケットの送出
void sendMagicPacket() {
  Serial.println("Wake up!");
  udp.beginPacket(broadcastIP, wolPort);      // パケットの開始。ブロードキャスト・アドレスとポートを指定
  udp.write(preamble, sizeof preamble);       // マジック・パケットのヘッダを準備
  for (byte i=0; i<16; i++)                   // 受信する PC の MAC アドレスを 16 回
    udp.write(wolMAC, sizeof wolMAC);         // 繰り返したものを準備
  udp.endPacket();                            // パケットの終了（パケットの送信）
}
```

第3章 ESP32マイコンで動画再生プログラミング

ビットマップ軽量化ツールで10画像/秒のスムーズ描画

村上 雅之 Masayuki Murakami

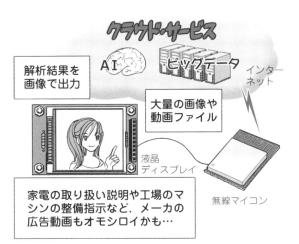

イラスト1 IoT/AI時代の装置には動画表示機能が必須になる

写真1 ESP-WROOM-32を使ってSPIのカラー液晶モジュールに画像や動画を高速表示する

　ESP-WROOM-32は，インターネットに直結できるアタッチメント無線マイコンの1つです．「モノ」にペタッと貼るだけでIoTデバイスが完成します．もしESP-WROOM-32に動画再生機能を搭載したら，より強力で一歩進んだIoTデバイスを作ることができそうです．

　例えば，既存の家電や工場内の設備に貼り付けて，取り扱い方法の動画を流せば，説明書の代わりになります．街頭などの公共の設備に取り付ければ，道案内もできそうです．IoT/AI時代の装置には，無線だけでなく，動画再生機能も必要不可欠になりそうです（イラスト1）．

　本稿では，ESP-WROOM-32のような無線マイコンで動画を再生する方法を紹介します．〈編集部〉

● ライブラリを上手に使って動画表示

　SPI（Serial Peripheral Interface）のカラー液晶モジュールは，解像度や画面の大きさなどの違いによりさまざまなタイプの製品が販売されていて，500～3,000円で購入できます．

　モジュールは液晶ディスプレイのドライバICを内蔵しており，細かい制御を担っています．ESP-WROOM-32からドライバにSPI通信でコマンドとデータを送るだけで，画像が表示されます．ほとんどのドライバICには，コマンドとデータを送るためのArduino向けライブラリがGitHubなどのソフトウェア開発プロジェクト共有Webサービスに公開されています．これらを使えば，すぐにカラー液晶モジュールを使った画像表示を試せます．ソース・コードを一から書く必要はありません．

　本稿ではaitendoから発売されている写真1のM-Z18SPI-2PBという液晶モジュールを例に，ESP-WROOM-32で動画を表示する方法を解説します．

手始めに…静止画を高速表示する

● あらまし
▶Arduino向けライブラリはSPI通信するデータ量をわざと抑えている

　公開されているArduino向けライブラリは，少ないRAMでも動作するように一度のSPI通信で送信するデータ量を抑えてあります．色の情報は1色ずつしか送れません．例えば画面全体を1色で塗りつぶすときは1回のSPI通信で送信できますが，さまざまな色を

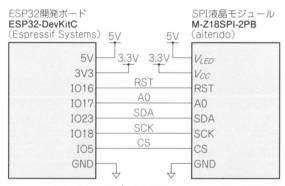

図2 SPIグラフィック液晶モジュール制御ライブラリの一部を書き換えて数秒で画像を切り替えられるようにする
矩形領域を色の配列データで塗りつぶす関数を追加した．RAM容量の大きいESP-WROOM-32だからできる改造

図1 SPIカラー液晶モジュールとESP-WROOM-32の接続回路

写真2 液晶モジュールに静止画を表示したときのようす
高速描画に成功！ 数秒ごとに画像が切り替わる

持つ任意の画像を表示するときは何度も送信を繰り返す必要があります．このため高速な描画ができません．
▶大容量SRAM搭載のESP32に合わせてライブラリを改造

ESP-WROOM-32は，Arduino UNOなどのマイコン・ボードよりも10倍以上の容量を持つRAMを搭載しているので，一度のSPI通信で大量のデータを送信することができます．公開されているArduino向けライブラリを改造して一度に画像データそのものを送るようにすれば，**写真2**のように高速に描画できます．Arduino向けST7735S制御ライブラリ（Adafruit-ST7735-Library）は次のURLから入手できます．

https://github.com/adafruit/Adafruit-ST7735-Library

① ハードウェアの準備

必要な部品はESP-WROOM-32の開発ボードESP32-DevKitCと，カラー液晶モジュールM-Z18SPI-2PBのみです．電源，SPI通信の配線と，コマンド/データ制御のための配線を**図1**のとおり接続します．コマンド/データ制御の配線はライブラリの記載に従います．

② グラフィック液晶モジュール用ライブラリの改造

ライブラリの中にある矩形領域を塗りつぶす関数を改造します．**図2**のように，単色ではなく色の配列データで順番に塗りつぶす関数を新たに作成します．色の配列データは汎用ポインタのvoid *型のimageです．関数の呼び出し側は2次元配列のポインタをvoid *型にキャストして関数に引き渡します．関数を使うときは配列のサイズが矩形領域のサイズ（w×h）と同じになるようにします．

③ 画像ファイルをテキストに変換する

ビットマップなどの画像ファイルを定数の配列データとしてソース・コードに埋め込めば，マイコン側でファイル形式の変換をしなくても静止画を表示できます．

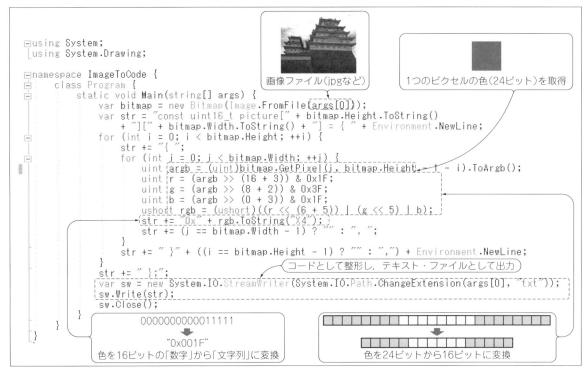

図3 ビットマップなどの画像ファイルをテキスト・データに変換するプログラムの内容
配列のソース・コードに変換して出力する．このソース・コードをコンパイルして画像変換用.exeファイルを作成する

液晶モジュールM-Z18SPI-2PBは解像度128×160ピクセル，16ビット・カラーです．1画面分のデータは次のとおりです．

128 × 160 × 2バイト = 40960バイト

ESP-WROOM-32には1Mバイト超のROMが搭載されているので複数枚の画像データも格納できます．
▶手順1：ビットマップ画像-テキスト・データ変換プログラムの作成

画像ファイルを配列データに変換する作業は，パソコン上にビットマップ画像-テキスト・データ変換プログラムを作成して行います．開発環境にはVisual Studioを使用しました．バージョンは執筆時点での最新版であるVisual Studio Community 2017 Ver.15.1を使いました．次のWebページからフリーで入手できます．

https://www.visualstudio.com/ja/downloads/?utm_source = mscom&utm_campaign = msdocs

今回はプログラミング言語としてC#を用いました．コンソール・アプリのテンプレートから作成します．

プログラムの内容は図3のとおりです．画像ファイルを読み込み，サイズを調整し，色データを液晶モジュールで扱える16ビット表現(R5, G6, B5)に変換します．その配列を文字列へ変換し，テキスト・ファイルとして出力します(図4)．

Visual Studioでビルドするときは，メニューの［プロジェクト］-［参照の追加］からSystem.Drawingライブラリを参照として追加し，System.Drawing.Bitmapクラスを使用可能にします．

今回使用したビットマップ画像-テキスト・データ変換プログラムは付属CD-ROMに収録しています．
▶手順2：変換後のデータをESP-WROOM-32で表示

ESP-WROOM-32からグラフィック液晶モジュールに画像データを送信します．送信するときは，ソース・コードに埋め込んだ定数の配列データから，一度に送る領域分だけ変数の配列にコピーします．

図2のfillImage()関数を使って画像データをグラフィック液晶モジュールにSPIで送信します．ESP

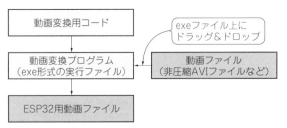

図4 ビットマップなどの画像ファイルをテキスト・データに変換する流れ
生成されるexeファイルに画像をドラッグ＆ドロップすればテキスト・ファイルが出力される

‐WROOM‐32は520Kバイトと大きなRAM容量を持っていますが，プログラムの実行状態によっては連続したメモリ領域を確保できず，大きすぎる配列は作れないときがあります．

解像度128×160ピクセルの液晶モジュールであれば，1画面分のデータ40960バイトを1回のSPI通信で送信して表示できます（**写真2**）．より大きい解像度の液晶モジュールを使うときは，1画面を複数回に分けて表示します．これを数秒ごとに繰り返せば，複数の画像を数秒で切り替えられます．

いざ！ 動画を再生する

● あらまし

▶SDカードにGバイト超の画像データを格納して動画表示する

前項で紹介した静止画表示のテクニックを応用して，動画を再生します．パラパラまんがのように徐々に動く画像データを数千枚用意し，画面の切り替え時間を短くすれば動画になります．数千枚の画像データを格納できる数百Mバイトのメモリが必要ですが，ESP‐WROOM‐32内蔵フラッシュ・メモリは4Mバイトしかないので容量が足りません．

ESP‐WROOM‐32にはSDカード・インターフェースがあるので，それを使います．SDカードに大量の画像データを格納しておき，ESP‐WROOM‐32から順次読み込んで液晶モジュールに表示します．SDカードからデータを読み書きするには，内蔵フラッシュ・メモリよりも長い時間が必要ですが，動画として認識できる十分な速度で表示できます．

▶Arduino向けに用意されているSDカード用ライブラリを使う

ESP‐WROOM‐32開発用ライブラリ＋ツール・キットのArduino core for the ESP32にはSDカード用のライブラリが含まれています．付属のサンプル・プログラムを使えば，すぐにESP‐WROOM‐32からSDカード内のデータを読み込めるようになります．

このライブラリを使うと，SDカード内のデータをFATファイル・システムとして管理できるようになります．パソコンと同じように，ファイルやフォルダを使ってESP‐WROOM‐32からSDカードにアクセスできます．ESP‐WROOM‐32とSDカードの間のデータの送受信はSPIで行います．ライブラリと使用例はArduino‐esp32の中に入っています．

https://www.visualstudio.com/ja/downloads/?utm_source=mscom&utm_campaign=msdocs

① ハードウェアの準備

ハードウェア構成を**図5**に，接続回路を**図6**に示します．前項の静止画を表示した構成（**図1**）に，SDカード・スロットとSDカード，10kΩのプルアップ抵抗を追加しています．SPI通信の配線はグラフィック液晶モジュールと共用します．通信先の切り替えはチップ・セレクト端子で行います．

② 動画ファイルの変換

SDカード内のデータはFATファイル・システムで

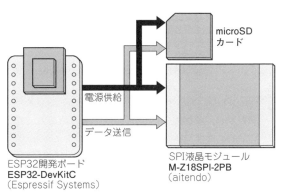

図5　動画再生時のハードウェア構成
SDカードとプルアップ抵抗を追加する

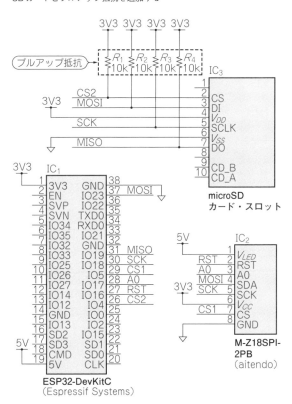

図6　動画再生時の接続回路
SPI通信の配線であるSCKとMOSIをSDカードと液晶モジュールで共用する

管理できるので，ビットマップのようなパソコン用の画像ファイルもそのまま格納できます．数千枚のビットマップ形式のファイルを用意して連続で表示させることもできますが，1画像ずつ開くと表示処理に数秒の時間がかかるので，動画に見えません．

ファイルを1回だけ開くようにすれば，表示時間が大幅に短縮できます．ここでは，大量の画像データを連続して1つのファイルに結合したESP-WROOM-32専用動画ファイルを作成します．

▶手順1：ビットマップ-動画ファイル変換プログラムの開発環境を構築

大量のビットマップ・ファイルを動画ファイルに変換する作業は，パソコン上に専用プログラムを作成して行います．開発環境にはVisual Studioを使用しました．バージョンは執筆時点での最新版であるVisual Studio Community 2017 Ver.15.1を使いました．次のWebページからフリーで入手できます．

リモコンなど近場の軽量通信に！ ms応答プロトコル「UDP」
ハンドシェイク/応答確認…地球の裏側まで届ける旅支度TCPはマイコンにゃ重すぎる

● あらまし

Wi-Fiにはプロトコルと呼ばれる通信時の決まりごとがいくつかあります．その中の1つにUDP(User Datagram Protocol)があります．コントローラや音声，映像など高い応答速度が求められる用途に使われます．

UDPでは，データの確認応答や再送など信頼性向上のための操作を行いません．データの信頼性は低いですが，送受信時にオーバーヘッドとなる処理が発生しないので，高速に通信できます．

Webの閲覧や，メールの送受信，ファイル転送やファイル共有などで使われているプロトコルのTCP(Transmission Control Protocol)はUDPよりもデータの信頼性は高いですが，応答速度は低速です．TCPはインターネットでよく目にするHTTPやFTPなどを上位プロトコルとして持ちます．

ここでは，UDPを使ってESP-WROOM-32の動画再生を操作するスマートフォン・コントローラを作ります．

● ステップ1：ESP-WROOM-32のWi-Fi通信プログラム作成

ESP-WROOM-32開発用ライブラリ＋ツール・キット Arduino core for the ESP32には，Wi-Fi用(WiFi.h)とUDP用(WiFiUdp.h)のライブラリがそれぞれ用意されています．これらを使ってプログラムを作成します．

▶手順1：Wi-Fiアクセス・ポイントにする

スマートフォンと接続するために，ESP-

図A ESP-WROOM-32をWi-Fiアクセス・ポイントにするプログラム
WiFi.hに宣言されているグローバル変数，WiFiのメンバ関数softAP()を呼び出すだけ

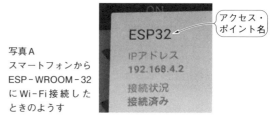

写真A スマートフォンからESP-WROOM-32にWi-Fi接続したときのようす

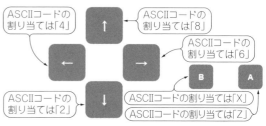

図B ESP-WROOM-32でUDP通信を行うプログラム
ポート100000でUDPを開始し，受け取ったらシリアル・ポートに送信

図C スマートフォン・アプリに表示されるボタン配置と押されたときに送られるデータ内容
ボタンに応じたASCIIコードを割り当てる．使わないボタンは非表示にしておく

https://www.visualstudio.com/ja/downloads/?utm_source = mscom&utm_campaign = msdocs

プログラミング言語はC#を使いました．

C#にはパソコン用の動画ファイルを読み込んで制御するMicrosoft Expression Encoderというライブラリが用意されています．Microsoft Expression Encoder 4というアプリケーションに内蔵されているので，マイクロソフトのWebページからダウンロードしてインストールします．するとC#でMicrosoft Expression Encoderが使えるようになります．

▶手順2：プログラムの作成

ビットマップ-動画ファイル変換プログラムの内容を図7に示します．動画ファイルを読み込み，一定時間ごとにサイズを調整した縮小版の画像ファイルを作ります．それを前項の静止画のときと同じように液晶モジュールで扱える16ビット表現の色配列に変換します．その配列を全部まとめてバイナリ・ファイルと

Column 1

WROOM-32をWi-Fiアクセス・ポイントにします．図AのようにSSIDを引き数とするWi-Fiクラスのメンバ関数softAP()を呼び出すだけです．

このプログラムをESP-WROOM-32に書き込んで再起動してからスマートフォンでWi-Fiアクセス・ポイントを検索すると，写真AのようにリストにESP-WROOM-32が現れます．

▶手順2：UDP通信用の記述を追加する

図Bのように，UDPを識別するポート番号を引き数とするメンバ関数begin()を呼び出します．ここではESP-WROOM-32がスマートフォンからデータを受信するように設定します．loop()内でWiFiUDPクラスのメンバ関数parsePacket()で受信データの有無を確認し，データがあればread()でデータを読みます．

● ステップ2：スマートフォン側コントローラ・アプリの設定

UDP通信機能を備えたフリーのコントローラ・アプリを使ってESP-WROOM-32に接続します．ここではフリーのAndroidアプリ WiFi TCP/UDP Controllerを使いました．

https://play.google.com/store/apps/details?id = udpcontroller.nomal&hl = ja

本アプリを起動してボタンを押すと，UDPでスマートフォンからESP-WROOM-32にデータが送信されます．ボタンの大きさや配置，色，押されたときに送られるデータはカスタマイズできます．ここでは図Cのようにゲーム・コントローラに近い配置にしました．

これを使って画像・動画のコントロールを行います．A，Bボタンで再生（一時停止），停止します．

本アプリはIoTエッジ・デバイスやロボット，機械，表示器，測定器，ゲームなどさまざまなコントローラとして利用できます．

● ステップ3：ESP-WROOM-32側の静止画・動画表示プログラムとWi-Fi通信プログラムを連動させる

静止画・動画を表示するプログラムとWi-Fi通信のプログラムを組み合わせます．再生，停止，一時停止操作のトリガを，UDPコントローラから入力されたASCIIコードに変更します（図D）．これで無線で画像・動画をコントロールできます．

〈村上 雅之〉

```
void loop() {
  static bool play = false;
  if (udp.available()) {
    char s = udp.read();
    if (s == 'z') {         ← Aボタン（ASCIIコードの「z」）
      if (!play) play = true;   が押されたら再生・一時停止
      else play = false;
    }
    if (s == 'x') {         ← Bボタン（ASCIIコードの「x」）
      play = false;            が押されたら停止
      file.seek(0);
      tft.fillScreen(ST7735_BLACK);
    }
  }
  if (play) {
    file.read((uint8_t*)picture, 120 * 160 * 2);
    tft.fillImage(picture, 0, 4, 160, 120);
    if (!file.available()) {   ← ファイルが
      play = false;               終わったら
      file.seek(0);               停止
      tft.fillScreen(ST7735_BLACK);
    }
  }
}
```

図D スマートフォンのコントローラ・アプリから送られてきたコードを読み取るプログラム
コントローラからの入力を再生，停止，一時停止操作のトリガにする

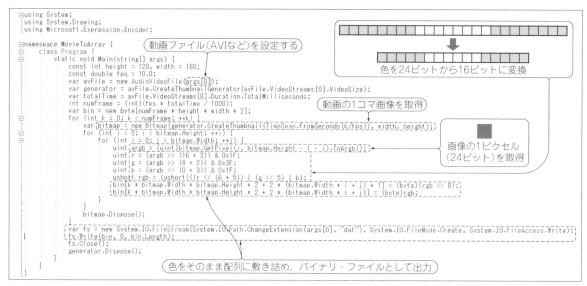

図7 動画ファイル変換プログラムの内容
本ソース・コードをコンパイルすると生成されるexeファイルにパソコン用動画ファイルをドラッグ＆ドロップすれば，ESP-WROOM-32用動画ファイルが出力される

図8 動画を表示するプログラムの内容
プレイ中，ファイルの続きを読み出して表示し続ける．ファイルの最後まで進むと終了する

写真3 液晶モジュールに動画を表示したときのようす

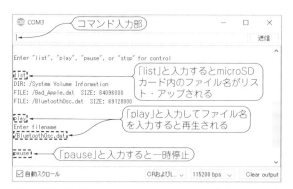

図9 動画再生のコントロールはArduino IDEのシリアルモニタ機能で行う
動画のリストアップ，再生，停止，一時停止が可能

して出力します．

Visual Studioでビルドするときは，メニューの［プロジェクト］-［参照の追加］からSystem.Drawing

とMicrosoft.Expression.Encoderを参照として追加します．Microsoft Expression Encoderが対応しているコーデックは限られています．変換元のパソコン用動画ファイルは非圧縮のAVIファイルが望ましいです．

③ 動画の表示

図7のプログラムで変換した動画ファイルをSDカードに格納して，ESP-WROOM-32から読み出します．図8のように順に表示すると動画が再生できます．解像度120×160ピクセル，16ビット・カラーの画像であれば，10 fpsで表示します（**写真3**）．

シリアル・ポートから文字列データによるコマンドを受け取って，それに応じて再生，停止，一時停止を行います．図9のように「list」と入力すると動画ファイルをリストアップします．「play」と入力したあとに動画ファイル名を入力すると再生します．「pause」と入力すると一時停止，「stop」と入力すると停止します．

（初出：「トランジスタ技術」2017年11月号）

Appendix 1

Wi-Fi Lチカの操作画面を自分好みにカスタマイズしてみる
サンプル・スケッチをベースにサクッと！Webアプリ・プログラミング

　Arduino IDEには，ESP-WROOM-32ですぐに使えるサンプル・スケッチがたくさん用意されています．ここではEPS-WROOM-32搭載ボード「IoT Express」を使って，サンプル・スケッチのカスタマイズ（**写真1**）に挑戦します．作成したスケッチは付属CD-ROMに収録しています．

製作内容とヒント

　サンプル・スケッチの1つ「SimpleWiFiServer」を使えば，ESP-WROOM-32をWebサーバとして使えるようになります．例えば，パソコンやスマートフォンのWebブラウザからIoT ExpressのLEDや圧電ブザーをON/OFFできるようになります．

①LEDを点灯/消灯する記述

　IoT ExpressのLED（D_1）は，ESP-WROOM-32のIO2端子と接続されています．次の記述でLEDの点灯/消灯を制御できます．

- pinMode(2, OUTPUT)
  指定したIOピンを出力に指定する
- digitalWrite(2, HIGH)
  指定したIOピンの電位をHレベル（3.3V）にする
- digitalWrite(2, LOW)
  指定したIOピンの電位をLレベル（0V）にする

②圧電ブザーを鳴らす記述

　圧電ブザーから音を出すためには，ESP-WROOM-32から音声周波数の矩形波を出力する必要があります．矩形波はPWM機能で生成します．
　ESP-WROOM-32からPWMを出力するときは，ledc関数を使います．周波数や精度の設定ができます．

写真1 Wi-Fi経由でIoT ExpressのLEDチカチカ＆ブザー鳴動を行っているようす
Arduinoのサンプル・スケッチSimpleWiFiServerをベースに改造した

- ledcSetup(チャネル番号, 周波数, 精度)
  精度：8ビットまたは16ビット
- ledcAttachPin(ピン番号, チャネル番号)
  ピン番号：IOピン番号
- ledcWrite(チャネル番号, デューティ)

　実際に周波数1kHz，デューティ比50%の矩形波を8ビット精度で出力するときは，次のとおり記述します．

```
ledcSetup(0, 1000, 8);
ledcAttachPin(12, 0);
ledcWrite(0, 128);
```

リスト1 LEDのON/OFFボタンを表示するHTMLソース・コード
サンプル・スケッチに組み込んだ

```
const char html[] =
"<!DOCTYPE html><html lang='ja'><head>¥
<style>input {margin:8px;width:100px;}¥
div {font-size:16pt;color:red;text-align:center; width:250px;border:groove 16px green;}</style>¥
<title>Color LED Controller</title></head>¥
<body><div><p>LED Controller</p>¥
<form method='get'>¥
<input type='submit' name='on' value='ON' />¥
<input type='submit' name='off' value='OFF' />¥
</form></div></body></html>";
```

③Webサーバ画面の記述

サンプル・スケッチに用意されているWeb画面は，「here」という文字をクリックしてLEDを点けたり消したりするというものです．今回はその画面を改造して，ボタンをクリックして制御できるようにしました．サンプル・スケッチに組み込んだHTMLのソース・コード部分をリスト1に示します．

SimpleWiFiServerで行う基本処理

サンプル・スケッチ「SimpleWiFiServer」では，次の4つの処理を行います．

(1) ステーション・モードでWi-Fiを初期化
(2) TCPサーバ処理
(3) HTTPリクエスト解析
(4) HTTPレスポンス生成

▶ステーション・モードでのWi-Fi初期化/TCPサーバ処理

(1)と(2)はsetup()関数で行います．プログラムの中で指定したWi-Fiアクセス・ポイントに接続した後，TCPサーバを起動してクライアントからのリクエスト待ち状態にします(リスト2)．

▶HTTPリクエスト解析

(3)以降はloop()関数で行います．WebブラウザからHTTPリクエストが来たらリクエストのヘッダ情報を解析して，LEDのON/OFFと圧電ブザーの発音を行います(リスト3)．

▶HTTPレスポンス生成

HTTPリクエストを全て受け取った後，HTTPレスポンス・ヘッダとメッセージ・ボディ(HTMLソースコード)を送ります．HTTPレスポンスを送り終えたら，HTTPコネクションをクローズして新たなHTTPリクエスト待ちに戻ります(リスト4)．

〈白阪 一郎〉

(初出：「トランジスタ技術」2017年11月号)

リスト2　ステーション・モードでのWi-Fi初期化/TCPサーバ処理
setup()関数に記述している

```
WiFi.begin(ssid, password);   ← SSIDとパスワードを指定してステーション・モードを起動
while (WiFi.status() != WL_CONNECTED) {
    delay(500);
    Serial.print(".");        ← アクセスポイントへの接続待ち
}

server.begin();               ← TCPサーバを起動
```

リスト4　HTTPレスポンス生成処理

```
client.println("HTTP/1.1 200 OK");
client.println("Content-type:text/html");
client.println();             ← HTTPレスポンス・ヘッダを送出

client.print(html);
client.println();             ← ブラウザに表示するHTMLデータ(HTTPレスポンス・メッセージ・ボディ)を送出

client.stop();                ← HTTPコネクションをクローズ
Serial.println("Client Disconnected.");
```

リスト3　HTTPリクエスト解析処理

```
WiFiClient client = server.available();   ← HTTPリクエスト待ち

if (client) {
    Serial.println("New Client.");
    String currentLine = "";
    while (client.connected()) {
        if (client.available()) {
            char c = client.read();        ← HTTPリクエストを1バイト読み出し

            currentLine += c;              ← HTTPリクエスト・テキスト生成

          ～中略～

            if (currentLine.endsWith("GET /?on")) {   ← HTTPリクエストのヘッダをチェック
                digitalWrite(LED, HIGH);
                beep(960, 300);                        ← LEDを点灯960Hzで発音
            }
            if (currentLine.endsWith("GET /?off")) {  ← HTTPリクエストのヘッダをチェック
                digitalWrite(LED, LOW);
                beep(770, 300);                        ← LEDを消灯770Hzで発音
            }

          ～中略～
    }
}
```

第4章 GPIO, PWM, A-D変換から SDカード/Wi-Fiネット接続まで
ESP32用 MicroPythonサンプル集

白阪 一郎 Ichiro Shirasaka

　本稿では実際の製作例を通して，ESP-WROOM-32用MicroPythonが備えている代表的な入出力機能の使い方を解説します．製作にはArduino互換の拡張コネクタを備えたESP-WROOM-32搭載基板「IoT Express」を使用しました．プログラムでは本基板に搭載されている部品(圧電ブザーなど)も使用していますので，ほかの基板で試す際には，適宜，必要な部品を接続してください．サンプル・プログラムは付属CD-ROMに収録しています．

① PWM機能（周波数設定）を使った電子オルゴール

・使用する機能
　PWM（周波数設定），正規表現，SDカードの読み込み，print（標準出力），input（標準入力）

● プログラムのあらまし
　PWMの周波数を変化させて，圧電ブザーを鳴らす電子オルゴールのプログラムです．演奏する曲データは，microSDカードに保存したMML（Music Macro Language）ファイルです．

　圧電ブザーを単音で鳴らすので，MMLテキストからの1音ごとの周波数（音程）と音の長さ（音長）のデータを生成して演奏します．MMLで書かれた曲データはインターネット上に公開されています．

　MMLはA～Gのアルファベットで1オクターブの音程を表現します．その後に続く数字で音の長さを表現します．音程のオクターブを変化させたり，音の長さを半音にしたりする指定もあります．

　MMLは1音が可変長データ（1～5文字）なので，シーケンス・データに変換するときに1音ずつ切り出す処理が面倒です．Cなどでは MMLを1文字ずつ解読するように記述しますが，MicroPythonでは正規表現という機能を使って高速かつ簡単に処理できます．

● テキストで書かれた曲データの解析（正規表現）
　正規表現機能は，次のように正規表現モジュールreをimportして使います．MMLから1音を切り出す部分をリスト1に示します．繰り返し処理を使わないので高速にMMLから1音のデータを取り出せます．

● 音程と音長を周波数と発音時間に変換
　音程から音の周波数への変換を行います．中央のA（ラ）の音が440Hz，その1オクターブ上のAが2倍の880Hzです．1オクターブ中の半音を含めた12音（note：0～11）の周波数を平均12律で算出する計算式を次に示します．

$$440\,\mathrm{Hz} \times 2^{(\mathrm{note}/12)}$$

　noteは音程を表します．1オクターブの半音を1と

リスト1　テキストで書かれた曲データMML（Music Macro Language）を正規表現機能で解析する記述

```
import re  ←（正規表現モジュールをimport）
note_pattern = re.compile(r"([a-g]|r)(\+|\#|\-)?(\d+)?(\.)?")
                                                    （正規表現でMMLから切り出す
                                                     パターンを設定）
#MMLから1音の命令を切り出す
note_match = note_pattern.match(mml[read_position:])
（MML正規表現のパター         （MMLテキストを指定した
  ンと比較して切り出す）          文字位置から比較）
note_code = note_match.group(1)
accidential = note_match.group(2)    （1音を音程や音長に分解
on_length = note_match.group(3)       切り出すグループを1～4で指定）
period = note_match.group(4)
```

```
**********MML FILE*************
1:seasons.mml
2:pictures.mml
3:blue.mml
4:hotaru.mml
*******************************
Select number:
```

図1 曲データの選択画面

して12等分した数字0(ラ)～11(ソ#)が入ります．

発音時間は，テンポ120のとき4分音符が0.5秒なので，これを基に計算します．

それぞれの音の周波数と発音時間が計算できたら，圧電ブザーを接続しているIOピンのPWM周波数をこの値にします．次のように発音時間をプログラム中の遅延時間として設定すれば，次の音程データが来るまで音を鳴らし続けてメロディを演奏します．

```
pwm2.freq(音程の周波数)
time.sleep_ms(発音時間)
```

● 曲の演奏

MMLデータは，microSDカードの直下にあるmmlフォルダに格納します．曲演奏のメイン処理では，microSDカードからMMLファイルを読み出し，メニューに一覧を表示します．メニューからMMLファイルの番号を選ぶと，その曲を演奏します．図1に曲選択のメニュー画面を，リスト2にソース・コードを示します．

print文は次のようにC言語のprintfと似たような書き方ができます．

```
print("%d%s\n"%(変数,文字変数))
```

リスト2 曲データの選択画面を表示する記述

```
fl = os.listdir('sd/mml')       ← フォルダ内のすべての
                                   MMLファイル名を取得
print("**********MML FILE*************")
for n in range(len(fl)):        ← ファイル名の一覧を表示
    print("%d:%s" % (n + 1, fl[n]))
print("*******************************")
num = input("Select number:")
fp = open('/sd/mml/'+fl[int(num) - 1], 'r')
mml = fp.read()
print("MML:%s" % mml)           ← MMLファイルを
                                   openして読出し
fp.close()
cnv_seq(mml)                    ← MMLを演奏
```

%dや%sは，printfの変換仕様と同じで，この位置に変数の値が表示されます．

```
変数 = input("プロンプト文字列")
```

プロンプトを表示してキーボードからの入力待ちになります．

```
fp = open("ファイル・パス名", "モード")
```

ファイル・パス名には，読み出すファイル・パスを指定します．

モードには，リード(r)，ライト(w)を指定します．

```
mml = fp.read( )
```

指定のファイルをopenした後，読み出してmmlに代入します．

②A-D変換機能を使った温度計測

・使用する機能
　A-D変換，SPI出力，複数のインターバル割り込み，7セグメントLED表示

写真1 マルチファンクション・シールドを使ってA-D変換機能を試す
でき合いのArduino用拡張基板「シールド」の1つ

事前に準備するハードウェア

● 外付けのハードウェアにでき合いのArduino用拡張基板「シールド」を使う

写真1のマルチファンクション・シールドは，入出力拡張の実験用に作られたArduino用の拡張基板です．4けたの7セグメントLEDやポテンショメータ，4個のLED，タクト・スイッチが使えます．電源電圧は5Vです．ここでは，「IoT Express」と本シールドを組み合わせて使います．

マルチファンクション・シールドを接続するとIoT Expressの拡張コネクタのA0，A1，A2，A3には5Vが入力されます．ポテンショメータと3つのタクト・

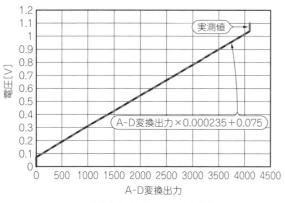
(a) アッテネータ0dBのとき

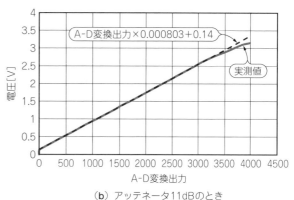
(b) アッテネータ11dBのとき

図2 ポテンショメータを使ってESP-WROOM-32内蔵A-Dコンバータのリニアリティを測定した結果

スイッチです．タクト・スイッチはマルチファンクション・シールド内で10kΩの抵抗によって5Vにプルアップされていますが，IoT Expressの入力はESP-WROOM-32内で3.3Vにクランプされているので，接続しても問題ありません．それでも気になるときはジャンパでスイッチを無効にできます．

ポテンショメータの調節で，0～5Vの出力がAD0に入力されます．入力は3.3Vを超えないようにしてください．7セグメントLED回路は，シリアル・インターフェースで送られてきたデータを表示します．

A-D変換機能

● その1：内蔵A-Dコンバータのリニアリティを測る

ESP-WROOM-32には，2つのA-Dコンバータが内蔵されていますが，IoT Expressではそのうち1つ(ADC1)の入力が拡張コネクタに出ています．

A-D変換の精度は，最大12ビット(0～4095)で，9～12ビットの範囲で設定できます．A-D変換の基準電圧は1.1Vですが，0～11dBのアッテネータで入力を調整する機能があるので，基準電圧より高い電圧も測定できます．

A-Dコンバータのリニアリティをマルチファンクション・シールドのポテンショメータを使って測定してみました．

測定の結果を図2に示します．アッテネータを0dBに設定したときは約75mVのオフセットがありましたが，直線性はほぼ問題ないようです．アッテネータを11dBに設定したときはオフセットは約0.14Vで，2.7V以上の電圧だと直線性が悪くなります．

リスト3の記述でA-D変換機能の各種設定が行えます．具体的にはピンの指定や精度，アッテネータの設定，結果の読み出しを行えます．

アッテネータ0dB時のA-D変換値と電圧の換算は，

リスト3 A-D変換機能の各種設定を行う記述

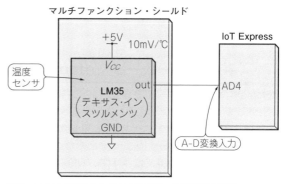

図3 アナログ温度センサLM35を使った温度計の回路
A-D変換機能を使った温度計．マルチファンクション・シールド上のソケットにLM35を装着して実験を行った

図2の測定結果から次のように算出しました．

電圧[V] = A-D変換値 × 0.000235 + 0.075

● その2：アナログ温度センサで温度計を製作

マルチファンクション・シールドには，アナログ温度センサLM35(テキサス・インスツルメンツ)を装着できるソケットが付いています．LM35とIoT Expressの接続を図3に示します．私のマルチファンクション・シールドのLM35用ソケットは，シルクの表示が左右逆になっていました．電源とグラウンドをテスタで確認してから実装してください．

LM35は3端子のアナログ温度センサで，温度に応じた電圧が出力されます．温度係数は10mV/℃なの

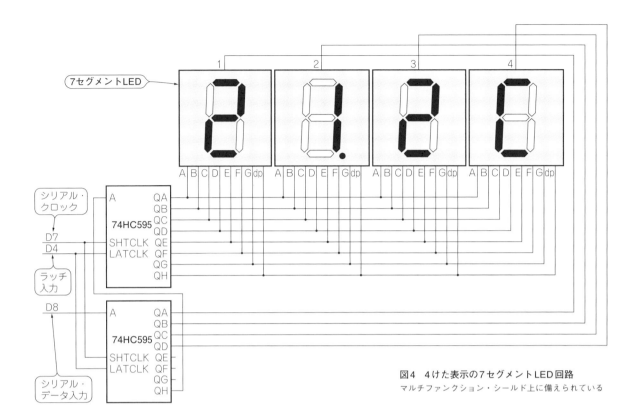

図4 4けた表示の7セグメントLED回路
マルチファンクション・シールド上に備えられている

で，次の式で電圧値と温度を換算できます．

温度＝電圧[V]/0.01[V/℃]

LM35をA-D変換の入力に直結したときの電圧は，10～30℃の室温環境で0.1～0.3Vと低いです．アッテネータを0dBに設定すると測定範囲が0～1.1Vになるので，測定精度が良くなります．

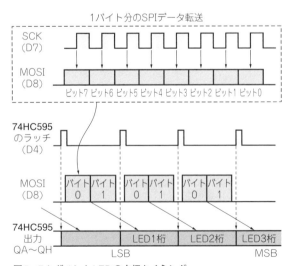

図5 7セグメントLEDの点灯タイミング
シリアル信号の出力にはESP-WROOM-32のSPI機能を使った

SPI通信機能

● 7セグメントLED表示用のシリアル・データを出力する

図4にマルチファンクション・シールドの7セグメントLED回路を示します．2個の8ビット・シフトレジスタ74HC595の出力に，4個の7セグメントLEDが接続されています．各LEDのセグメントに接続されているA～Hと，各けたの表示をON/OFFする信号が接続されています．

それぞれのけたの表示パターンをA～Hに出力し，該当するけたの表示信号をONにすると，そのけたの7セグメントLEDが光ります．4けた分を高速に切り替えることですべてのけたを同時に表示しているように見せるダイナミック点灯方式で光らせます．

2個の74HC595はシリアル・インターフェースで接続されています．IoT Expressから16ビット分の表示データをシリアル信号で出力すると，7セグメントLEDが光ります．表示データ出力にはESP-WROOM-32のSPI機能を使いました．

SPIのシリアル転送では，1バイトのデータを図5のように上位ビットから順に出力します．表示データは，74HC595のQHピンに接続されているLEDのDPが上位ビット，けた表示信号はQDに接続されている

リスト4 SPI通信の初期化を行う記述
各種パラメータを書き込む

```
from machine import Pin, SPI   ←（SPIモジュールをimport）
spi = SPI(1, baudrate=10000000, polarity=0, phase=0, sck=Pin(16), mosi=Pin(17), miso=Pin(25))
```

- 1：SPIポートの選択
    1：HSPI，2：VSPI，-1：ソフトSPI
- baudrate：クロック周波数[Hz]
- polarity：クロックの極性
    0：正極性，1：負極性
- phase：クロックのどちらの変化でデータを受信するか
    0：立ち上がり，1：立ち下がり
- sck(クロック)，mosi(データ出力)，miso(データ入力)：拡張ボードが接続されているIOピン名を指定

リスト5 SPIによるシリアル・データの出力にはwrite関数を使った

```
buf = bytearray(2)
buf[0] = (data  8) & 0xff
buf[1] = data & 0xff
spi.write(buf)
d4.value(1)
d4.value(0)
```

リスト6 複数のインターバル割り込みを使うときの記述

```
from machine import Timer   ←（Timerモジュールをimport）
tim_5ms = Timer(0)
tim_5ms.init(period=5,mode=Timer.PERIODIC, callback=ledput)
tim_100ms = Timer(1)   ←（タイマ番号を変えてオブジェクト生成）
tim_100ms.init(period=100, mode=Timer.PERIODIC,callback=measure)
```

1けた目が上位ビットです．表示パターン・データは，図4の回路を前提に作成します．SPIの初期化はリスト4のとおり行います．

SPI機能を使ったデータ出力はwrite関数で行います．リスト5のように2バイトの表示データを配列に代入して，write関数に渡します．2バイト書き込んだらD4からパルスを出力して，このデータを指定したけたの7セグメントLEDに出力します．

複数のインターバル割り込み機能

● 7セグメントLEDのダイナミック点灯

LEDのダイナミック点灯には，タイマを使った5 ms間隔のインターバル割り込みを使います．5 ms間隔でLEDの表示処理を起動して，けた表示信号の切り替えを行います．

それとは別に，100 ms間隔のインターバル割り込みを使って，温度センサからのデータ取り込みも行います．10回取り込んだ結果を平均して1秒ごとに表示します．複数のインターバル割り込みはリスト6のとおりに設定します．

インターバル割り込みを複数使用するときは，別のタイマ番号を付けます．タイマ番号がいくつまで使えるかは公開されておらず，情報もありません．

③Wi-Fi通信機能を使ったネットワーク時計

・使用する機能
Wi-Fi初期化（ステーション・モード），UDP通信によるデータの取得，NTPサーバからのデータ取得，GPIOを使ったパラレル通信

事前に準備するハードウェア

ここではNTP（Network Time Protocol）サーバからGPSや標準電波，原子時計などと同期された正確な時間を定期的に取り込み，自動的に時刻合わせを行うNTP時計を製作します．NTPサーバから時刻情報の取り込む手段には，インターネットを経由したNTPクライアント通信を使います．カレンダと時刻の表示には，LCD Keypad Shield For Arduinoを使います．写真2に日付と時刻を表示しているようすを示します．スマートフォンは実際のNTP時刻との比較のために一緒に撮影しています．

写真2 IoT Expressで製作したNTP時計

リスト7 Wi-Fiをステーション・モードで初期化する記述
SSIDとパスワードを自分の環境のものに書き換えてWi-Fi接続する

```
import network          ← networkモジュールをimport

sta_if = network.WLAN(network.STA_IF)   ← WiFiをステーション・モードで初期化

sta_if.active(True)     ← ステーション・モードをアクティブ

sta_if.connect('SSID', 'password')   ← SSIDとパスワードを指定して
                                       アクセス・ポイントに接続

print('network config:', sta_if.ifconfig())   ← DHCPでアクセス・ポイントから
                                                割り振られたIPアドレスを表示
```

リスト8 時刻データの取得(ttime関数)処理の記述

```
NTP_QUERY = bytearray(48)   ← 時刻データ取得用バッファの準備
NTP_QUERY[0] = 0x1b
addr = socket.getaddrinfo(host, 123)[0][-1]
#
s = socket.socket(socket.AF_INET, socket.SOCK_DGRAM)   ← ソケットの初期化
s.settimeout(1)
res = s.sendto(NTP_QUERY, addr)   ← 時刻取得要求の送出
msg = s.recv(48)   ← 時刻データ・パケットの取得
s.close()
val = struct.unpack("!I", msg[40:44])[0]   ← 時刻データ32ビットの切り出し
return val - NTP_DELTA   ← 2000年起点のシリアル値を返却
```

Wi-Fi設定

● Wi-Fiの初期化(ステーション・モード)

　IoT Expressをインターネットに接続するために，ESP-WROOM-32のWi-Fiをステーション・モードに設定して，アクセス・ポイントに接続します．接続するとアクセス・ポイントのDHCPサーバからIPアドレスが割り振られます．

　ステーション・モードでアクセス・ポイントに接続するには，networkモジュールをimportして，ステーション・モードをアクティブにした後，アクセス・ポイントのSSIDとパスワードを指定します(リスト7)．

NTPサーバにアクセスする

● 時刻データの取得

　NTPサーバのポート番号123にアクセスすると，現在時刻を32ビットのシリアル値として入手できます．時刻データの取得のコードは参考文献(1)を参考にしました．

　取得したシリアル値は，1900年1月1日0時0分0秒から現在時刻までの1秒単位の積算値で表されています．現在時刻を表示するには変換処理が必要です．

　シリアル値を1日の秒数(60秒×60分×24時間＝86400秒)で割れば時分秒を算出できます．年月日の算出には，うるう年や月の日数の大小の計算が必要です．2000年1月1日0時0分0秒を起点とすると2000年の条件(400年に1回のうるう年)を考慮しなくてよいので計算が少し楽になります．

　今回は1900年から2000年までの差分(NTP_DELTA)を引いた値を内部シリアル値(rtc_time)として，2000年を起点として計算しました．変換は今回作成したlocaltime関数で行います(リスト8)．

日付と時刻をLCDに表示する

　NTP時計の製作で使用したLCD Keypad Shield For ArduinoのLCDは，制御データや表示データを4ビット・パラレル通信で受け取ります．

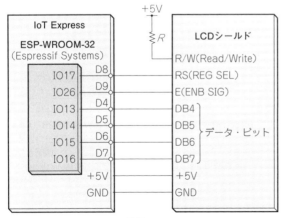

図6　LCDとIoT Expressの接続

● シールドとの接続

LCDとIoT Expressの接続を図6に示します．LCDとの通信は次の6本の信号で行います．

- RS（命令と表示データの区別）
  0：命令，1：表示データ
- E
  D4～D7のデータの取り込みストローブ信号
- D4～D7
  4ビット・データ・バス

● 初期化

LCDへの1バイトのデータは，上位4ビット，下位4ビットの順に4ビットずつ送ります．この処理を行っている部分をリスト9に示します．LCDの初期化はlcd_init関数で行っています．決められた手順で命令をLCDに送ると初期化が行われます．

● 表示処理

時刻のカウントは，ESP-WROOM-32のタイマを使って1秒ごとにカウント・アップするソフトウェア・カウンタ（rtc_time）で行います．

プログラムが起動したら最初にNTPサーバから取得したシリアル値をソフトウェア・カウンタにコピーして，カウントを始めます．1秒ごとにrtc_timeの値を通常の日付と時刻の表示に変換して，LCDに表示します．1時間ごとにNTPサーバから時刻を取得してrtc_timeを更新しています．

LCDへの表示処理をリスト10に示します．lcd_string関数は引き数に文字列を指定しますが，MicroPythonでは，C言語のprintfのように書式付きの記述ができます．書式付きの記述はprintfより強力で，例えば次のような細かい設定もできます．

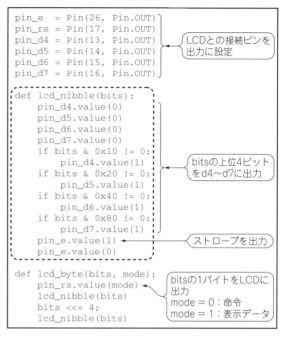

リスト9 LCDの初期化を行う記述

```
pin_e  = Pin(26, Pin.OUT)
pin_rs = Pin(17, Pin.OUT)
pin_d4 = Pin(13, Pin.OUT)
pin_d5 = Pin(14, Pin.OUT)
pin_d6 = Pin(15, Pin.OUT)
pin_d7 = Pin(16, Pin.OUT)

def lcd_nibble(bits):
    pin_d4.value(0)
    pin_d5.value(0)
    pin_d6.value(0)
    pin_d7.value(0)
    if bits & 0x10 != 0:
        pin_d4.value(1)
    if bits & 0x20 != 0:
        pin_d5.value(1)
    if bits & 0x40 != 0:
        pin_d6.value(1)
    if bits & 0x80 != 0:
        pin_d7.value(1)
    pin_e.value(1)
    pin_e.value(0)

def lcd_byte(bits, mode):
    pin_rs.value(mode)
    lcd_nibble(bits)
    bits <<= 4;
    lcd_nibble(bits)
```

%2d ：リーディング0は表示しない2けたで表示
%02d：リーディング0を表示して2けたで表示

曜日は，年，月，日からツェラーの公式を使ってwday関数で計算しました．

本機のプログラムのメイン・ループ全体の処理にかかる時間は約16 msでした．表示更新は1秒ごとに行われるので，余裕で間に合います．

◆参考文献◆

(1) GitHubGist NTP update micropython time，
https://gist.github.com/drrk/4a17c4394f93d0f9123560af056f6f30

（初出：「トランジスタ技術」2017年11月号）

リスト10 LCDの表示処理を行う記述

```
def lcd_string(message, line):
    lcd_byte(line, LCD_CMD)
    for c in message:
        lcd_byte(ord(c), LCD_CHR)

～省略～

rtc_time += 1
localtime(rtc_time)
lcd_string("%4d/%2d/%2d (%s)" % (year, mon, day, wday(year, mon, day)), LCD_LINE_1)
lcd_string("   %2d:%02d:%02d" % (hour, min, sec), LCD_LINE_2)
```

第5章 Wi-Fiマイコンで高速起動&低消費電力

MicroPython×IBM Watson！AIニュース・キャスタの製作

白阪 一郎 Ichiro Shirasaka

● クラウド＋マイコンでAI機器が作れるはず
　GoogleやAmazon，IBMなどに代表される大手メーカでは，インターネット経由で使えるクラウド・サービスを数多く提供しています．最近では，処理エンジンにAI技術を使った魅力的なサービスも増えました．音声認識や音声合成，会話解析などのクラウドAIを組み合わせれば，インターネット上におしゃべりマシンを自作できます．
　インターネットにアクセスする機能さえあれば，小さなマイコンでもAI機器が作れるはずです．この場合，マイコンは認証やデータの受け渡しなどをクラウド・サーバとやりとりすることになります．
　マイコンとクラウド・サーバの連携は，私にとっては初めての試みであり，あまり情報もありません．このようなプログラムの制作には，キーを押せばすぐ実行され，失敗を気にせずどんどんプログラミングを開発できるMicroPythonがピッタリです．
　本稿では，ESP-WROOM-32を搭載したWi-Fiアルデュイーノ「IoT Express MkⅡ」を使って，世界のお天気を教えてくれるAIマシン（図1）を製作しました．本稿で紹介する内容はほかのESP-WROOM-32搭載ボードにも応用できます．

AIニュース・キャスタのあらまし

● こんな装置
　写真1は，Wi-FiアルデュイーノIoT Express MkⅡに，音声入出力モジュールを組み合わせて作った「AIニュース・キャスタ」です．手足も付けたかったのですが，それは今後の課題にしました．
　日本語テキストで，日本全国の天気の詳細を提供し

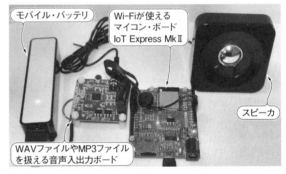

写真1　AIニュース・キャスタのハードウェアはボード2つとケーブル，スピーカ
バッテリ動作でも実用になる．本誌のWebページ（https://www.cqpub.co.jp/trs/trsp144.htm）で動画を公開している

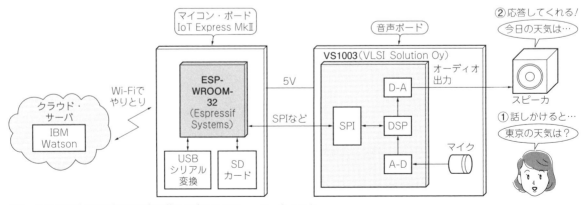

図1　音声で呼びかけて世界の天気を教えてくれるAIニュース・キャスタ
クラウド・サーバの音声処理AIとWi-FiマイコンESP32で作る

ているLiveDoorのWebサイトを利用しています.

AIニュース・キャスタは,人が話しかけた内容を音声認識してテキストにし,その中から天気予報を調べたい地域を抽出します.LiveDoorのWebサイトが提供しているAPIを使って,該当地域の天気予報のテキストを入手します.そのテキストを編集して,音声合成で読み上げます.

次のような感じで,数分間,読み上げてくれます.

AIニュース・キャスタ(以下,AI)「どこの地域の天気予報ですか?」
私 「東京の天気予報を教えて?」
AI 「少しお待ちください」
AI 「天気予報を調べています」
AI 「東京都東京の天気.12日.晴れ,最高気温11℃.13日.晴れのち曇り.最高気温9℃.最低気温1℃.14日.晴れときどき曇り.天気概況.日本付近は強い冬型の気圧配置となっています.関東甲信地方.関東甲信地方は晴れていますが,長野県や関東地方北部の山沿いでは,曇りで雪が降っているところがあります…」

検索できない地域名や天気予報以外のことをたずねると,答えられない,と応答して,もういちど地域名を話すように要求してきます.

● 高度な機能はクラウド・サービスを使って実現する

インターネット上には,正確な時刻を提供するNTPサーバやGoogleなどの検索エンジン,路線探索などをはじめとして,さまざまな機能を無料で提供しているサーバがあります.人工知能に関する機能も,いろいろなサーバがサービスを提供しています.

メジャーなAIクラウド・サービスを次に示します.

(1) Amazon Web Service(AWS)
(2) Google Cloud API
(3) IBM Watson
(4) Microsoft Azure

今回,音声認識と音声合成には,IBM社が提供しているクラウド・サービスの1つ,IBM Watsonを使いました.お試しページがあり,API(Application Programming Interface)の使い方を説明する情報が豊富に提供されていたので,すぐに動かせました.今回製作したAIニュース・キャスタから使用するためのWeb APIの仕様も公開されています.

今回のように機器に組み込んで使うには,アカウントの取得に加えて,いくつか手続きが必要です.Web APIを使うためには,認証や暗号化など,ネットワーク周りの知識も必要です.

ハードウェア

■ モジュール2個をつなぐケーブルを用意

IBM Cloud(Bluemix)のアカウントを取得し,音声認識(Speech to Text)と音声合成(Text to Speech)を使用するための資格取得(Column 1参照)が終わったら,本体を作ります.用意するのは次の3点です.

(1) ESP-WROOM-32搭載ボード「IoT Express MkⅡ(またはIoT Express)」
(2) 音声入出力ボード「VS1003 MP3モジュール」
(3) (1)と(2)を接続するケーブル(**写真2**)

● 接続ケーブルは自作する

IoT Experss MkⅡとVS1003 MP3モジュールの間はSPI(Serial Peripheral Interface)と制御線の合計7本に加えて電源2本を接続します(**図2**).

写真2 モジュール同士を接続するケーブルは自作する
IoT Express側は3カ所に分かれる

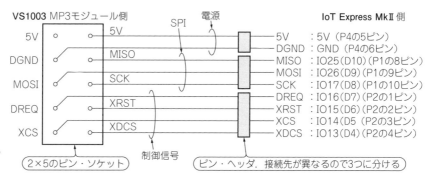

図2 モジュール同士を接続するケーブルのピン配置と接続先

IoT Express MkIIからVS1003 MP3モジュールを制御したり，録音したデータを取得したり，スピーカから音声を出したりする音声データ転送は，SPI経由で行います．

VS1003 MP3モジュールの音声出力はヘッドホンをつなぐ仕様です．100円ショップで売っていた，アンプを内蔵しないスピーカをつないでも，普通の部屋なら十分な音量で鳴ります．

■ キー・パーツ…VS1003 MP3モジュール

● あらまし

VS1003（フィンランドVLSI Solution Oy製）は，DSP（Digital Signal Processor）を内蔵した音声処理専用ワンチップICで，圧縮音源のMP3などのデータからアナログ信号を再生できます．録音機能もあります．

今回はVS1003を搭載したモジュールをAmazonで購入しました．Amazonでの商品名は「VS1003 MP3モジュールオンボードマイクロフォン」で，ブランド名はWINGONEER，価格は1,000円ほどでした．

● 主な仕様

内部ブロック図を図3に示します．外付け部品が少なく済むように，次のような回路も内蔵しています．

- モノラル・マイク・アンプ
- ステレオ・ヘッドホン・アンプ
- A-D変換回路
- D-A変換回路
- X/Y RAM（音声データの一時保存用）

音声データを圧縮したり，伸長したりするファームウェアも書き込まれています．

録音時のデータ形式は，無圧縮のPCM（Pulse Code Modulation），圧縮タイプのIMA ADPCM（Interactive Multimedia Association Adaptive Differential Pulse Code Modulation）を選べます．今回は，無圧縮PCMに比べてデータのサイズが1/4になるIMA ADPCMを使用しました．サンプリング・レートも自由に設定できます．

再生に使うD-Aコンバータの仕様はΔΣ型．分解

人工知能クラウド・サービスIBM Watsonを使うための事前準備

IBM Cloudのアカウントには，無料で使えるライト・プランがあります．今回使用するWatsonのライト・プランでは，次の機能を利用できます．

(1) Conversation
(2) Discovery
(3) Language Translator
(4) Natural Language Understanding
(5) Personality Insights
(6) Speech to Text
(7) Text to Speech
(8) Tone Analyzer

● IBM Cloudのアカウントを取得する

IBM Cloudのサイトでアカウントを取得します．

https://console.bluemix.net/registration/

必要項目を記入してアカウントの作成を依頼すると，登録したメール・アドレスにメールが届きます．メールから確認を行うと，すぐにアカウントが使えます．

ライト・プランはクレジット・カードの登録なども不要です．

● Watsonの資格情報を取得する

Watsonの音声サービスSpeech to TextとText to Speechを使うには，それぞれサービスの使用開始の設定を行い，資格情報を取得する必要があります．

Text to Speechの資格情報入手の手順を次に示します．Speech to Textも同じ手順で資格情報を

図A IBM Cloud（Bluemix）にログインしたときの画面から始める
右側にある［リソースの作成］ボタンをクリック

図B IBM Cloudで使えるサービスからWatsonの［Text to Speech］を選ぶ

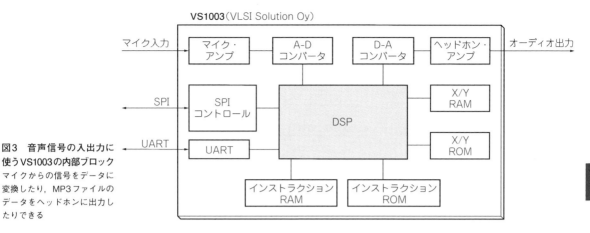

図3 音声信号の入出力に使うVS1003の内部ブロック
マイクからの信号をデータに変換したり，MP3ファイルのデータをヘッドホンに出力したりできる

能18ビット，2チャネルです．さまざまなオーディオ・データ・フォーマットに対応しており，MP3も再生できます．内蔵アンプはインピーダンスが30Ωのヘッドホンまで駆動できます．

● IoT Express MkⅡ との通信

VS1003 MP3モジュールは，IoT Express MkⅡからSPI経由で制御します．SPIを含めた7本の信号線を自作ケーブルで接続します．

Column 1

入手できます．資格情報を取得すると，それぞれのAPIを使用するための認証ID（username）とパスワード（password）が得られます．この username と password を Web API を使用するときの Basic 認証に使用します．

資格情報を入手するための流れは次のとおりです．

(1) IBM Cloud（Bluemix）のページにログインする
(2) 地域で［米国南部］を選択し［リソースの作成］をクリック（図A）
(3) Watsonに分類されているText to speechの［ライト］を押す（図B）
(4) デプロイする地域の選択を「米国南部」に設定して「作成」をクリックする（図C）
(5) 「新規資格情報」ををクリックして資格情報を追加し，表示される資格情報の username と password を控える（図D）

〈白阪 一郎〉

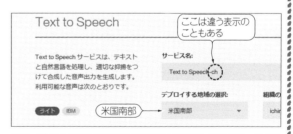

図C デプロイする地域を選んで画面右下の［作成］をクリックする
料金プランはデフォルトでライト（無料）が選ばれている

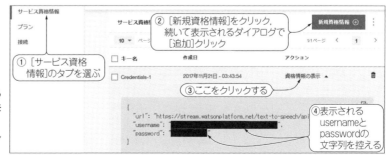

図D 資格情報を追加して表示される username と password の文字列をメモする
途中で表示されるダイアログは何も入力しなくてよい

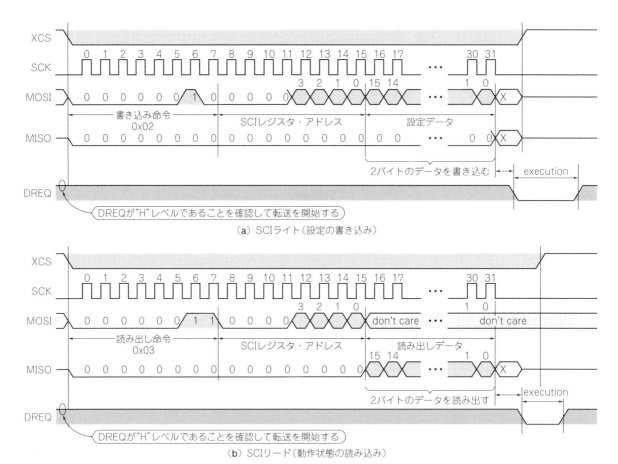

図4 VS1003の動作を制御するSCI(Serial Command Interface)のプロトコル

表1 VS1003の動作を制御するSCI(Serial Command Interface)のレジスタ一覧

アドレス	レジスタ名	内容
0x00	MODE	モード・コントロール
0x01	STATUS	ステータス
0x02	BASS	内蔵の低音/高音コントロール
0x03	CLOCKF	クロック周波数+マルチプライヤ
0x04	DECODE_TIME	秒単位での再生時間
0x05	AUDATA	各種オーディオ・データ
0x06	WRAM	RAMリード/ライト
0x07	WRAMADDR	RAMリード/ライトのベース・アドレス
0x08	HDAT0	ストリーム・ヘッダ・データ0
0x09	HDAT1	ストリーム・ヘッダ・データ1
0x0A	AIADDR	アプリケーションの開始アドレス
0x0B	VOL	ボリューム・コントロール
0x0C	AICTRL0	アプリケーション・コントロール・レジスタ0
0x0D	AICTRL1	アプリケーション・コントロール・レジスタ1
0x0E	AICTRL2	アプリケーション・コントロール・レジスタ2
0x0F	AICTRL3	アプリケーション・コントロール・レジスタ3

▶データ入出力はSPIの3本+制御信号4本
 ● データ転送用の3本(MISO, MOSI, SCLK)
 ● 制御用の4本(XCS, XDCS, DREQ, XRST)
▶初期状態や動作モードはSCIで設定

VS1003 MP3モジュールの初期状態や動作モードは，SCI(Serial Command Interface)で設定します．SCIのプロトコルを図4に示します．

XCSを"L"レベルにした後，MISO, MOSI, SCLKを使って制御レジスタ(SCIレジスタ)のアドレス(1バイト)とコマンド(1バイト)をVS1003へ送ります．その後，データ(2バイト)を書き込んだり読み出したりします．

● 音声を一時保存する内蔵メモリの動作

音声データは，VS1003内の1KバイトのX/Y RAM上のFIFOバッファに格納されます．このバッファがオーバフローしないように，録音データをSCIレジスタのHDT0から2バイトずつ読み出していきます．

録音データは，FIFOにデータが256バイト以上たまっていることをSCIのHDAT1レジスタ(SCI_HDAT1)で確認してから読み出します．

表2 VS1003から得られたデータを音声ファイル化するためにADPCM形式のヘッダを加える
ヘッダ＋バイナリ・データで，WAVファイルとして扱えるようになる

オフセット	フィールド名	バイト数	バイト	説明
0	ChunkID	4	"RIFF"	―
4	ChunkSize	4	F0 F1 F2 F3	データ・サイズ＋52
8	Format	4	"WAVE"	―
12	SubChunk1ID	4	"fmt "	―
16	SubChunk1Size	4	0x14 0x00 0x00 0x00	―
20	AudioFormat	2	0x11 0x00	IMA ADPCMなら0x11
22	NumOfChannels	2	C0 C1	モノラルなら1，ステレオなら2
24	SampleRate	4	R0 R1 R2 R3	8 kHzなら0x1f40
28	ByteRate	4	B0 B1 B2 B3	8 kHzモノラルなら0xfd7
32	BlockAlign	2	0x00 0x01	モノラルなら256，ステレオなら512
34	BitsPerSample	2	0x04 0x00	4ビットADPCM
36	ByteExtraData	2	0x02 0x00	―
38	ExtraData	2	0xf9 0x01	1ブロックあたりのサンプル数(505)
40	SubChunk2ID	4	"fact"	―
44	SubChunk2Size	4	0x04 0x00 0x00 0x00	―
48	NumOfSamples	4	S0 S1 S2 S3	(データ・サイズ/256)×505
52	SubChunk3ID	4	"data"	―
56	SubChunk3Size	4	D0 D1 D2 D3	データ・サイズ

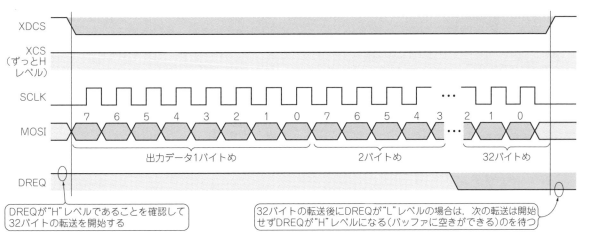

図5 VS1003へMP3データを送るときに使うSDIのプロトコル
SCIのとき"L"にしたXCSは，SDLでは"H"のまま，XDCSを"L"にしてデータ転送を開始する

表1にSCIレジスタのアドレスとレジスタ名の対応を示します．各レジスタの詳細な仕様はVS1003のデータシート[2]を参照してください．

読み出されるのは音声のバイナリ・データです．これをSpeech to Textに認識させるためには音声ファイル・データの形に変換する必要があります．具体的には，バイナリ・データの前に既定の形式の音声ファイル・ヘッダを付加します．これはIoT Express MkIIのアプリケーション・ソフトウェアで行います．表2のようなヘッダを付加してIMA ADPCM形式のWAVファイルとします．

● 音声を出力する方法

音声を出力するときは，SPIを通じてVS1003内のD-A変換回路に渡す音声データをFIFOバッファに書き込みます．この転送をSDI(Serial Data Interface)と呼びます(図5)．

VS1003にMP3圧縮した音声データ(ヘッダ含む)を送ると，内蔵のD-Aコンバータがアナログ音声を再生し，アンプでスピーカを鳴らします．

FIFOバッファに32バイト以上の空きがある(DREQ信号が"H"レベルになる)ことを検出し，XDCSを"L"レベルにして32バイトずつ音声データを書き込みます．

IBM Watsonの使い方

■ Speech to Text APIの使い方

Speech to Text は，httpプロトコルで音声データを送ると，音声認識した結果をテキスト・データとし

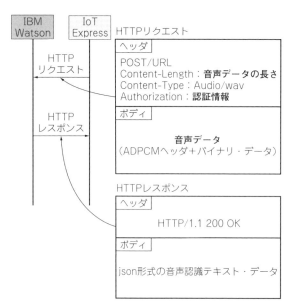

図6 クラウドAIシステムIBM Watsonの音声認識サービスSpeech to Text APIの動作
音声データを送ると音声認識結果のテキスト・データが返ってくる

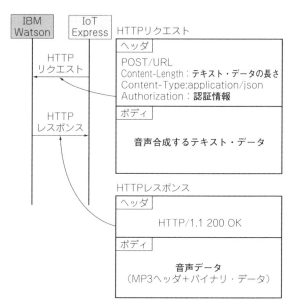

図7 クラウドAIシステムIBM Watsonの音声合成サービスText to Speech APIの動作
テキスト・データを送ると指定形式の音声データが返ってくる

て受け取れるクラウド・サービスです．
（1）図6に示すように，音声認識する言語や音声データの形式と音声を記録したバイナリ・データをhttpリクエストのPOSTで送信します．
（2）Watsonサーバで音声認識処理が行われます．結果はjson形式のテキストとしてhttpレスポンスで受け取ります．

● SSL/TLS認証の情報も送る

Watsonサーバへのhttpリクエストは SSL/TLS 暗号化通信で送ります．IBM Cloud（Bluemix）のアカウントを取得して入手できる資格情報のusernameとpasswordをhttpリクエストのヘッダに付加します．Basic認証を使用しているので，このusernameとpasswordはhttpリクエストのヘッダ内Authorizationフィールドに記載します．認証情報は「username：password」という形式です．BASE64でエンコードした文字列を「:（コロン）」で区切って並べます．

● 対応している音声データ形式

FLAC，WAV，MP3，Ogg Vorbisなど，さまざまな形式のファイルを扱えます．詳しくは，次のサイトを参照してください．今回はVS1003から得られるIMA ADPCM形式で圧縮されたWAVファイルを送りました．

https://console.bluemix.net/docs/services/speech-to-text/audio-formats.html#audio-formats

▶ サンプリング・レート

ブロードバンド・モデル（サンプリング・レート16 kHz以上）とナローバンド・モデル（サンプリング・レート16 kHz以下）の2つの設定があります．今回は8 kHzサンプリングにしたので，ナローバンド・モデルを使用します．

▶ 言語

基本は英語ですが，設定でさまざまな言語の音声を認識できます．今回は日本語を使用しました．

▶ URLとヘッダ情報

httpリクエストで指定するURLとヘッダ情報は次のとおりです．

● URL

https://stream.watsonplatform.net/speech-to-text/api/v1/recognize?model=ja-JP_NarrowbandModel

● ヘッダ情報

Content-Type: audio/wav
Authorization: Basic **auth**

※**auth**：base64エンコードした認証データ

■ Text to Speech APIの使い方

Text to Speech は，httpプロトコルでテキスト・データを送ると，音声合成したデータを受け取れるクラウド・サービスです．
（1）図7に示すように，音声合成する音声の言語や音声データの形式と音声合成するテキストをhttpリク

エストのPOSTで送信します.
(2) Watsonサーバで音声合成処理が行われ,音声ファイル・データが送られてきます.
▶URLとヘッダ情報

認証や音声データの形式(MP3を指定),言語の種類(今回は日本語のEmiVoiceを選択)を指定するhttpリクエストのURLとヘッダ情報は次のとおりです.
● URL

https://stream.watsonplatform.net/text-to-speech/api/v1/synthesize?voice＝ja-JP_EmiVoice&accept＝audio/mp3

● ヘッダ情報

Content-Type: application/json
Authorization: Basic **auth**

※auth：base64エンコードした認証データ

IoT Expressのファームウェア

■ 開発はMicroPythonを使う

● 文字編集の多いネットワーク処理を簡単に書ける
IoT Express MkⅡのファームウェアは,インタプリタ言語MicroPythonで記述しました.高速にハードウェアを制御する用途には向きませんが,テキスト編集機能が強力なので,文字編集の多いネットワーク処理を簡単に作れます.

● 1行ずつ実行できてスピード感がある
MicroPythonは,1行書いてリターン・キーを押すとすぐに実行されるので,失敗を気にせずどんどんプログラムを開発できます.今回利用したIBM Watson APIやオーディオ・コーデックICのように,海のものとも山のものともわからないデバイスやクラウド・サービスをどんどん試していけるので,開発がスピーディです.

■ 音声認識結果から天気予報を検索して音声合成でしゃべらせる

● 天気予報の会話処理
音声認識や音声合成は,テキストに比べて大きな容量の音声ファイルをやり取りしなければなりません.非力なIoT Express MkⅡで会話のやり取りをすべて音声認識,音声合成させると,応答時間が長くなり使いにくくなります.

そこで音声認識,音声合成を行うのはそれぞれ1回だけとして,それ以外,例えば音声認識した結果,天気予報検索の地域IDがリストにない地名だった場合の再入力の促しなどは,固定の応答音声を行うようにしました.

会話の流れを図8に示します.固定の応答音声は,必要な音声を音声合成であらかじめMP3音声ファイルで作成してSDカードに格納しておき,状況に合わせて再生します.具体的な方法はColumn 2を参照してください.

音声認識結果の地域名とLiveDoorの天気予報検索のために必要な地域IDとの対応は,weather_id.pyに次のような配列を作成してimport文で読み込んでいます.

id_list ＝ (("011000","稚内"),("012010","旭川")…

音声認識結果の地域名がこの一覧にない場合は,地域名の再入力を促すようにしました.入力した文章の中に「天気」の単語がない場合も再入力を要求します.

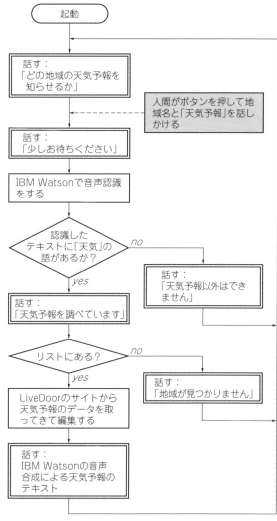

図8 AIニュース・キャスタの会話の流れ

「天気」,「天気予報」のように「天気」の語が含まれていれば正常な入力として処理するはずですが,「天気予報」のようになるべく長い単語のほうが誤認識は減るようです.「天気」だけだと「電気」に誤認識されやすいようです.

● 音声認識処理の動き

IoT Express MkⅡのブートボタンを押すと, VS1003 MP3モジュールを録音モードに設定します. 録音は約3秒間で, その間に音声認識したい内容を話します. 録音の終了は, IoT Express MkⅡの圧電スピーカのビープ音で知らせます.

録音データは, 音声ファイルとしてESP-WROOM-32のフラッシュ・メモリに一時保存します.

このファイルを読み出しSpeech to Textに渡して音声認識を行います. Speech to Textからは音声認識結果のテキストが返送されてきます.

Speech to TextなどのWeb APIとのネットワーク処理は, httpリクエスト・ユーティリティのurequest.pyを改造して使用しました.

CPythonなどパソコン用のPythonには, httpリクエスト用のライブラリrequests.pyがあります. urequest.pyはその機能縮小版です. ESP32版MicroPythonに標準で組み込まれています.

urequests.pyそのままでは, 扱えるデータ量が足りず音声データを送受信できません. ソースを入手して大量のデータを扱えるように改造しました.

元のurequests.pyは次のURLにあります.

https://github.com/micropython/micropython-lib/blob/master/urequests/urequests.py

▶処理の流れ

(1) VS1003 MP3モジュールの初期設定
(2) ADPCM音声ファイルのヘッダ情報の書き込み
(3) ブート・ボタンが押されるまで待つ
(4) ボタンが押されたらVS1003に録音設定を行い録音を開始
(5) フラッシュ・メモリのワーク・ファイルに約15Kバイト分を録音してBeepを鳴らす
(6) Speech to Textのurlデータ, Basic認証データ, 音声データの指定などのヘッダ情報を作成する
(7) ヘッダ情報とフラッシュ・メモリに保存した音声データのファイル名をpost関数のfile=に指定してIBM Watsonへhttpリクエストを送信する
(8) post関数の戻り値でhttpレスポンスの音声認識されたjsonテキスト・データを受け取る

● 音声合成処理の動き

Text to Speechに送るテキスト・データは, 次の形式に整形してhttpリクエストで送信します.

{"text":"～音声合成するテキスト～"}

MicroPythonでは「"」と「'」はどちらも同じ用途に使えますが,「"」の代わりに「'」にするとText to Speechで入力形式エラーになります.

音声合成されたデータはMP3音声ファイル形式で出力されます. Text to Speechからhttpレスポンスとして受け取ります. post関数の"stream="に音声ファイルを受け取るバッファ(bytearray形式)を記述します. このバッファを使って, ファイルを介することなく, 受け取った音声データを順次音声ボードに連続的に出力するようにしました.

▶音声合成処理の流れ

次に示します.

(1) VS1003 MP3モジュールの初期設定
(2) Text to SpeechのURLデータ, Basic認証データ, 音声データの指定などのヘッダ情報を作成する
(3) ヘッダ情報のdata=に音声合成する文章を指定してpost関数でhttpリクエストを送信する
(4) httpレスポンスで受け取った音声データを順次VS1003 MP3モジュールに送り音声出力を行う

● ソフトウェア構成

ソフトウェアは次の3つのMicroPythonのソース・ファイルから構成されています.

(1) おしゃべり天気予報メイン・プログラム(AI_Caster2.py)
(2) VS1003ドライバとhttpリクエスト・ユーティリティ(isound.py)
(3) 地域IDと地域名対応表(weather_id.py)

(2)と(3)は, (1)からimport文で呼び出されます. (1), (2), (3)をESP-WROOM-32のフラッシュ・メモリにuPyCraftなどを使って書き込み, (1)が自動的に実行されるように設定します.

今回使用したサンプル・プログラムは, 付属CD-ROMに収録しています.

◆参考文献◆
(1) VS1053b 日本語データシート私家版, 放課後の電子工作, Chiaki Nakajima.
　http://www.chiaki.cc/Timpy/vs1053b_jp.html
(2) VS1003-MP3/WMA AUDIO CODEC, VLSI Solution oy.
　http://www.vlsi.fi/fileadmin/datasheets/vs1003.pdf

(3) MP3再生(VS1053 + SDカード), MIBC備忘録, MIBC.
http://mibc.blog.fc2.com/blog-entry-132.html
(ドライバ・ソフトウェアの参考)
(4) IBM社ウェブサイト, https://www.ibm.com/watson/jp-ja/developercloud/text-to-speech.html
(5) Text To Speech APIとは|IBM Watsonとの関係性と使用手続き方法, アン・コンサルティング㈱.
https://furien.jp/columns/203/

(初出:「トランジスタ技術」2017年11月号)

Column 2 音声合成アプリ作りのお助けツールも作った

「Wi-Fiに接続できました」等の音声メッセージは, Text to Speechで音声合成した音声をファイルに保存して使用しています. 音声を聞きながらテキストを修正したほうが作りやすいので, テキストの修正->音声の確認を繰り返し行って気に入った音声をファイルに保存できるツール(text_to_speech.py)を作りました.

● 音声合成した音声をファイルに保存

AIニュース・キャスタの音声出力処理では, Text to Speechから受け取った音声データを順次VS1003 MP3モジュールに送っています. この処理はRequestクラスのstreamoutメソッドを利用して行っています. Requestクラスを継承し, streamoutメソッドを上書きすることで, 音声データをファイルに保存する機能を追加しました(リストA).

上書きしたstreamoutメソッドでは, SDカードのsoundフォルダ内にあるwork.mp3ファイルに音声データを書き込み, 同時にMP3モジュールで発声するようにしました.

その後, main処理の中で, ファイルに保存するかどうかをたずねるようにしています. 保存する場合は, このwork.mp3を入力したファイル名にリネームします.

元のurequests.pyのrequest関数は, クラス内のメソッドではなく単独の関数のため, クラスの継承が使えず今回のような機能拡張ができません. 改造したisound.pyのrequestメソッドは, streamの処理を簡単にオーバライドできるように, 次のようにRequestクラスのメソッドとして作成しました.

```
       :
httpレスポンス受信処理
       :
if stream:
    self.streamout(s, stream)
```

● 日本語テキストの入力にも対応

音声合成するテキストは, USBシリアルにつないだTera Termから入力します. MicroPythonに用意されているキーボード入力関数のinput関数は, 日本語の入力ができません. そこで, sysモジュールのstdinクラスを使って日本語入力ができるようにしました(リストB).

stdinクラスでのキーボード入力は, エコーバックが行われないので, sys.stdin.read(1)で1文字入力するたびにprint(moji,end="")でエコーバックするようにしました.

1文字ずつ処理する関係で, 複数行の文字を画面コピーで入力すると処理が間に合わず文字化けが起きます. Tera Termのシリアル設定で文字の送り出しに遅延を入れるよう設定すると, 回避できます.

〈白阪 一郎〉

リストA サーバから受信したMP3データをwork.mp3ファイルに保存する
Requestクラスのstreamoutメソッドをオーバライドしている

```
class Request_ex(Request):
    def streamout(self, sckt, stream):
        sbuf = bytearray(32)
        fw = open('/sd/sound/work.mp3', 'wb')
        buf_len = 512
        while buf_len == 512:
            led.value(0)
            buf_len = sckt.readinto(stream)
            fw.write(stream)
        fw.close()
        fr = open('/sd/sound/work.mp3', 'rb')
        buf_len = 32
        while buf_len == 32:
            if self.dreq.value() == 1:
                self.xdcs.value(0)
                led.value(1)
                buf_len = fr.readinto(sbuf)
                self.spi.write(sbuf)
                self.xdcs.value(1)
        fr.close()
```

リストB stdinクラスを使って日本語入力に対応する
stdinだけだと画面表示が出ないので, 1文字ごとにprintfで表示するようにした

```
print("文章入力:",end="")
data = ""
while True:
    moji = sys.stdin.read(1)
    if moji == "¥n":
        moji = sys.stdin.read(1)
        break
    print(moji,end="")
    data += moji
```

第6章 怪しいやつが近づくと騒ぎまくって世界中に通報しちゃう

ESP32×MicroPythonで作るツイート自宅警察

砂川 寛行 Hiroyuki Sunagawa

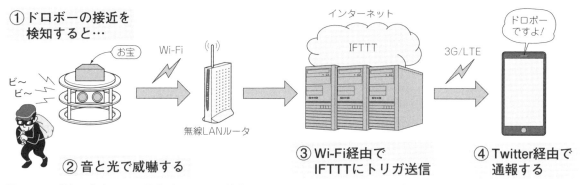

図1 センサ検知/ブザー＆LED駆動/ネットワーク接続を並列にこなすドロボー仰天マシン「IoTSecuritySonar」
超音波センサで接近者を検知したら，無線LAN接続によりインターネット上のクラウド・サービスと連携してTwitterに通報メッセージを送る

● ESP32×MicroPythonでクラウド連携

MicroPythonを使ったプログラム開発には，Arduino IDEでは得られない次のメリットがあります．

（1）ネットワーク対応プログラムが簡単に作れる
MicroPythonに用意されているライブラリは，操作や記述方法がパソコン用のPythonと同じで，プログラムも同じように組めます．
Arduinoにも同様のライブラリはありますが，各ボードに特化したものが多く，操作や記述方法が異なります．
（2）マルチタスク（スレッド）に対応している
MicroPythonはスレッドに対応しているので，複数のプログラムを並列実行（時分割による同時実行）できます．
（3）ラズベリー・パイで開発したプログラムが動く
I/Oポートやペリフェラル機能など，ハードウェアに関する記述を一部変更すれば，ほとんどのプログラムはESP-WROOM-32でも動かせます．

本稿では，ESP-WROOM-32を搭載したマイコン基板「IoT Express MkⅡ（写真2）」を使って，図1のようにクラウド・サービス（Twitter）と連携するマルチタスクの防犯IoTデバイス「IoTSecuritySonar」を製作してみました（写真1）．本稿で紹介する内容はIoT Expressでも同様に試せます．

IoT Express MkⅡの詳細は，第1部のAppendix 2を参照してください．

製作の準備

● ステップ1：各種ツールの入手
▶手順1：ESP32用MicroPythonの入手
次のWeb・サイトから，ESP32用MicroPythonのバイナリ・ファイル（esp32-＊＊＊.bin）をダウンロードします．＊＊＊にはファイルのバージョンが入ります．

http://micropython.org/download#esp32

▶手順2：書き込みソフトウェア・ツールの入手
ESP32用MicroPythonのバイナリ・データをESP-WROOM-32のフラッシュ・メモリに書き込むためのソフトウェア・ツールを用意します．開発元のEspressif Systems社のWebサイトから「Flash Download Tools（ESP8266＆ESP32）」をダウンロードします．

https://www.espressif.com/en/support/download/other-tools

写真1 MicroPythonで使える機能を組み合わせて製作したお宝を守る防犯マシン「IoTSecuritySonar」
必要なハードウェアはIoT Express Mk II（またはIoT Express），超音波センサ，LEDリングのみ．筐体は自作した．本誌のWebページ（https://www.cqpub.co.jp/trs/trsp144.htm）で動画を公開している

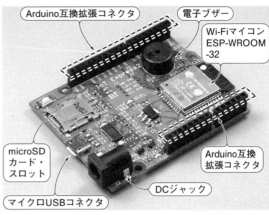

写真2 IoT Expressを強化！新Wi-Fiアルデュイーノ「IoT Express Mk II」
電源周りの強化，DCジャックや自動書き込み機能，拡張ピン4本などを追加したIoT Expressの強化版．aitendoより購入できる

● ステップ2：MicroPythonを書き込む

図2のFlash Download Tools（ESP8266 & ESP32）を使って，ESP32用MicroPythonのバイナリ・ファイル（esp32-＊＊＊.bin）をESP-WROOM-32に書き込みます．＊＊＊にはファイルのバージョンが入ります．

IoT Expressでは，書き込む前にあらかじめリセット・ボタンとBOOTボタンを決まった手順で操作する必要があります．

① BOOTボタンを押しっぱなしにする
② リセット・ボタンを押して離す
③ BOOTボタンを離す

IoT Express Mk IIでは，これらのボタン操作をしなくても自動的に書き込みモードに移行します．

書き込みが完了したら，IoT Express Mk IIを接続した状態で，Tera Termなどのターミナル・ソフトウェアを起動してください．リセット・ボタンを押すと，メッセージが表示されます．

Tera Termは［設定］→［シリアルポート］でシリアル・ポート設定ウィンドウを表示して「ポート」をUSBシリアル変換基板の番号に，「ボー・レート」を［115200］に設定します．

接続に成功していれば，図3のように起動メッセージの後に「>>>」プロンプトが表示されます．この状態でプログラムを書いて1行ずつ実行することができます．

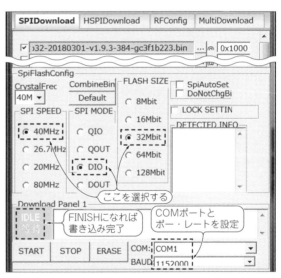

図2 MicroPythonのバイナリ・ファイル（esp32-＊＊＊.bin）を書き込むときのフラッシュ書き込みツール設定
書き込みツールは開発元のEspressif Systems社のWebサイトからダウンロードできる．＊＊＊にはバージョンが入る

```
MicroPython v1.9.3-384-gc3f1b223 on 2018-03-01; ESP32 module with ESP32
Type "help()" for more information.
>>>
```

図3 接続に成功したときのMicroPython起動画面
パソコン側のターミナル・ソフトウェアにはTera Termを使った

● ステップ3：開発環境の構築

ステップ2までの手順だけではESP-WROOM-32に内蔵されているSPIフラッシュ・メモリにプログラムを書き込めないので，単独でプログラムを実行できません．

ここでは，MicroPython用の統合開発環境「uPyCraft」を使って，ESP-WROOM-32の内蔵SPIフラッシュ・

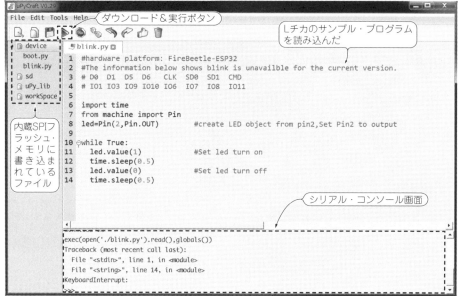

図4 MicroPython向け統合開発環境「uPyCraft」でサンプル・プログラムを読み込んだときの画面
ESP-WROOM-32内蔵のSPIフラッシュ・メモリへのプログラムの読み書きが行える

メモリに保存されているプログラムの参照，編集，実行など一連の操作ができるようにします(**図4**).

uPyCraftには，Arduino IDE同様に，サンプル・プログラムも準備されています．サンプルを参考にしながらプログラムを作れます．

IoT Express，およびIoT Express MkⅡへの導入手順は次のとおりです．

▶手順1：uPyCraftの入手

はじめにuPyCraftを入手します．次のWebサイトでuPyCraftの情報やプログラムが入手できます．

https://dfrobot.gitbooks.io/upycraft/content/

上記のWebサイトの「Please click here to download uPyCraft for Windows.」の[click here]をクリックしてuPyCraft.exeをダウンロードして実行します．新しいバージョンがリリースされているときは更新の確認があります．[OK]をクリックすると，自動的に新しいバージョンがダウンロードされます．環境によっては，フォントのインストールも要求されるので，[Yes]をクリックしてください．

▶手順2：IoT Expressを接続する

uPyCraft.exeを実行したら，IoT Express MkⅡ(またはIoT Express)を接続します．メニュー・バーから[Tools]-[Serial]を選択して，IoT Express MkⅡを接続しているシリアル・ポートの番号を設定します．

シリアル・ポートの接続に成功すると，コンソール画面に「>>>」プロンプトが表示されます．

動かしてみる

● ステップ1：まずはLチカから

uPyCraftにはサンプル・プログラムがたくさん用意されています．まずは最も初歩的なI/Oの例として，LEDチカチカのサンプル・プログラムを動かしてみます．

メニュー・バーから[File]-[Examples]-[Basic]-[brink.py]を選択すると，サンプル・プログラムが開きます．右向きの三角形のアイコン[Download and Run]をクリックすると，ESP-WROOM-32へコードがダウンロードされ，サンプル・プログラムが実行されます．

動作を停止するときは，Ctrl-Cキーもしくは画面上の[STOP]をクリックしてください．

● ステップ2：複数プログラムの並列実行を試す

スレッド機能を使ってLEDチカチカのプログラムと，電子ブザーのビープ音を鳴動するプログラムを並列実行してみます．ソース・コードを**リスト1**に示します．それぞれのプログラムに依存せず，独立実行できます．

● ステップ3：ネットワークにつないでクラウドと連携する

Wi-Fi機能を使ってインターネットに接続し，IFTTT(イフト)というクラウド・サービスにデータを送信してみます．

IFTTTは，トリガを検知するとあらかじめ設定しておいたアクションを実行するクラウド・サービスで

す．「Webhooks」というサービスを使えば，特定のURLにアクセスすることでトリガを検知できます．それを基にメール送信などのアクションを実行します．ここでは，IFTTTへ送信したデータをGoogleスプレッドシートに保存してみます．

　リスト2に示すのは，IFTTTにトリガ信号を送信するプログラムです．IFTTTに接続する前に，Wi-Fiアクセス・ポイントに接続し，その後IFTTTにトリガ信号を送信します．ここでは，urequestsというライブラリを使ってIFTTTにトリガ信号を送信します．Pythonのrequestsと同じように動作します．

　IFTTT側では，受けたデータをGoogle Driveのスプレッドシートに保存する設定にしています．

センサもつないで防犯マシンを作ってみる

● お宝に近づくと…騒ぎまくって世界中に通報！

　ステップ1，2で試した機能と，MicroPythonがサポートしているほかの機能や外部で公開されているライブラリを組み合わせて，防犯マシンを作ってみます．超音波センサを使ってお宝を守るセキュリティ装置なので「IoTSecuritySonar」と命名しました（**写真1**）．

　通常はおとなしく緑色に光っているだけですが，超音波センサで物体が接近したことを検知すると，ブザー音が鳴り出し，色がどんどん赤くなります．

　ブザー音の音程と鳴動間隔は，検出した物体の検出距離によって変わります．物体が近づくにつれて高音になり，鳴動間隔も短くなります．LEDの色味も検出距離が近いほど赤くなります．物体の距離が近くなると，**図5**のようにIFTTT経由でTwitterのダイレクト・メッセージに通報します．

リスト1 MicroPythonを試す①：スレッド・プログラミング（thread_blinkbeep.py）
LEDチカチカのプログラムと電子ブザーのビープ音を鳴動するプログラムをスレッドで組んでみた

```
import _thread        #スレッドのライブラリをインポート
import time
from machine import DAC,Pin,PWM

led=Pin(2,Pin.OUT)  #IO2をLED用ピンとして出力ポートに
    設定．IO2はIoT ExpressのオンボードLEDに接続されている

p1 = 500
       #ブザーの周波数 p1:500Hz, p2:1000Hz, p3:2000Hz
p2 = 1000
p3 = 2000
beep=PWM(Pin(12))
            #IO12をブザー用ピンとしてPWM出力ポートに設定
beep.duty(0)
            #ブザーのPWMデューティを0%にする事で鳴動停止

def bz():
  while True:
   time.sleep(0.5)
   beep.freq(p3)   #周波数をp3:2000Hzに設定
   beep.duty(512)  #PWMデューティを50%にする事で鳴動
   time.sleep(0.5)
   beep.duty(0)    #PWMデューティを0%にする事で鳴動停止

def brink():
  while True:
   led.value(1)    #LED点灯
   time.sleep(0.1)
   led.value(0)    #LED消灯
   time.sleep(0.1)

_thread.start_new_thread(brink,())
                     #brink()をスレッドとして起動
_thread.start_new_thread(bz,())
                     #bz()をスレッドとして起動
```

● ハードウェア

　図6に全体のブロックを示します．IoT Express MkⅡ（またはIoT Express）のほかに，次の2つを用意

リスト2 MicroPythonを試す②：ネットワーク接続（ifttt_post.py）
Wi-Fi接続した後にIFTTTへの接続を実行する

```
import network
import socket
import urequests
import time

SSID="XXXX"         #接続するWi-Fi APのSSID
PASSWORD="YYYY"     #接続するWi-Fi APのパスワード
wlan=None
s=None

def connectWifi(ssid,passwd):
 global wlan
 wlan=network.WLAN(network.STA_IF)
                     #wlanオブジェクトを生成
 wlan.active(True) #ネットワーク・インターフェースを有効化
 wlan.disconnect() #前回のWi-Fi接続を切断
 wlan.connect(ssid,passwd)  #Wi-Fi接続
 while(wlan.ifconfig()[0]=='0.0.0.0'):
  time.sleep(1)
 return True

#Catch exceptions,stop program if interrupted
accidentally in the 'try'
try:
 connectWifi(SSID,PASSWORD)
 ip=wlan.ifconfig()[0]      #IPアドレスを取得

 while True:
  print("IFTTT TEST")

  urequests.post("http://maker.ifttt.com/
trigger/IoTExpressMk2/with/key/
ZZZZZZZZZZZZZZZZ") #urequestコマンドでIFTTTにポスト
           Zの部分はIFTTTから発行されるセキュリティ・キー
  time.sleep(5)

except:
 if (s):
  s.close()
 wlan.disconnect()
 wlan.active(False)
```

センサもつないで防犯マシンを作ってみる

図5　「IoTSecuritySonar」から通報されたお宝の危機を伝えるメッセージ
Twitterのダイレクト・メッセージで通知される

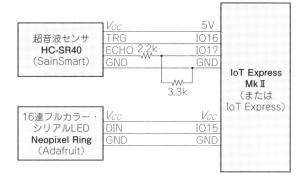

図6　「IoTSecuritySonar」のハードウェア構成
必要な周辺機器は超音波センサとLEDリングのみ

して，図6のとおり接続してください．

- 超音波センサ HC - SR04（SainSmart）
- 16連フルカラー・シリアルLED Neopixel Ring（Adafruit）

● ソフトウェア

リスト3にソース・コードを示します．使っているプログラムの関数は次のとおりです．

▶ breathe(t)

割り込みを使ってIoT Express MkⅡ上のLEDを点滅させます．まるで心臓が鼓動しているかのように光量を調整しながら常時点滅します．uPyCraftのサンプル・プログラムをほぼそのまま使いました．タイマ割込みでカウント値のUp/Downを行い，LEDの出力（PWM）にセットして，光量を制御しています．

▶ BZ()

ブザーによる警告音を出すプログラムです．超音波センサで取得した物体との距離から，ブザー音の周波数と，ON/OFF間隔を設定しています．物体との距離が遠ければ音は低く，ON/OFF間隔もゆっくりになります．近ければ音は高くなり間隔もせまくなるようになります．

このライブラリは，スレッドで実行させているので，ほかのプログラムには依存せずに常時動作します．

▶ postIFTTT()

IFTTTへトリガを送信する部分です．アラーム発生の指示（フラグ）を受けると，urequestライブラリを使って，IFTTTに指定の文字列を送信しています．このライブラリもスレッドで実行させているので，ほかのプログラムの動作に影響を与えません．IFTTTへの通信を行っている最中も，超音波センサの検出処理は実行され続けます．

▶ fillcolor(r,g,b)

Neopixel Ringの色設定を行います．r，g，bの各変数に，0～255までの数値を入れます．

▶ soner()

音波距離センサの制御プログラムです．超音波センサHC - SR04の直接制御の部分については，次のライブラリを使いました．

https://github.com/rsc1975/micropython - hcsr04
プログラム名：HCSR04.py

uPyCraftで外部から入手したライブラリを使うときは，対象となるファイル（ここではHCSR04.py）を先にESP - WROOM - 32へダウンロードしておきます．

正常にダウンロードされると，uPyCraftの「device」ウィンドウの下にHCSR04.pyが表示されます．

超音波センサのプログラム soner() は，HCSR.pyから物体の距離を取得しています．取得した距離が一定値よりも近いときは，警告音を鳴動するフラグをセットします．さらに近づくと，IFTTTに通報するフラグをセットします．

プログラムの中で，物体との距離に応じてNeopixel Ringの発光色が変化するようにしました．MicroPythonは，Neoxpixel Ringを動かすライブラリもサポートしています．

● IFTTT側の設定

IFTTTでは，トリガを検知したら次のアクションを行うように設定します．

If maker Event "「イベント名」",then send a direct message to @「ツイッターアカウント」

Webhooksでトリガを検知したら，Twitterの指定アカウントにダイレクト・メッセージを送るように設定しています．

◆参考文献◆
(1) GitHub - mithru/MicroPython-Examples：
https://github.com/mithru/MicroPython - Examples
(2) 11. Controlling NeoPixels：
http://docs.micropython.org/en/v1.8.2/esp8266/esp8266/tutorial/neopixel.html

（初出：「トランジスタ技術」2018年5月号）

リスト3　MicroPythonを試す③:「IoTSecuritySonar」のソース・コード(IoT_Security_Sonar_neopixel.py)

```python
import _thread
import time
import machine, neopixel
                           #Neopixelライブラリをインポート
from machine import DAC,Pin,Timer,PWM
from hcsr04 import HCSR04
                           #HC-SR04ライブラリをインポート
       #予めHCSR04.pyをIoTExpressにダウンロードしておく
import network
import socket
import urequests

SSID="XXXX"          #接続するWi-Fi APのSSID
PASSWORD="ZZZZ"      #接続するWi-Fi APのパスワード
wlan=None
s=None

detect_max = 20 #超音波センサの監視距離範囲を20cmとする
detect_min = 1   #超音波センサが検出する最小距離を1cmとする.
                 対象物との距離が近すぎると不安定な値となる
alarm_distance = 5   #警報を発信する距離を5cm以内とする
BZen = 0    #ブザー鳴動許可フラグ
alarm = 0   #IFTTTへの警報発信許可フラグ
distance = 100

LEDpwm =PWM(Pin(2),100)
polar = 0
duty = 0
beep=PWM(Pin(12),2000)
sensor = HCSR04(trigger_pin=16, echo_pin=17,
echo_timeout_us=10000)
                    #HC-SR04超音波センサの設定.
                    トリガ信号をIO16, エコー信号をIO17に設定

pix_n = 16      #NeopixelのLEDの数を16個とする
np = neopixel.NeoPixel(machine.Pin(15),pix_n)
                    #Neopoxelの設定. 制御信号をIO15に設定

def connectWifi(ssid,passwd):
 global wlan
 wlan=network.WLAN(network.STA_IF)
                    #wlanオブジェクトを生成
 wlan.active(True) #ネットワーク・インターフェースを有効化
 wlan.disconnect() #前回のWi-Fi接続を切断
 wlan.connect(ssid,passwd)   #Wi-Fi接続
 while(wlan.ifconfig()[0]=='0.0.0.0'):
   time.sleep(1)
 return True

def postIFTTT():
 global distance,alarm
 while True:
   if alarm == 1:
    print("IFTTT Post")

    urequests.post("http://maker.ifttt.com/
trigger/IoT_Security_Sonar/with/key/
ZZZZZZZZZZZZZZZZZZZZZZ")
                    #Zの部分はIFTTTから発行されるセキュリティ・キー
    time.sleep(5)

#LEDを点滅させるプログラム
def breathe(t):
 global duty,polar
 if(polar == 0):   #タイマ割込みでPWMを増減させている
   duty+=16
   if(duty >= 1008):
     polar = 1
 else:
   duty -= 16
   if(duty <= 0):
     polar = 0
 LEDpwm.duty(duty)       #PWM値をLED出力

#ブザーを駆動するプログラム
def bz():
 global BZen,distance
 while True:
   bp = round(20000/distance) #ブザーの発振周波数を
                    超音波センサで取得した検出距離から設定する
   if BZen == 1:       #ブザー鳴動フラグが1なら鳴動
    time.sleep(distance/70)
                    #鳴動周期を超音波センサで取得した検出距離から設定する
    beep.freq(bp)
    beep.duty(512)
    time.sleep(distance/70)
    beep.duty(0)
    print('Warnning!!')
   else:
    time.sleep(0.5)
    beep.duty(0)

#Neopixelを制御するプログラム
def fillcolor(r,g,b):
 global pix_n
 for i in range(pix_n):
  np[i] = (r,g,b)
  np.write()
  time.sleep_ms(10)

#超音波センサで接近物を監視するプログラム
def soner():
 global BZen,distance,alarm
 while True:
  distance = sensor.distance_cm()
                    #超音波センサから検出距離を取得
  if distance < detect_min :   #検出値が設定した最小値
          よりも小さい場合は,無視するように大きな値を設定
       distance = 100
#   print('Distance:', distance, 'cm')

  if distance < detect_max: #検出距離が設定した監視範囲
                    内であればブザー鳴動許可フラグを有効にする
    BZen = 1

   if distance < alarm_distance:   #検出距離が警報発信
            距離範囲内の場合はNeopixelを赤色にする
     alarm = 1       #IFTTTへの警報発信許可フラグを有効にする
     fillcolor(255,0,0)
   else:
     alarm = 0       #警報発信距離範囲外の場合は,IFTTTへの
                    警報発信許可フラグを無効
     fillcolor(140 - round(distance*7),round(dist
ance*7),0)    #Neopixelの発光色を検出距離の値を使って
                    設定する. 緑色から徐々に赤色へ変わるようにした

  else:
    BZen = 0            #検出距離の値が設定した監視範囲外の場合は,
                    ブザー鳴動許可フラグを無効にする
    fillcolor(0,128,0)  #Neopixelを緑色にする

  time.sleep(0.5)

try:
 connectWifi(SSID,PASSWORD)
 ip=wlan.ifconfig()[0]
 beep.duty(0)
 fillcolor(0,128,0)
 tim = Timer(1)      #タイマ・オブジェクトを生成
 tim.init(period=5,mode=Timer.PERIODIC,
callback=breathe)
                    #タイマ割込みでbreatheを起動するように設定
 _thread.start_new_thread(bz, ())
                    #bz()をスレッドで起動
 _thread.start_new_thread(postIFTTT, ())
                    #postIFTTT()をスレッドで起動
 soner()      #soner()を起動

except:
 if (s):
  s.close()
 wlan.disconnect()
 wlan.active(False)
 LEDpwm.deinit()
 beep.deinit()
```

第7章 何をつなぐかはあなた次第！未来のエレクトロニクスを作る
Googleサービスと連携！AI会話機能ビルトイン製作セット

池上 恵理 Eri Ikegami

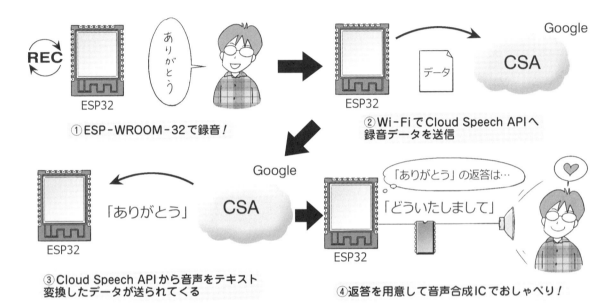

図1 本章ではESP32を使ってクラウドAIサービスを利用する会話機能搭載IoTを作る

話しかけられた言葉が「わかる」マイク付きスピーカ

● あらまし

本稿では，ESP-WROOM-32のA-DコンバータとWi-Fi通信機能，インターネット上のクラウド・サービスを使って，図1のように人の声を認識して返答する「AI会話機能ビルトイン製作セット」を製作しました（写真1）．主な仕様を表1に示します．

音声はA-Dコンバータとアンプ内蔵マイクを使って取り込みます．音声データはWAV形式で録音した後，Base64でエンコードして，Googleが提供するAI音声認識サービス「Cloud Speech API」でテキスト変換します．変換結果に対する返答をあらかじめ用意しておき，それを音声合成LSIとスピーカを使って再生します．

● ハードウェア：マイコンと音声入出力に使う周辺回路のみで構成

回路図を図2（稿末に掲載）に，製作に使った部品を表2にそれぞれ示します．

メイン・ボードには，Wi-FiモジュールESP-WROOM-32を搭載する開発ボードESP32-DevKitC（Espressif Systems）を使いました．

返答の音声合成には，ATP3011F4-PU（アクエスト）を使いました．ESP-WROOM-32とATP3011F4-PUはI/O端子の電圧が異なるので，間にレベル変換ICを挿入しました．

そのほかに音声を入力するアンプ内蔵マイクや録音開始ボタン，給電用マイクロUSBコネクタ，音量調整用ボリューム，スピーカ用コネクタなどを備えます．各部品は別途自作したベース・ボードに実装しました．

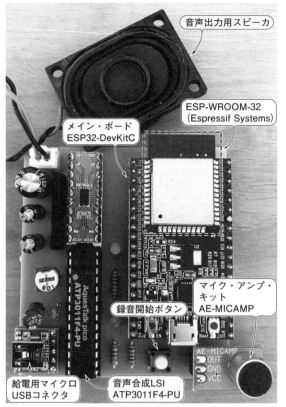

写真1 しめて3,000円！マイコンと音声入出力に使う周辺回路のみで構成した「AI会話機能ビルトイン製作セット」

表1 AI会話機能ビルトイン製作セットの仕様

項　目	内　容	
マイコン	ESP-WROOM-32（Espressif Systems）	
音声合成IC	ATP3011F4-PU（アクエスト）	
スピーカ・アンプ	TA7368P（東芝）	
録音仕様	サンプリング・レート	16 kHz
	分解能	16ビット
	音声フォーマット	WAV
	最大録音時間	2秒
電源電圧	5V（USB経由で給電）	
無線通信方式	Wi-Fi 802.11 b/g/n	
開発環境	ESP-IDF	

表2 AI会話機能ビルトイン製作セットに使った部品

部品番号	型　名	定　数	備　考
IC_1	ESP32-DevKitC（Espressif Systems）	－	Wi-Fi, Bluetooth搭載マイコン
IC_2	ATP3011F4-PU（アクエスト）	－	音声合成LSI
IC_3	TA7368P（東芝）	－	スピーカ・アンプIC
IC_4	FXMA108（オン・セミコンダクター）	－	レベル変換IC
R_1	MFS1/4CC2700F	270 Ω	LED用電流制限抵抗
R_2	MFS1/4CC4300F	430 Ω	LED用電流制限抵抗
R_3	MFS1/4CC1002F	10 kΩ	ボタン用プルアップ抵抗
V_{R1}	TSR-065-103-R	10 kΩ	スピーカ・ボリューム調整用
C_1	RDF11H104Z0K1H01B	0.1 μF	－
C_2	2AUTES100M0	10 μF	－
C_3, C_4	2AUTES101M0	100 μF	－
C_5	2AUTES471M0	470 μF	－
LED_1	OSBYU3Z74A	－	青色LED
LED_2	OSY5JA3Z74A	－	黄色LED
MIC_1	AE-MICAMP	－	高感度マイク・アンプ
SP_1	SPK2040	－	8Ω 2Wスピーカ
BTN_1	P-03647	－	録音開始ボタン用
CON_1	AE-USB-MICRO-B-D	－	マイクロUSB端子5V電源用

● ソフトウェア：音声の入出力からクラウドとの連携までを担う

A-Dコンバータからのデータ取り込みや，音声データの録音，エンコード，クラウド・サービスとの連携を行うプログラムを作成しました．開発環境はメーカ純正のESP-IDFを使いました．

プログラムは付属CD-ROMに収録しています．

音声処理の流れ

■ ステップ1：A-D変換

● 内蔵A-Dコンバータの構成と仕様

ESP-WROOM-32の12ビット逐次比較型A-Dコンバータには18チャネルの入力が用意されていて，分解能9～12ビットでデータを取得できます．内部ではSAR ADC1とSAR ADC2の2つのA-Dコンバータと，5つのコントローラに分かれています．各コントローラの機能は次のとおりです．

▶A-Dコンバータの各種コントローラ

● RTC ADC1, 2

低周波数，低消費電力でA-D変換を行う．CPUが低消費電力モードになっているときも動かせる．RTC ADC1は低ノイズ・アンプやD-A変換をサポートしている

● DIG ADC1, 2

性能とスループットが最適化されており，高速サンプル・レートでA-D変換を行う．マルチチャネル・スキャンとDMA（Direct Memory Access）

をサポートしている．スキャン終了を割り込みで通知する
● PWDET
電源とピーク電圧検出

各A-Dコンバータとコントローラの対応，および使える機能を図3に示します．

▶人の声をA-D変換するには

AI対話機能製作セットでは，周波数20～2kHzの人の声をA-D変換します．ナイキストの定理より，A-D変換のサンプリング・レートは4kHz以上必要ですが，内蔵A-Dコンバータは数十kHzの高速サンプリングも可能なので問題ありません．

今回はAI音声認識サービスCloud Speech APIの仕様に合わせて16kHzでサンプリングしたいので，DIG ADCを使ってA-D変換を行います．

● 音声のA-D変換処理

プログラムの開発には，メーカ純正の環境ESP-IDFを使いました．本稿執筆時点(2017年9月現在)では，ESP-IDFで開発できるA-Dコンバータは，SAR ADC1(計9チャネル)のみです．

提供されているAPI(Application Programming Interface)ではA-D変換のサンプリング・レートの設定ができません．プログラムに周期的にA-D変換を行う処理を実装します．

16kHzでサンプリングするためには，62.6μsごとにA-D変換を行う必要があります．ESP-IDFからはμs単位の遅延時間を発生させる手段が提供されていないので，空のfor文を繰り返して62.6μsを作ります．CPUの周波数設定により遅延時間が変動するので，環境に合わせて調整します．

図3 ESP-WROOM-32内蔵のA-Dコンバータの構成
12ビットの逐次比較型A-Dコンバータが2つ搭載されている．コントローラは用途によって使い分ける

■ ステップ2：録音とエンコード処理

● データ・フォーマット：WAV形式

Googleが提供するAI音声認識サービスCloud Speech APIは，WAV形式のファイル・フォーマットに対応しています．そのため，本機の録音データはWAV形式のファイルに保存します．

WAVファイルは，ヘッダ部とデータ部の2つで構成されています．ヘッダ部にはファイル形式，データ・サイズ，ビット・レートなどの情報を埋め込みます．

今回はCloud Speech APIに合わせてサンプリン

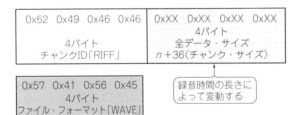

図4 WAVファイルの構造
ヘッダ部にファイル形式，データ・サイズ，ビット・レートなどの情報を埋め込む．データ・サイズは録音時間によって都度変動する

グ・レート16kHz，分解能16ビットのデータを用意するので，**図4**の情報をヘッダ部に埋め込みます．データ・サイズは録音時間の長さによって変動するので，ファイルを生成するたびに更新します．

● エンコード方式：Base64

Cloud Speech APIは，Base64でエンコードされた音声ファイルの取り込みに対応しています．Base64はエンコード方式の1つで，64種類の英数字と記号のみでデータを表現します．Base64は，7ビットのデータしか扱えない電子メールによく使われ，データ量は4/3に増えます．

本機では，A-D変換で得られた生の音声データ（バイナリ）を6ビットずつに分割して，あらかじめ決められたルールに沿って4文字ずつ変換します．

● 録音に使えるメモリ領域を検討する

ESP-WROOM-32は，520KバイトのSRAMを内蔵しています．このSRAMはCPUのキャッシュやプログラム・データ，無線通信スタック用のメモリも兼ねているので，録音用途に使える領域は一部しかありません．どれだけのメモリ領域を録音に使うかは，製作するハードウェアの構成や実現したいアプリケーションによって異なるので検討が必要です．

▶録音時間を算出する

サンプリング・レート16kHz，分解能16ビットで録音を行うとき，1秒あたりのデータ・サイズは次のとおり求められます．

- 1秒間のデータ・サイズ（バイナリ）
  16000Hz × 16ビット = 256000ビット
  = 32Kバイト

- 1秒間のデータ・サイズ（エンコード後）
  32Kバイト × 4/3 = 42667バイト
  = 約42.7Kバイト

今回製作したおしゃべりAIスピーカでは，生の音声データとエンコード後のデータのメモリ領域を別々に確保しています．Cloud Speech APIとのHTTPS通信に使うプログラムのメモリ領域も必要なので，録音時間は2～3秒です．

▶メモリ容量があふれていないかチェックできる

ESP-IDFでは，プログラムが使うメモリ・サイズがオーバーフローしていないかをチェックできます．コンパイルするときに確認します．

■ ステップ3：クラウド・サービスとの連携

● AI音声認識サービスCloud Speech APIとは

Cloud Speech APIは，Googleが提供するクラウド・サービスの1つで，音声をテキストに変換します．変換にはAIのアルゴリズムの1つであるニューラル・ネットワーク・モデルを適用しています．2017年9月現在ではベータ版がリリースされており，80以上の言語と方言を認識します．

● Cloud Speech APIの使い方

JSON形式の音声データをHTTPSのPOSTリクエストで送信すると，テキスト化された結果が返ってきます（**図5**）．POSTリクエストを送るURLは次のとおりです．

https://speech.googleapis.com/v1beta1/
speech:syncrecognize

送信するJSONファイルには，**図6**のように音声ファイルのエンコード形式，サンプリング・レート，言語の種類，音声データの送信方法を記述します．音声データの送信方法には，次の2つがあります．

- 音声データを格納しているサーバのURLを指定する
- 16kHz，16ビットのWAVファイルをBase64でエンコードしたデータをJSONのcontentとして送信する

POSTリクエストを送信するときは，ヘッダにaccess tokenが必要です．

Cloud Speech APIの設定方法や使用手順は次のWebページに記載されています．これにしたがって変換テキストを取得します．

https://cloud.google.com/speech/docs/getting-started?hl=ja

0x00 0x7D 0x00 0x00	0x20 0x00	0x10 0x00
4バイト データ転送速度 32000bps	2バイト フレーム長 （分解能×チャネル数）32	2バイト 分解能 16ビット

```
ErinoiMac:GoogleAPI IkegamiEri$ curl -v -s -k -H "Content-Type: application/json"
 -H "Authorization: Bearer ya29.El_BBBs-6vCDzeyr3O3_6uCE6Im_dFAQQMpgj0XtHIIGAxntmJ5
366c2Sfa7MDWKeTe1lAOcR_aX60JV4EUI3yetzaU4F5hdQkqbBDEZdAz38E6H8oyzoLD5NxnIz8tCQw"
 https://speech.googleapis.com/v1beta1/speech:syncrecognize       -d @request2.json
* Rebuilt URL to: /
> Authorization: Bearer ya29.El_BBBs-6vCDzeyr3O3_6uCE6Im_dFAQQMpgj0XtHIIGAxntmJ5
2Sfa7MDWKeTe1lAOcR_aX60JV4EUI3yetzaU4F5hdQkqbBDEZdAz38E6H8oyzoLD5NxnIz8tCQw
> Content-Length: 85533
> Expect: 100-continue
```

- curlコマンドでCloud Speech APIを試してみた
- Access Tokenは事前にgcloudコマンドで取得する必要あり
- contentの長さ：85533バイト（request2.jsonの中身）

```
{
  "results": [
    {
      "alternatives": [
        {
          "transcript": "池上えりです",
          "confidence": 0.98866224
        }
      ]
    }
  ]
}
```

- テキスト変換されたデータを受信

図5 AI音声認識サービスCloud Speech APIをコマンドで試してみた
ファイル転送機能を持つcurlコマンドを実行したら無事テキスト変換されたデータを受信できた

```
{
  "config": {
    "encoding": "LINEAR16",
    "sampleRate": 16000,
    "languageCode": "ja-JP"
  },
  "audio": {
    "content":
"UklGRiT6AABXQVZFZm10IBAAAAABAAEAgD4AAAB9
AAACABAAZGF0YQD6AAAAAAAAAAA7uj8wPAA7/
```

- リニアPCMで録音したデータであることを表す
- サンプリング周波数
- 言語
- 生の音声データ(WAV)をBase64でエンコードした後のデータ

図6 JSON形式の音声データ・ファイル
この内容のファイルをCloud Speech APIに渡すと音声認識が行われて変換されたテキストが返ってくる

実際に使ってみた

● 返答の設定

録音した音声に対する返答は，録音内容と合わせて事前にプログラム内に記述しておきます．

録音した音声は，Cloud Speech APIでテキストに変換された後，図5のような形式になって返ってきます．これをstrtok関数を使って分割します．strtok関数は文字列を分割文字で区切ってトークンに分解します．分割文字にはtranscriptの内容を切り出せるものを設定します．「"」で分割すると変換結果「池上えり」が切り出せます．

切り出した結果が，事前にプログラムに記述された内容と一致するかstrcmp関数で比較します．比較した結果が一致と判定されたときは，「池上えりさん，こんにちは」など所定の返答を行います．

事前に準備した文字列のどれとも一致しなかった場合は，「聞き取れませんでした」などの返答を用意しておきます．

● 録音から返答までにかかる時間

1秒間の音声録音をしてテキスト変換結果得る，というサイクルを10回繰り返し，返答時間を計測したところ，平均約6.5秒でした．Wi-Fiのコネクション時間が支配的ですが，プログラムの工夫次第で早くできる可能性もあります．

（初出：「トランジスタ技術」2017年11月号）

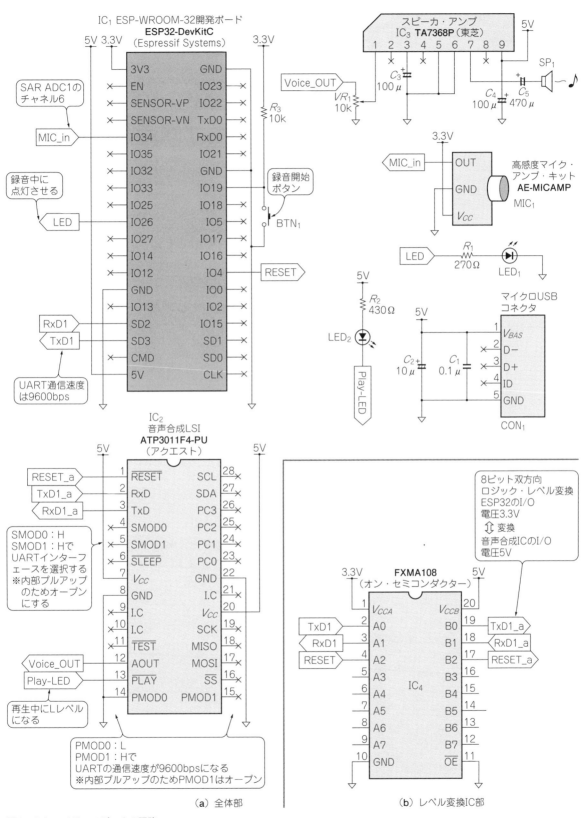

図2 おしゃべりAIスピーカの回路
ESP-WROOM-32とATP3011F4-PUはI/O端子の電圧が異なるので，間にレベル変換IC（FXMA108）を入れている

第8章 激安 & Arduino としても使える Wi-Fi モジュールを試す

温湿度と不快指数をスマホで表示！気象観測装置の製作

箱清水 一郎 Ichiro Hakoshimizu

Arduino + Wi-Fi の激安モジュールを使ってみた

● 数百円でArduino+Wi-Fi機能が使える

スマホと自作回路をWi-Fiで接続し，データの送受信を行う製作を行いました．回路側では激安のWi-Fiモジュール「ESP-WROOM-02」を使いました．

このモジュールは，安価＆コンパクトでありながらArduinoマイコン・ボードとしても使えます．3千円のArduinoと数千円のWi-Fiシールドを組み合わせる代わりに，このモジュールが使えそうだと考えました．

● ピッチ変換基板が便利

モジュールの端子ピッチが1.5 mmとなっており，一般的に使用される2.54 mmピッチの製品と比べて扱いにくいのが難点です．USBシリアル変換機能を持っていないので，パソコンやスマホにつないでArduinoとして書き込むには，変換用ICを用意する必要があります．端子ピッチを2.54 mmに変換した拡張基板上にESP-WROOM-02を搭載した製品（**写真1**）や，USBシリアル・インターフェース機能まで含めた製品が各社から販売されています．

Wi-Fi経由の遠隔制御に挑戦！

● 2つの実験でI/Oを試す

本稿ではESP-WROOM-02にLEDと温湿度センサをつないで気象観測装置（以下，本器）を製作し，スマホとのWi-Fi通信を試してみました．

実験内容を次に示します．
実験①：スマホからモジュールにWi-Fiで接続し，LEDの点灯／消灯を制御する
実験②：スマホからモジュールにWi-Fiで接続し，温度，湿度，不快指数の値を表示する

本器の外観を**写真2**に示します．Wi-Fiモジュールを中心に，温湿度センサとLEDをつないでいます．このほか，パソコン／スマホからのプログラム書き込み用に，USBシリアル変換基板を使用しました．

● 全体回路

回路図を**図1**に，使用した部品を**表1**に示します．USBシリアル変換はUSBシリアル変換キット「AE-

写真1 使用したESP-WROOM-02拡張基板「ESP-WROOM-02 DIP化キット（秋月電子通商）」
ESP-WROOM-02ははんだ付け済み．2.54 mmピッチ9ピンのピン・ヘッダ2本をはんだ付けすれば，ユニバーサル基板にそのまま挿せる

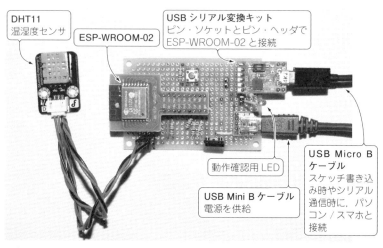

写真2 製作した気象観測装置の外観

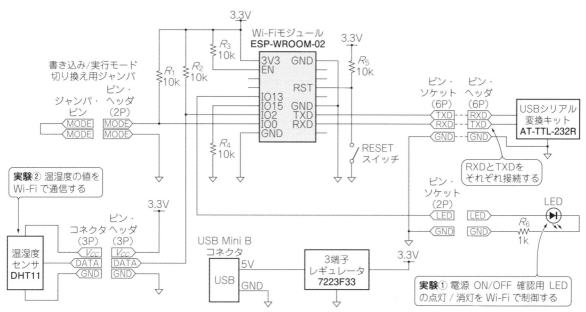

図1 「ESP-WROOM-02」に温湿度センサとLEDをつないでスマホとのI/O制御を試すために製作した温湿度観測装置の回路

TTL-232R」を使用しました．ESP-WROOM-02とAE-TTL-232Rはピン・ソケットで接続します．書き込み時にはAE-TTL-232Rを接続して書き込みを行い，使用時には外してESP-WROOM-02単体で使用します．

● 電源

電源はUSB Mini BソケットからUSBケーブルで供給します．ESP-WROOM-02の動作電圧が3.3 Vなので，USB給電の場合は，USBコネクタの5 Vから3端子レギュレータ7223F33を使用して3.3 Vを作ります．

AE-TTL-232Rは，ボード上のSW2で信号電圧レベルを3.3 Vまたは5 Vに切り換え可能です．ESP-WROOM-02の信号電圧レベルは3.3 Vなので，ここではデフォルトの状態（SW2はOFF）で使用します．

Wi-Fiモジュールとスマホがつながるしくみ

● アクセス・ポイントの情報はプログラムの中

今回は，Wi-Fiモジュールをサーバ側（アクセス・ポイント），スマホをクライアント側として接続します（ESP-WROOM-02をアクセス・ポイント・モー

表1 製作に使用した部品

品　名	型名（メーカ名）/仕様	数量	参考価格
Wi-Fiモジュール	ESP-WROOM-02 DIP化キット（秋月電子通商）	1	650円
USBシリアル変換キット	AE-TTL-232R（秋月電子通商）/ コネクタはMicro B	1	850円
ブレッドボード用ミニBメスUSBコネクタDIP化キット	AE-USB-MINI-B-D（秋月電子通商）/ コネクタはMini B	1	200円
3端子レギュレータ	NJU7223F33（新日本無線）/ 低損失3.3 V 500 mA	1	50円
LED	LT3U31P（シャープ）/ 3 mm赤色LED	1	10個入り100円
温湿度センサ・モジュール	DHT11（DFROBOT）	1	650円
タクタイル・スイッチ	黒 基板取り付け用（RESETボタン）	1	10円
抵抗	10 kΩ	5	100本入り100円
	1 kΩ	1	100本入り100円
ユニバーサル基板	両面スルーホール・ガラス基板Cタイプ 2.54 mmピッチ 72 mm×47 mm	1	100円
ピン・ソケット（メス）	FH-1x2SG/RH / 1×2 はんだ付け用	1	15円
	FH-1x6SG/RH / 1×6 はんだ付け用	1	20円
	FH-1x9SG/RH / 1×9 はんだ付け用	2	35円
ピン・ヘッダ	C-01669 / 2.54 mmピッチ・タイプ 1×6 ピン形状0.64 mm（AE-TTL-232R付属の細ピン・ヘッダ6ピンと交換）	1	20円
	C-00167 / 2.54 mmピッチ・タイプ 1×40 ピン形状0.64 mm ニッパで2ピン，3ピン，9ピン×2に切る（ESP-WROOM-02付属の細ピン・ヘッダ9ピン×2と交換）	1	40円
ジャンパ・ピン	黒（2.54 mmピッチ）	1	20個入り100円

※すべて秋月電子通商にて購入

ドで使用).アクセス・ポイントやパスワードの情報は,Wi-Fiモジュールに書き込むArduinoスケッチ(プログラム)の中に設定します.

スケッチをESP-WROOM-02に書き込んだ後,スマホのWi-Fi設定画面を開くと,Wi-Fiのアクセス・ポイント一覧の中にスケッチで設定したものが表示されます.それを選択して,スケッチ内で設定したパスワードを入力すると,スマホからESP-WROOM-02に接続できます.アクセス・ポイントへの接続は少し反応が遅いので,気長に待ちます.

● 困ったときにはシリアル通信ソフトでモニタ

アクセス・ポイント・モードの場合,ESP-WROOM-02には192.168.4.1のアドレスが割り当てられます.筆者が書いたスケッチでは,ESP-WROOM-02の起動時にアクセス・ポイントのIPアドレスをシリアル通信に出力するようになっているので,IPアドレスがわからなければシリアル通信ソフトウェアで確認できます(シリアル通信ソフトウェアの通信速度は,スケッチ内で設定している9600 bpsに合わせる).

スマホからI/O実験

● 実験①:スマホからLEDを操作する

ESP-WROOM-02につながっているLEDをスマホから操作(点灯/消灯)します.

スケッチの中身は非常に簡単です.スマホのWebブラウザからWebサーバ(ESP-WROOM-02)のURLにアクセスがあると,サーバ側がアクセスされたURLに対応する関数を呼び出し,関数内で記述した処理を実行します.誌面の都合によりスケッチの記述は割愛しますが,スケッチは付属CD-ROMに収録しています.スケッチの作成に際しては,ESP8266のサンプル・スケッチや,tadfmacさんのWeb記事[1]を参考にしました.

具体的には,以下のURLをスマホのWebブラウザに入力することでLEDが点灯/消灯します(図2).

- http://192.168.4.1/0/　→LEDが消灯
- http://192.168.4.1/1/　→LEDが点灯

● 実験②:スマホにセンサの値を表示する

センサの値をWi-Fi経由でスマホ側に表示できます(図3).センサ・モジュール「DHT11」はIO2(7番ピン)を使用してI²Cで接続します.

● 考察

Wi-Fi経由でI/O制御するのは初めてでしたが,簡単なスケッチで制御できることを確認しました.安価なので,気軽にいろいろなセンサや回路を接続してIoT(Internet of Things)を試せます.

残念なのは,ESP-WROOM-02にUSBシリアル・インターフェースが含まれていないことです.また,Arduinoスケッチの「書き込みモード」と「実行モー

ESP-WROOM-02を使って試作したpH計測装置　　　Column 1

私の勤務先では,下水道法の改正により,下水のpH(水素イオン指数)を1日1回以上測定する必要に迫られました.下水の排出口は広い敷地内に10カ所近く点在しており,毎日人手で測定するのは大変です.自動的にpHを測定し,ESP-WROOM-02を使って温度やpHデータをWi-Fiで飛ばしてサーバに集めるしくみを自作できないかと考えました.

下水の排出口の多くは敷地の端にあり,AC電源を確保するのが難しいところばかりです.ESP-WROOM-02は消費電力が少なくディープ・スリープ・モードという超低消費電力の休止モードを持っているので,容量の小さなソーラ・パネルやバッテリでも何とか電力を供給できそうです.Wi-Fiの電波も,ぎりぎり届きそうな距離であることがわかりました.

最終的には,ESP-WROOM-02からアクセス・ポイントまでWi-Fiで飛ばして,LANを経由してサーバへすべての下水排出口の温度とpHデータを集めます.その前の段階として,試作した装置(写真A)では,シリアル通信アプリをインストールしたスマホを表示端末として,現地で測定値を確認しました.

試作装置により,必要な機能を備えたシステムを実現できる可能性が見えてきました.しかし,pHセンサの耐久性や汚れによるpH値のずれ,センサの校正など,実際に設置した場合に解決しなければならない課題も多く残っており,日々悩んでいます.

〈箱清水 一郎〉

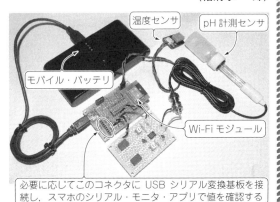

写真A　試作した温度・pH計測装置

http://192.168.4.1/1/ にアクセスすると LED が点灯する．http://192.168.4.1/0/ にアクセスすると LED が消灯する

図2 スマホでLEDの状態（点灯/消灯）を操作する

図3 温湿度と不快指数をスマホのブラウザに表示する

ド」の切り換えが少し面倒でした．

ESP-WROOM-02をArduino IDEに登録すると，たくさんのサンプル・スケッチが利用できます．すべて英語ですが興味深いサンプルばかりなので，解読してスケッチを実行してみてください．

◆参考文献◆

(1) tadfmac：WIFI-TNGとESP-WROOM-02で始めるWIFI Arduino，http://qiita.com/tadfmac/items/17448a2d96bd56373a66/

（初出：「トラ技ジュニア No.26」2016年夏号）

Column 2　ESP-WROOM-02を使うための基礎知識

● 中継点になるかプライベート・ネットワークを作るかをモード切り換えで選択できる

ESP-WROOM-02は3つのWi-Fiのモードで使えます．モードの選択は，次に説明するATコマンドで行うか，Arduinoスケッチの中で設定します．

- 「ステーション（STA）モード」：本モジュールが周囲にあるアクセス・ポイントに接続するモード．インターネット環境に接続するときに使う
- 「アクセス・ポイント（AP）モード」：本モジュールがアクセス・ポイントとなるモード．プライベートなネットワークを構築したいときに使う
- 「STA+APモード」：ステーション・モードとアクセス・ポイント・モードの両方を実行するモード

● 基本動作の確認はATコマンドで行える

ESP-WROOM-02は，Wi-Fiモジュールとしての機能を確認するツールとして「ATコマンド」と呼ばれるコマンド体系をファームウェアに備えています．シリアル通信ソフトウェア（Arduino IDEに付属する「シリアルモニタ」など）からATコマンドを入力して，Wi-Fiモジュールの情報の表示や設定変更ができます．

ただし本モジュールにArduinoのスケッチを書き込むとファームウェアが書き換えられ，以降はATコマンドが実行できなくなります（再びATコマンドを実行するにはファームウェアの再書き込みが必要）．

ATコマンドの実行手順は次のとおりです．

- USBケーブルで，Wi-Fiモジュールとパソコン（またはスマホ）を接続する
- パソコンでシリアル通信ソフトウェアを起動し，次のように設定する
  改行：「CRおよびLF」
  通信速度：「115200 bps」
- ジャンパ・ピンを外した状態（＝Arduinoの書き込みモードでない状態）でESP-WROOM-02を起動する
- シリアル通信ソフトウェアで「AT」と入力する．「OK」と表示されればATコマンドは動作している

● Arduinoスケッチの書き込みモードと実行モードは切り換えが必要

ESP-WROOM-02を使う際には，Arduinoのスケッチの「書き込みモード」と「実行モード」を切り換える必要があります．IO15，IO2，IO0の3つの端子がモード切り換え端子を兼ねており，リセット時に信号の組み合わせを読み込んでモードが切り換わります．IO0が"L"だと書き込みモード，"H"だと実行モードと認識されます．書き込みモードと実行モードの切り換えはジャンパ・スイッチで行います（ジャンパ・ピンでショートするとIO0が"L"，オープンの状態ならIO0が"H"となる）．

〈箱清水　一郎〉

Appendix 2

設計データを特別に公開！
IoT基板用ケースを3Dプリンタで作ろう

表1 基板のパーツ構成とダウンロード・ファイルの一覧

対象基板		パーツ構成	データ名(ファイル名)	ファイル・サイズ (Kバイト)	オブジェクト・サイズ (mm)
基板名	中身				
ESP32-DevKitC	単体型(図1)	ケース本体とふた	Case_forESP32-DevKitC	14780	61.0×71.0×16.5
		バッテリ固定ブラケット	Bracket_forESP32-DevKitC_mobile-battery	12496	60.2×37.3×15.0
	ブレッドボード搭載型(図2)	ケース本体	Case_forBreadboard-withESP32-DevKitC	3374	88.0×57.0×20.0
		コネクタ穴無しふた	Toplid_forBreadboard-withESP32-DevKitC_Closeversion	2844	88.0×57.0×14.0
		コネクタ穴有りふた	Toplid_forBreadboard-withESP32-DevKitC_Openversion	2866	88.0×57.0×14.5
		バッテリ固定ブラケット	Bracket_forCase-Breadboard-withESP32-DevKitC__mobile-battery	16251	94.2×61.2×15.0
IoT Express (図3)		ケース本体	Case_forIoT-Express	5650	80.5×123.5×14.5
		ふた	Toplid_forIoT-Express	5934	80.5×123.5×14.5
ラズベリー・パイZero W (図4)		ケース本体とコネクタ穴有りふた	Case_forRaspberryPiZeroW_OpenTOPversion	3108	70.5×75.5×12.5
		ケース本体とコネクタ穴無しふた	Case_forRaspberryPiZeroW_CloseTOPversion	2933	70.5×75.5×12.5
		バッテリ固定ブラケット	Bracket_forRaspberryPiZeroW_mobile-battery	5106	74.7×39.7×15.0

※今回提供しているデータは，商用利用を禁止します．あくまでも個人でお使いください．

人気の無線マイコンを収納できるケース製作用データを用意

● 基板保護ケースも自作する時代

電子部品むき出し基板のままだと，うっかり部品を損傷させたり，ほこりや汚れでショートさせる危険性があります．ケースに入れて保護しましょう．持ち歩くことを考えると，モバイル・バッテリと一緒に収納できたら便利です．3Dプリンタも4万円を切るなど，個人でも入手しやすくなりました．

表1に示す3つの基板に合わせて設計した3Dプリンタ用ケース・データ(ファイル形式：STL)を付属CD-ROMに収録しています．3D-CADを持っている人は出力して使用してください．無償の3D-CADソフトもあるので，設計にもチャレンジしてください．3Dプリンタを持っていない人でも，出力サービスを利用する方法があります．

● 付録基板用3Dデータも

作成した基板ケースは次の3つです．

(1) ESP32-DevKitC用ケース(図1，図2)
ESP32-DevKitC単体と，小型ブレッドボードに搭載した場合の2つを用意しました．

(2) IoT Express用ケース(図3)
本誌付録(初版限定)のIoT Express用です．

(3) ラズベリー・パイZero W用ケース(図4)
ラズベリー・パイZero Wと基板サイズが同じラズベリー・パイZeroでも使用できます．

3Dプリンタは，溶かした樹脂を積み重ねて造形します．型枠に樹脂を流し込んで作る造形物と比べると，強度は低くなります．さらに，3Dプリンタの性能によって，積層状態が異なります．

今回作成したケースのデータは，家庭用3Dプリンタの使用を考えています．樹脂厚を厚めにし，はめ合わせのクリアランス(空間)を大きめに設計しています．

高精度3Dプリンタで作成した場合，ケースのはめ込みにガタつきを感じるかもしれません．ガタツキが気になる人は，両面テープなどで固定してください．

モバイル・バッテリも装着できるESP32-DevKitC用ケース

● 使い方

図1は，USBケーブルを接続してESP32-DevKitC基板を単独で使う場合の保護ケースです．マイクロUSBコネクタと，通電確認用のLEDが見える箇所に穴を開けました．ケースの出っ張りは，蛇行逆Fアン

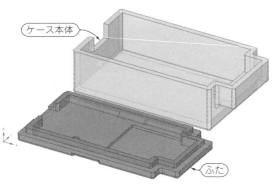

(a) ケース本体とふたが1つのデータになっている

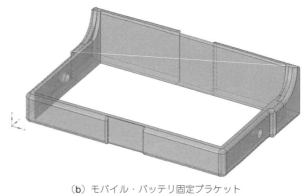

(b) モバイル・バッテリ固定ブラケット

図1 ケース①…ESP32-DevKitC単体
ケースにはLEDとmicroUSBコネクタの2カ所開口部あり

(a) ふたを外した状態

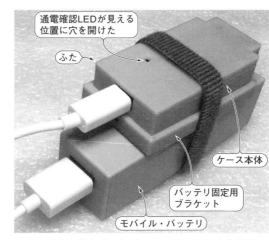

(b) ふたを閉めてモバイル・バッテリを装着した状態

写真1 製作したESP32-DevKitC用ケース
蛇行逆Fアンテナが収まるような配慮と，LEDとmicroUSBコネクタ2カ所の開口部あり

テナが収まる箇所です．基板を収納したようすを**写真1**に示します．

　基板をケース本体に置き，USBケーブルを接続して動作確認をした後に，ふたをはめ込みます．ピン・ヘッダを使用する場合は，必要に応じてケースに穴を開けてください．

▶モバイル・バッテリの装着方法

　持ち歩くなど，モバイル・バッテリを装着する場合に，バッテリ固定ブラケット（支持具）を用意しました．出っ張りが外向きになるように，バッテリ固定ブラケットをケース本体にはめます（**写真2**）．ケースと共にマジック・バンドなどで固定します．

　バッテリは安定動作を維持するため，容量が2000mAh以上で，転がりにくい形状の細長いタイプを勧めます．写真では，エレコムのDE-M04L-3015シリーズ（3000mAh）を使用しています．

写真2 バッテリ装着ブラケットは，なべネジで固定する
突起の向きは都合の良いほうに変えられる

● ブレッドボード用ケースも用意

　図2は，ESP32-DevKitCをブレッドボードで使うときのケースです．ふたを外して，回路の組み立て，確認ができます（**写真3**）．

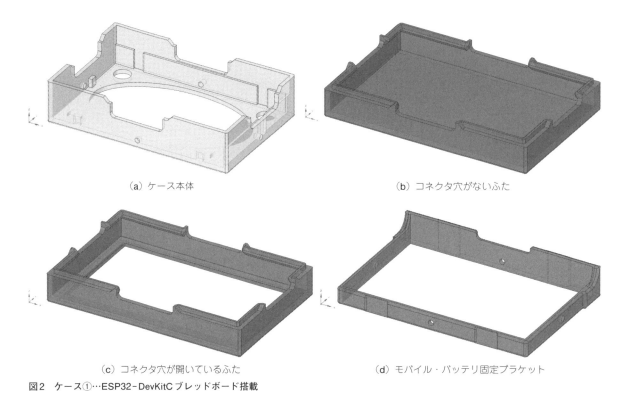

(a) ケース本体

(b) コネクタ穴がないふた

(c) コネクタ穴が開いているふた

(d) モバイル・バッテリ固定ブラケット

図2 ケース①…ESP32-DevKitC ブレッドボード搭載

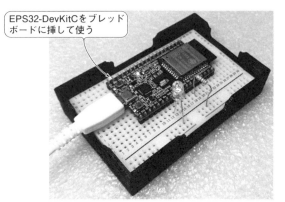

写真3 ブレッドボード用のケースも用意
ソルダーレス・ブレッドボード「SAD-101(サンハヤト)」でLED点滅回路を組んだ例

Arduino用シールドを装着できる IoT Express用ケース

● 使い方

図3と写真4に，製作したIoT Express用保護ケースを示します．

ケース本体には，メモリカードとケーブル接続用コネクタ部分に開口部を設けました．基板は，2個の爪と対面の2個のネジ穴で固定してください．ネジ穴には，長さ4mmのM3なべ小ネジ2本で止めてください．

爪側にもネジ穴が2個ありますが，コネクタなどの部品が穴の近くにあって干渉する危険があるので使用しないでください．

ふた側に，ピン・ヘッダ用の穴とスイッチ用の穴，LED点灯状態確認用の穴を設けています．

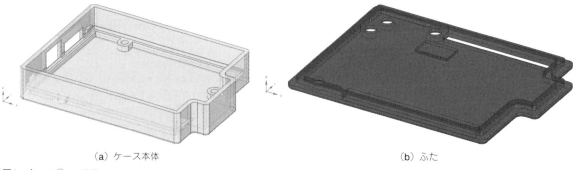

(a) ケース本体

(b) ふた

図3 ケース②…IoT Express

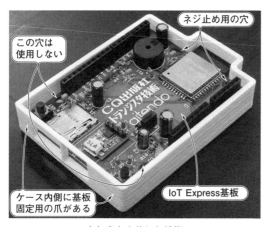
(a) ふたを外した状態

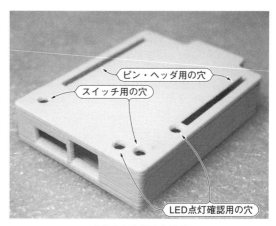
(b) ふたを閉めた状態

写真4 製作したIoT Express用ケース
ケース本体側に，メモリカードとケーブル接続用コネクタ用の開口部を設け，ふた側にピン・ヘッダ用とスイッチ用，LED点灯状態確認用の穴を設けている

ケース本体の凸型出っ張りは，蛇行逆Fアンテナを保護しています．

USBケーブルを接続して，動作が問題ないことを確認してから，ふたをはめ込んで完成です．

ラズベリー・パイZero W用ケース

図4は，ラズベリー・パイZero Wが収まる基板保護用ケースです．ふたはスライド式ではなく，シンプルで頑丈なかぶせるタイプです．基板を収納したようすを写真5に示します．

ケース本体の側面には，各種インターフェース用の開口部を設けました．ふたは，使い方に合わせて40ピン拡張コネクタ用の穴を開けたタイプと，開いてい

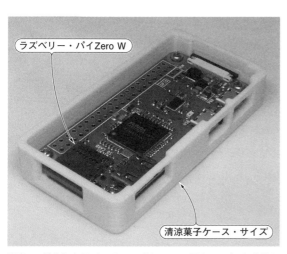

写真5 製作したラズベリー・パイZero W用ケース（ふたを外した状態）
ケース本体側面に，インターフェース用の開口部を設けた．ふたは，40ピン拡張コネクタ用の穴を開けたもの，開けてないもの2種類を用意

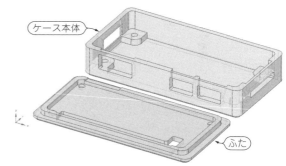
(a) ケース本体とコネクタ穴が開いているふたが1つのデータ

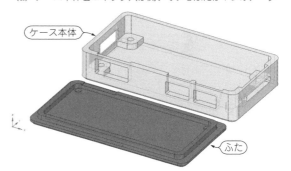
(b) ケース本体とコネクタ穴なしのふたが1つのデータ

(c) モバイル・バッテリ固定ブラケット

図4 ケース③…ラズベリー・パイZero W

ないタイプの2種類を用意しました．

基板を固定する前にカメラ用ケーブルを接続し，メモリ・カードをセットしてください．40ピンの拡張コネクタに直接配線するときは，配線を終えた後に基板をケース本体に固定してください．拡張コネクタにはピン・ヘッダ，もしくはピン・ソケットをはんだ付けするのがスマートです．ふたの開口部と干渉する場合は開口部を削って調整してください．

基板の固定には，長さ4mmのM2.6なべ小ネジ4本を使用します．

▶モバイル・バッテリ装着方法

電源にモバイル・バッテリを使用する場合は，バッテリ固定ブラケットの出っ張りが外向きになるようにケース本体にはめて，バンドなどで固定します．

バンドのズレ防止のため，ブラケットの中央に10mmの溝を設けています．

3Dプリンタにデータを出力する方法

■ ステップ1：データのダウンロード

3Dプリンタ出力用のデータ（ファイル形式：STL）を付属CD-ROMからコピーしてください．

ラズベリー・パイZero WとESP32-DevKitC単体のケースは，ケース本体とふたを1つのデータにしています．それ以外は，パーツ別データを用意しました．

一度に複数の造形物ができる3Dプリンタなら，造形時間が短くなります．

■ ステップ2：出力方法

● 3Dプリンタを持っている場合

ダウンロードしたSTLファイルを3Dプリンタにインポートして，3Dプリントを実行します．

その際，お好みの色で出力してください．ケースの上下やバッテリ固定アダプタを色違いで出力しても楽しいかもしれません．時間がかかりますが，表面がより滑らかになる高解像度での造形をおすすめします．

● 3Dプリンタを持っていない場合

3Dプリンタを持っていない人は，出力サービスを利用する方法があります．出力サービスは大きく分けて2つあります．

▶セルフ造形サービス：近くのファブラボ，ワーク・カフェを利用

3Dプリンタを買うほどではないが，使ってみたい人におすすめです．

3Dプリンタを自分自身で操作して，造形物を作るセルフ・サービスの施設です．加工の仕方など，わからないことは，必ずラボ担当者の指導を仰いでください．

- ファブラボ検索サイト　fabなび
https://fabcross.jp/list/series/fabnavi/
- MONO（東京都お台場）
https://fabcross.jp/topics/fabnavi/20140527_fabnavi11.html
- FabLab Kannai（神奈川県横浜市）
https://fabcross.jp/topics/fabnavi/20140311_fabnavi_08.html

一般利用できる場所を提供している企業もあります．

- ソニークリエイティブラウンジ
https://www.facebook.com/sapcreativelounge

機材の利用には講習会の受講，会費及び材料代について取り決めがあります．問い合わせてください．

▶受諾サービス：業者に依頼する3Dプリンタ出力サービス

3Dデータを送って，3Dプリンタで出力してくれるサービスもあります．利用料金はファブラボより高いですが，依頼したら出来上がりを待つだけです．3Dプリンタを持っている人は，使ったことのない素材（造形方法）を試すなどの利用方法もあります．

- キンコーズ・ジャパン 3Dプリンティングサービス
https://www.kinkos.co.jp/service/3d-printing/
- ソライズプロダクツ インターカルチャー
http://inter-culture.jp/
- 東京リスマチック 立体造形出力サービス
https://www.lithmatic.net/3dprinter/

■ ステップ3：出力時の設定

● 使用する3Dプリンタによる違い

使用する3Dプリンタによって，素材と出来上がり状態が異なります．ABS樹脂，PLA樹脂を用いる3Dプリンタは色が豊富に用意されています．LEDの点灯状態を見たい場合は，うっすら光って確認できる半透明のPLA樹脂，明るい色のABS樹脂での造形をおすすめします．

● データ取り込みから出力まで

3Dプリンタは造形用データ作成時に読み込むSTLデータの指定，印刷品質を設定できます．

各パーツは，最小限の材料で済むように，強度を考慮した面方向で設計しています．複数組み合わせて出力する場合はX軸，Y軸の回転時に上下向きを変更しないでください．上下を反転して出力すると，サポート材（造形モデルを保持するもので，造形完了後は不

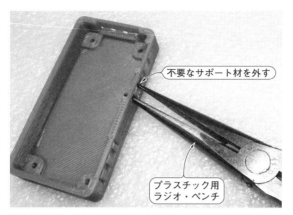

写真6 サポート材の切除にはプラスチック用の小型ラジオ・ペンチを使う
サポート材とは，造形モデルを保持するもので，造形完了後は不要

写真7 バリ取りと表面仕上げには棒ヤスリを使う
ケースはめ合わせ部，表面部，内曲面など場所に合った形状を選ぶ

要)が多量に必要になるため，材料消費量，造形時間の増加につながります．

複数同時に造形する場合，取り込んだデータは造形台の上に自動配置してくれます．手動でオブジェクトを移動する際にはデータが重ならないようにしてください．

印刷品質の設定は，積層ピッチを小さい数値に設定すれば，表面が滑らかに仕上がります．ただし，小さい数値にするほど装置の駆動回数が増えるため，造形に要する時間がかかります．熱溶解積層方式のプリンタの場合は，積層ピッチ（レイヤの高さ）の指定を"200μm以下"，内部充填密度の指定ができる場合は"最高"の指定で作成してください．

積層ピッチが大きいと横穴，斜面がギザギザに造形されて，出来上がり状態が良くありません．

内部充填密度が低いと，壁内部の樹脂量が減り，剛性が低い物が出来上がってしまいます．

3Dプリンタ用データ作成の際にサポート材が必要な場合は，自動的に分析されて付加されます．熱溶解積層方式のプリンタの場合は必ず［有］を選択してください．［無］を選択すると，横穴やオーバ・ハングしている箇所がうまく造形されません．

サポート材の付き方と除去の仕方は，プリンタ方式で異なります．使っている3Dプリンタに適した処理を行ってください．

ダウンロード・データはエラーが出ても，自動修復による造形処理で問題が出ないことを確認しています．出力ソフトウェアにSTLデータを取り込んだ際に，エラーを見付けて自動修復するか否か聞いてくることがあれば，必ず［OK］を選択してください．

■ ステップ4：仕上げ

● 家庭用3Dプリンタ造形物のはめ込みは難しい

ケースの接合部は，はめ込み式にしています．仕上げが良ければパチンとはめ込むことで，固定できます．

家庭用3Dプリンタの造形物は，はめ込みが難しく，角にバリがあったり，綺麗な内角になっていなかったり，カスが付いて表面が粗いことがあります．綺麗に仕上げるには次の追加工を行ってください．

● 手順と必要な工具

(1) サポート材の切除

プラスチック用の小型ラジオ・ペンチを使用します（**写真6**）．ABS樹脂，PLA樹脂を使った造形では横穴などにサポートが付きます．このサポート材をラジオ・ペンチで挟んで外してください．

(2) バリの切除

ニッパもしくはカッタを使用します．切断面が平らなプラスチック用ニッパを使うと，カット跡の仕上がりがきれいです．大きなバリを切り取るときに用います．

(3) バリ取り，表面仕上げ

棒ヤスリを使用します（**写真7**）．ケースのはめ合わせ部の加工には角型，平らな表面の仕上げには平型，内曲面の仕上げには半丸型と，切削したい場所に合った形状の物を使ってください．凸凹したざらつき感がなくなれば，うまくはまります．

(4) 固定

3Dプリンタ起因の場合もありますが，ケースのはめ合わせがスカスカになってしまった場合，薄手の両面テープを使って固定する方法があります．場所によって両面テープの厚みを変えてください．

〈山田 英司〉

（初出：「トランジスタ技術」2017年11月号）

第3部 ライブラリ・リファレンス

第1章 Wi-Fi関連の機能が充実！アクセス・ポイント・モードにも対応している
ESPマイコンで使えるArduinoライブラリ・リファレンス

Arduino IDEに組み込んで使うESP8266やESP32のボード・パッケージの中には，Arduinoと互換性を持つライブラリや，ESPマイコン固有のライブラリが提供されています．これらについて概要をまとめます．

なお本稿では，ESP8266のArduinoライブラリ[1]をベースにして解説します．ESP32のArduinoライブラリは改変が加えられている最中で，仕様が変更される可能性が高いためです．ESP8266で使えるライブラリの多くはESP32でも同様に利用できるので，本稿を参考にしてください．

[1] Arduinoと互換性をもつ基本ライブラリ

まず，本家のArduinoと互換性をもつ基本ライブラリ群をまとめます．互換性をもつ関数については，簡潔に説明するにとどめます．詳しくはArduinoの公式ドキュメント[3]を参照してください．

● ディジタル入出力

Arduinoで利用されている`digitalWrite()`，`digitalRead()`などの関数は，ESPマイコン（ESP-WROOM-02/32）・ボードでも同じように利用できます．ただし，Arudinoとは異なり，ディジタルI/OとSPI，I^{2}C，フラッシュ・メモリ・インターフェースなどがピンを共用するため，他のインターフェースで利用されているディジタルI/Oは指定できません．

▶ `void pinMode(pin, mode);`
指定したpinにディジタルI/Oのモードを設定します．modeには表1の定数が指定できます．

▶ `void digitalWrite(pin, value);`
指定したpinにvalueを出力します．

▶ `int digitalRead(pin);`
pinの値を返します．

▶ `void attachInterrupt(interrupt, function, mode);`
割り込みをinterruptに指定したI/Oに割り当て，functionに指定したコールバック関数を登録します．ESP8266ではD16は割り込み要因に設定できません．modeには表2が指定できます．

▶ `void detachInterrupt(interrupt);`
interruptに指定した割り込みを停止します．

● アナログ入力

ESP8266の場合，アナログ入力が可能なのはTOUT端子のみです．したがって，アナログ入力ピンとして指定できるのは0または定数A0のみとなり，解像度は10ビット（0～1023），入力範囲は0～1.0Vです．

ESP8266では，TOUT端子開放時にアナログ入力からV_{CC}の電圧を読み取ることができます．この機能はバッテリでESP8266を駆動しているときにバッテリの電圧を読み取る際に有効です．Arduinoのスケッチから現在のV_{CC}を読み取りたいときには，スケッチの先頭に次の行を入れてください．

表1 ディジタルI/Oのモード（mode）に指定できる定数

定数名	機能
INPUT	入力モードに設定
OUTPUT	出力モードに設定
INPUT_PULLDOWN	入力モードかつ内部プルダウン（ESP32のみ）
INPUT_PULLUP	入力モードかつ内部プルアップ
INPUT_PULLDOWN_16	入力モードかつ内部プルダウン（ESP8266のIO16のみ）

表2 割り込みのモード（mode）に指定できる定数

定数名	機能
CHANGE	I/Oピンの状態が変化した
RISING	立ち上がりエッジ
FALLING	立ち下がりエッジ

```
ADC_MODE(ADC_VCC);
```
なお，ESP8266では，`analogReadResolution()`には対応していません．
▶ **int analogRead(pin);**
pinのアナログ値を返します．
▶ **void analogReadResolution(bit);**　　※ESP-WROOM-32のみ対応
アナログ値の分解能を`bit`に設定します．

● アナログ出力
ESPマイコン用ライブラリはPWM出力には対応していますが，`analogWriteResolution()`には対応していません．
▶ **void analogWrite(pin, value);**
pinからvalueで指定したPWMを出力します．valueに指定できる最大値は定数PWMRANGEに設定されており，デフォルトは1023です．PWMのベース周波数のデフォルトは1kHzです．
▶ **void analogWriteRange(new_range);**　　※ESP-WROOM-02のみ対応
PWMに設定できるレンジの最大値を`new_range`に設定します．
▶ **void analogWriteFreq(new_freq);**　　※ESP-WROOM-02のみ対応
PWMのベース周波数を`new_freq`に変更します．

● Serialクラス
ESPマイコン用のSerialクラスはUART0を利用します．UART1を使うSerial1クラスも用意されています．
▶ **void Serial.begin(baud[, config]);**
baudに指定したボー・レートでシリアル・ポートを初期化し，シリアル通信を開始します．本家Arduinoと同様に，2つめの引き数にSERIAL_7E1というような形式でシリアル・モードを指定することもできます．デフォルトはSERIAL_8N1(データ長8ビット，パリティなし，ストップ・ビット1)です．
▶ **void Serial.end();**
シリアル通信を終了します．
▶ **int Serial.available();**
シリアル・バッファに到着しているデータのバイト数を返します．ESPマイコンは128バイトのシリアル・バッファを持ちます．
▶ **int Serial.read();**
シリアル・バッファから1文字を読み取って返します．データがないときは-1を返します．
▶ **int Serial.peek();**
シリアル・バッファから1文字読み取って返しますが，バッファのポインタは変更しません．データがないときは-1を返します．
▶ **void Serial.flush();**
送信バッファが空になるまで待ちます．
▶ **void Serial.print(data [,format]);**
dataを送信します．formatが指定された場合，dataを加工し出力します．formatに指定できる定数は**表3**のとおりです．
▶ **void Serial.println(data [,format]);**
行末に¥r¥nを付与する以外は，Serial.print()と同じです．
▶ **int Serial.write(data [,len]);**
シリアルにdataを出力します．Serial.print()とは異なり，加工を行いません．lenが指定された場合はdataの先頭lenバイトを出力します．返り値は出力したバイト数です．
▶ **void Serial.setDebugOutput(true|false);**
trueを指定するとシリアル・ポートへのデバッグ出力を有効にします．シリアル・ポートへのデバッグ出力を有効に

表3 Serial.print(data format)のformatに指定できる定数

定数名	機　能
BIN	バイナリ形式('010101…')
OCT	8進数
DEC	10進数
HEX	16進数

するとCの標準関数printf()が利用でき，printf()の出力先がシリアル・ポートに設定されます．
▶ `void Serial.swap()` ※ESP-WROOM-02のみ対応

ESP8266ではUART0のTXがIO1に，RXがIO3に割り当てられていますが，Serial.swap()を呼び出すとTXがIO15に，RXがIO13に再割り当てされます．
▶ `void Serial.set_tx(2);` ※ESP-WROOM-02のみ対応

TXをIO2に再割り当てします．
▶ `int Serial.baudRate();` ※ESP-WROOM-02のみ対応

現在のボー・レートを返します．

● Wire（I²C）クラス

ESPマイコン用のWireクラスは，本家Arduinoとおおむね互換性があります．
▶ `void Wire.begin([int sda, int scl]);`

I²Cの利用を開始します．SDAとSCLのIOピンを指定できます．ESP8266では，SDAとSCLの指定を省略した場合，IO4(SDA)とIO5(SCL)が使われます．
▶ `int Wire.requestFrom(address, count[, stop]);`

addressに指定したI²Cデバイスに対してcountバイトのデータを要求します．stopにtrueを指定した場合，stopメッセージをリクエスト後に送信し，I²Cバスを開放します．stopにfalseを指定した場合はrestartメッセージを送信します．返り値は受信したバイト数です．
▶ `int Wire.read()`

I²Cデバイスからのデータを読み取り，読み取ったバイト数を返します．
▶ `int Wire.available()`

I²Cデバイスから読み取り可能なバイト数を返します．
▶ `void Wire.beginTransmission(address);`

addressに対するデータの書き込みを開始します．
▶ `int Wire.write(value[, length]);`

valueをI²Cデバイスに書き込みます．valueがchar(バイト)のときは1バイトを，valueがString型の場合はstringを，valueがchar*型の場合はバッファの内容を書き込みます．char*型の場合はlengthでデータ長を指定します．返り値は実際に書き込んだバイト数です．
▶ `byte Wire.endTransmission([stop]);`

データの書き込みを終了します．stopにtrueを指定した場合，I²Cバスをstop状態にして開放します(デフォルト)．falseを指定した場合は，restartとなります．返り値を表4に示します．
▶ `void Wire.onReceive(handler);`

データ受信時に呼び出されるコールバック関数handlerを登録します．

● SPIクラス

SPIクラスはArduinoとおおむね互換性を持つ機能が提供されますが，ESP8266ではSPI_MODE2およびSPI_MODE3がサポートされていません．ESP8266ではSCKがIO14，MISOがIO12，MOSIがIO13に割り当てられています．CSはIO15に割り当てられていますが，他のIOを利用することもできます．
▶ `void SPI.begin();`

SPIバスを初期化します．
▶ `void SPI.end();`

SPIバスを開放します．
▶ `void SPI.setBitOrder(order);`

ビット・オーダをorderに指定します．定数LSBFIRST，または定数MSBFIRSTを指定できます．
▶ `void SPI.setClockDivider(divider);`

クロック・ディバイダを設定します．SPI_CLOCK_DIV2〜SPI_CLOCK_DIV128が定義されています．

表4 Wire.endTransmission()の返り値

返り値	意 味
0	成 功
1	データが送信バッファのサイズを超えた
2	スレーブ・アドレス送信後NACKを受信
3	データ・バイトを送信しNACKを受信
4	その他のエラー

▶ `void SPI.setDataMode(mode);`
SPIの転送モードを指定します．ESP8266では`mode`として定数`SPI_MODE0`と`SPI_MODE1`のみ指定できます．
▶ `byte SPI.transfer(value);`
SPIの双方向転送を実行します．SPIバスに`value`(バイト)を送信し，受信したバイトを返します．

● EEPROMクラス

ArduinoではEEPROMクラスを使ってEEPROMへの読み書きを行うことができますが，ESPマイコンではフラッシュ・メモリの1セクタを使ってArduinoのEEPROMをエミュレートしています．そのため，ArduinoのEEPROMクラスとは動作が異なります．
▶ `void EEPROM.begin(size);`
`size`に指定したフラッシュ・メモリの上の領域をEEPROMクラスのために`size`分だけ確保します．`size`は4～4096が指定できます．EEPROMを使用する前に必ず呼び出す必要があります．
▶ `byte EEPROM.read(address);`
`address`から1バイトを読み取り，返します．
▶ `void EEPROM.write(address, value);`
`address`に`value`(バイト)を書き込みますが，このメソッドを呼び出しただけではフラッシュ・メモリは変更されません．`EEPROM.commit()`か`EEPROM.end()`を呼び出すまで，フラッシュ・メモリの変更は保留されます．
▶ `void EEPROM.commit();`
`EEPROM.write()`による変更をフラッシュ・メモリに反映します．
▶ `void EEPROM.end();`
EEPROMの利用を終了します．未変更の書き込みが反映されます．

● Servo

Servoクラスはサーボ・モータを制御します．ESPマイコン用のライブラリには，Arduinoと互換性を持つServoクラスが実装されています．
▶ `void Servo.attach(pin[,min, max]);`
`pin`にサーボを割り当て初期化します．`min`にはサーボの角度0のパルス幅を，`max`には同180度のパルス幅をマイクロ秒(μs)で指定します．省略した場合は`min` = 544マイクロ秒，`max` = 2400マイクロ秒です．
▶ `void Servo.write(angle);`
サーボを`angle`で指定した角度(0～180)に動かします．
▶ `void Servo.writeMicroseconds(uS);`
サーボに`uS`で指定したマイクロ秒のパルスを与えます．
▶ `int Servo.read();`
現在のサーボの角度(最後の`write()`の値)を返します．
▶ `boolean Servo.attached();`
サーボが`attach()`で割り当てられているならば，`true`を返します．
▶ `void Servo.detach();`
サーボの割り当てを解除します．

[2] ESPマイコン向けにカスタマイズされたWiFiクラスと関連クラス

ESPマイコンのWiFiクラスは，ArduinoのWi-FiシールドでサポートされているWiFiクラス[4]と互換性をもたせつつ，ESPマイコンに特化したメソッドが実装されています[5]．ESPマイコン用ライブラリと本家のArduinoライブラリとの大きな違いは，ESPマイコンがアクセス・ポイント・モードに対応している点です．

ここでは，WiFiクラスとその関連クラスの概要をまとめます．WiFi関連クラスの多くは，Arduinoと互換性を持ちます．

● WiFiクラス

ESPマイコン用ライブラリのWiFiクラスは本家Arduinoから大きく拡張されています．アクセス・ポイントに

接続するSTAモードに加えて，アクセス・ポイントとして機能するAPモードやオープン・ネットワークをサポートするためです．

モードを設定する`WiFi.mode()`を呼び出す必要があるため，Arduinoと完全互換というわけにはいきませんが，STAモードで使う場合はほぼArduinoのコードが流用可能です．

▶ `void WiFi.mode(m);`

`m`にモードを指定します．モードには表5の定数を指定します．

▶ `int WiFi.begin([ssid, pass]);`

Wi-Fiの接続を行います．STAモードの場合は，`ssid`に接続先のSSIDを，`pass`にパスフレーズを指定します．返り値は接続のステータスです（表6）．

▶ `bool WiFi.disconnect([wifioff, eraseap]);`

Wi-Fiを切断します．`wifioff`にboolean値`true`を指定すると切断後にWi-Fiをオフにします．また`eraseap`に`true`を指定するとアクセス・ポイント・モードの情報をクリアします．初期値は双方とも`false`です．

▶ `bool WiFi.reconnect();`

再接続します．成功したら`true`を返します．

▶ `bool WiFi.config(local_ip, gateway, subnet, dns1, IPAddress);`

Wi-Fiインターフェースを設定します．`local_ip`，`gateway`，`subnet`，`dns1`，`dns2`にそれぞれのIPAddressオブジェクトを渡します．成功すると`true`を返します．

▶ `String WiFi.SSID();`

現在接続しているSSIDを返します．

▶ `uint8_t* WiFi.BSSID();`

現在接続しているBSSIDを返します．

▶ `String WiFi.BSSIDstr();`

BSSIDをstringで返します．

▶ `uint8_t WiFi.RSSI();`

RSSI（Received Signal Strength Indication：受信信号強度）を返します．

▶ `int16_t WiFi.scanNetworks([async = false, show_hidden = false, passive = false]);`

近隣のアクセス・ポイントをスキャンします．`async`（非同期），`show_hidden`（HIDDENモードをスキャンするか），`passive`（パッシブ・モード）をそれぞれbool値で指定できます．省略した場合はすべて`false`です．見つかったアクセス・ポイントの数を返します．

▶ `wl_status_t WiFi.status();`

現在のステータスを返します．

▶ `String WiFi.macAddress();` / `uint8_t* WiFi.macAddress(mac);`

MACアドレスを返します．引き数に`uint8_t* mac`を指定した場合，MACアドレスを設定して返します．

▶ `IPAddress WiFi.localIP();`

現在のIPアドレスを返します．

▶ `IPAddress WiFi.subnetMask();`

現在のサブネット・マスクを返します．

▶ `IPAddress WiFi.gatewayIP();`

現在のゲートウェイ・アドレスを返します．

▶ `IPAddress WiFi.dnsIP();`

現在のDNSアドレスを返します．

表5 WiFiクラスのモード（m）に指定できる定数

定数名	モード
WIFI_AP	アクセス・ポイント・モード
WIFI_STA	STAモード
WIFI_AP_STA	アクセス・ポイント・モードとSTAモードの両用
WIFI_OFF	Wi-Fiインターフェースを停止

表6 WiFi.begin()の返り値

定数	意味
WL_CONNECTED	接続に成功した
WL_IDLE_STATUS	接続していない（アイドル状態）

▶ `boolean WiFi.isConnected();`
　接続しているならtrueを返します．
▶ `bool WiFi.setAutoReconnect(autoReconnect);`
　autoReconnectにtrueを設定すると，自動再接続を行います．
▶ `bool WiFi.getAutoReconnect();`
　現在の自動再接続モードを返します．
▶ `bool WiFi.softAP(ssid[, passphrase = NULL, int channel = 1, int ssid_hidden=0, int max_connection = 4]);`
　APモード時にオープン・ネットワークのアクセス・ポイントを設定します．SSIDにESPマイコンのSSIDを文字列(char*)で設定します．passphrase, channel, ssid_hidden(HIDDENモード), max_connection(最大接続数)を指定できます．
▶ `String WiFi.softAPmacAddress();` / `uint8_t* WiFi.softAPmacAddress(mac);`
　APモード時のMACアドレスを返します．引き数にmacを指定した場合，MACアドレスを設定して返します．
▶ `IPAddress WiFi.softAPIP();`
　APモード時，現在のIPアドレスを返します．
▶ `void WiFi.printDiag(Serial);`
　Serialに指定したシリアル・ポートにWi-Fiのデバッグ・メッセージを出力します．

● WiFiUDPクラス(WiFi関連クラス)
　Arduinoと互換性があるWiFiUDPクラス(UDPを扱うクラス)が実装されています．Arduinoと同じメソッドが実装されているほか，UDPマルチキャストを扱う2つのメソッドが追加されています．
▶ `int udp.beginPacketMulticast(addr, port, ip);`
　UDPマルチキャスト送信を開始します．addrにマルチキャスト・アドレスをIPAddressオブジェクトでセットし，portにポート番号を，ipに自分自身のアドレスをIPAddressオブジェクト(WiFi.localIP()を使う)でセットします．成功すると1を，失敗すると0を返します．
▶ `uint8_t udp.beginMulticast(ip, multicast_ip_addr, port);`
　portに指定したポート番号に対するUDPマルチキャストの受信を開始します．multicast_ip_addrにマルチキャストアドレスを，ipに自分自身(WiFi.localIP())をセットします．成功すると1を，失敗すると0を返します．

● ESPmDNS/ESP8266mDNSクラス(WiFi関連クラス)
　ESPマイコン用ライブラリには，Multicast DNS(mDNS)をサポートするシンプルなクラスが用意されています．mDNSは，Appleが策定したZeroconfというネットワークの自動設定を行うシステムに伴って開発されたプロトコルの一種です．簡単に説明すると，クライアントはLANにマルチキャストで利用したいサービスを問い合わせ，サーバは問い合わせを受けて自分がサービスを持っているのならレスポンスを返す，という仕組みです．
　ESP32ではESPmDNSクラスが，ESP8266ではESP8266mDNSクラスが用意されています．双方ともほぼ同じメソッドを持ち，同じように扱うことができます．主なメソッドを紹介しておきます．利用する際にはスケッチ例に用意されているmDNSのサンプル・プログラムも参照してください．
▶ `bool MDNS.begin(hostName);`
　mDNSサービスを開始します．hostNameにホスト名を文字列でセットします．成功したらtrueを返します．
▶ `void MDNS.addService(service, proto, port);`
　このデバイスにサービスを追加します．serviceにサービス名を，protoにプロトコル名を文字列でセットします．portにはポート番号をセットします．
▶ `bool MDNS.addServiceTxt(name, proto, key, value);`
　TXTレコードを追加します．name, proto, key, valueにTXTレコードの内容をセットします．
▶ `int MDNS.queryService(service, proto);`
　LAN内のサービスを検索します．serviceにサービス名を，protoにプロトコル名を文字列でセットします．返り値は見つかった数です．

▶ `String MDNS.hostname(index);`
　queryService()で発見したサービスを提供するホスト名を返します．indexにはインデックス番号を与えます．
▶ `IPAddress MDNS.IP(index);`
　queryService()で発見したサービスを提供するIPアドレスを返します．indexにはインデックス番号を与えます．
▶ `uint16_t MDNS.port(index);`
　queryService()で発見したサービスを提供するポート番号を返します．indexにはインデックス番号を与えます．

● DNSServerクラス（WiFi関連クラス）
　APモードで利用する際に便利なシンプルなDNSサーバとして機能するDNSServerクラスが提供されています．ESP32，ESP8266の双方で利用できます．おもなメソッドを紹介します．実際に利用する際にはサンプル・スケッチも参照してください．
▶ `void dnsServer.processNextRequest();`
　次のDNSクエリを処理します．
▶ `void dnsServer.setTTL(ttl);`
　TTL値をセットします．
▶ `bool dnsServer.start(port,domainName,resolvedIP);`
　DNSサーバを開始します．portにDNSサーバのポート番号(53)を，domainNameにドメイン名の文字列を，resolvedIPにIPAddressオブジェクトでIPアドレスをセットします．domainNameに"*"を指定した場合，すべてのドメイン名となります．
▶ `void dnsServer.stop();`
　DNSサーバを停止します．

● その他のWiFi関連クラス
　Arduinoに実装されているServerクラス，Clientクラスは，ESPマイコンでも同じように利用できます．
　さらにESP8266では，ESP8266SSDPクラスが実装されています．このクラスはUPnPでLAN内のサービスを探索するSSDP（Simple Service Discovery Protocol）の実装です．執筆時点ではESP32にSSDPを扱うクラスが（なぜか）存在しないので，利用できるのはESP8266（つまり，ESP-WROOM-02）のみとなります．
　SSDPの扱い方については，ESP8266のサンプル・スケッチを参照してください．

[3] ESPマイコン固有のライブラリ

　ESP固有の機能を実装したというインスタンスが定義されており，利用できます．ESP8266とESP32では，実装されている機能がやや異なります．
▶ `void ESP.deepSleep(microseconds, mode);`　　※ESP-WROOM-02のみ対応
　microsecondsに指定したマイクロ秒だけESP8266をディープ・スリープ状態にします．microsecondsに0を設定した場合，RSTピンがLowになるまでスリープします．指定したマイクロ秒後にウェイクアップさせたい場合は，IO16をRSTピンに接続しておく必要があります．
　modeにはウェイクアップ後のWi-FiのRF回路の状態を設定します．表7の定数を指定します．
▶ `bool ESP.rtcUserMemoryWrite(offset, data, sizeof(data));`　　※ESP-WROOM-02のみ対応
　RTCメモリのoffsetからuint32_t* dataで指定したデータをsizeof(data)分だけ書き込みます．成功したらtrueを返します．
▶ `bool ESP.rtcUserMemoryRead(offset, data, sizeof(data));`　　※ESP-WROOM-02のみ対応
　RTCメモリのoffsetからuint32_t* dataにsizeof(data)バイト読み出します．成功したらtrueを返します．
▶ `void ESP.restart();`
　CPUをリスタートします（ソフトウェア・リセット）．

▶ `String ESP.getResetReason();` ※ESP-WROOM-02のみ対応
リセット理由を文字列で返します.

▶ `uint32_t ESP.getFreeHeap();`
ヒープメモリの空き領域を返します.

▶ `uint32_t ESP.getChipId();` ※ESP-WROOM-02のみ対応
ESP8266のチップID(固有ID)を返します.

▶ `uint8_t ESP.getChipRevision();` ※ESP-WROOM-32のみ対応
ESP32のリビジョン番号を返します.

▶ `uint32_t ESP.getFlashChipId();` ※ESP-WROOM-02のみ対応
フラッシュ・メモリ・チップのIDを返します.

▶ `uint32_t ESP.getFlashChipSize();`
フラッシュ・メモリのサイズを返します.

▶ `uint32_t ESP.getFlashChipSpeed();`
フラッシュ・メモリの速度(クロック周波数)をHz単位で返します.

▶ `FlashMode_t ESP.getFlashChipMode();`
フラッシュ・メモリのモードを返します. 返り値は表8の定数が定義されています.

▶ `uint32_t ESP.getCycleCount();` ※ESP-WROOM-02のみ対応
クロック・サイクル数を返します. 命令のクロック・サイクルを調べるために利用します.

▶ `uint16_t ESP.getVcc();` ※ESP-WROOM-02のみ対応
V_{CC}の電圧を返します. `analogRead(A0)`を利用している場合, この関数は利用できません. 詳しくはアナログ入出力の項を参照してください.

▶ `bool ESP.flashEraseSector(sector);`
フラッシュ・メモリの`sector`で指定したセクタを消去します. 成功したら`true`を返します.

▶ `bool ESP.flashWrite(offset, data, size);`
フラッシュ・メモリの`offset`から`uint32_t* data`を`size_t size`バイト書き込みます. 成功したら`true`を返します.

▶ `bool ESP.flashRead(offset, data, size);`
フラッシュ・メモリの`offset`から`uint32_t* data`に`size_t size`バイト読み出します. 成功したら`true`を返します.

◆参考文献◆

(1) ESP8266 Community Forum；Documentation for ESP8266 Arduino Core, http://esp8266.github.io/Arduino/versions/2.3.0/doc/reference.html
(2) ESP8266 Community Forum；ESP8266 Arduino Core - Reference, https://arduino-esp8266.readthedocs.io/en/latest/reference.html
(3) Arduino公式サイト；Language Reference, https://www.arduino.cc/reference/en/
(4) Arduino公式サイト；Language Reference - WiFi library, https://www.arduino.cc/en/Reference/WiFi
(5) ESP8266 Community Forum；ESP8266 Arduino Core - Libraries - WiFi, https://arduino-esp8266.readthedocs.io/en/latest/esp8266wifi/readme.html

〈米田 聡〉

表7 ウェイクアップした後のWi-FiのRF回路の状態(mode)に指定できる定数

定 数	モード
WAKE_RF_DEFAULT	初期化コードの設定に従う(デフォルトの動作)
WAKE_RFCAL	キャリアを出力する(ウェイクアップ後に大きな電流が流れる)
WAKE_RF_NO_CAL	キャリアを出力しない
WAKE_RF_DISABLED	RF回路を無効化する

表8 `ESP.getFlashChipMode()`の返り値

定 数	意 味
FM_QIO	QIO
FM_QOUT	QOUT
FM_DIO	DIO
FM_DOUT	DOUT
FM_UNKNOWN	不明
FM_FAST_READ	高速リード(ESP32のみ)
FM_SLOW_READ	低速リード(ESP32のみ)

第2章 ESP-WROOM-02とESP-WROOM-32で動作確認済み
マイコン制御に特化! MicroPythonライブラリ・リファレンス

本章では，MicroPythonの主要なライブラリの関数やクラス，クラス・メソッドを説明します．MicroPythonに実装されているライブラリのうち，CPythonと互換性をもつライブラリや，おおむね互換性をもつライブラリは詳細には取り上げません．MicroPython固有のライブラリを中心に概説します．

情報をまとめるにあたり，ESP8266向けとESP32向けに移植されたMicroPythonのファームウェアを，それぞれ「ESP-WROOM-02」と「ESP-WROOM-32」で動作確認しました．執筆時点（2018年7月）での対応状況をアイコンなどで明示しています．

なお，ESP32向けのMicroPythonは移植中のステータスにあるため，すべてのライブラリやクラス，クラス・メソッドが実装されているわけではありません．また，今後，仕様が変わる可能性があります．最新情報はMicroPythonの公式サイトに掲載されているドキュメント[1]で確認ください．

まずは，MicroPython特有のモジュール（**表1**）とESPマイコン用のモジュール（**表2**）から紹介します．

表1 MicroPython特有のモジュール（主なものを抜粋して紹介）

モジュール名	内容
machine	ハードウェアを制御する
network	ネットワークを設定・制御する
framebuf	フレーム・バッファを取り扱う
btree	シンプルなデータベースを提供する
uctypes	メモリ・アドレス領域にアクセスする

表2 ESPマイコン用のMicroPythonのモジュール

モジュール名	内容
ESP	ESP8266マイコンに固有の機能を提供する
ESP32	ESP32に固有の機能を提供する

[1] MicroPython特有のモジュール

machine モジュール
ハードウェアを制御する関数およびクラスが集約されています． `02対応` `32対応`

● モジュール関数

▶`machine.reset()`
マイコンをリセットします．

▶`machine.reset_cause()`
リセット要因を返します．返り値は**表3**のとおりです．

▶`machine.disable_irq()`
割り込みを禁止を要求し，現在のIRQの状態を返します．

▶`machine.enable_irq`(状態)
割り込みを有効化します．パラメータとして，`machine.disable_irq()`からの戻り値を渡す必要があります．

▶`machine.freq()`
CPUのクロック周波数をHz単位で返します（**図1**）．

▶`machine.idle()`
CPUを消費電力の低いアイドル状態に移行させます．アイドル状態では割り込みは受け付けられ，SoCに組み込まれているペリフェラルは機能し続けます．

▶`machine.sleep()` ※ESP-WROOM-32のみ対応
CPUをスリープ状態に移行して，Wi-Fiインターフェース以外のペリフェラルを停止します．スリープからの復帰要因を設定しておかないかぎり，スリープから復帰しません．`Pin`クラスの`irq()`メソッドなどを参照してください．なお，ESP-WROOM-02用には実装されていません．

表3 リセット要因

定数名	値	要因
`machine.PWRON_RESET`	1	パワーオン・リセット
`machine.HARD_RESET`	2	ハードウェア・リセット
`machine.WDT_RESET`	3	ウォッチドッグ・タイマ
`machine.DEEPSLEEP_RESET`	4	ディープ・スリープ・リセット
`machine.SOFT_RESET`	5	ソフトウェア・リセット

図1 machine.freq()の実行例

表4 modeの指定

定数名	モード
Pin.IN	入力モード
Pin.OUT	出力モード
Pin.OPEN_DRAIN	オープン・ドレイン

表5 pullの設定値

設定値	プルアップ
None	プルアップを設定しない
Pin.PULL_UP	プルアップ
Pin.PULL_DOWN	プルダウン

▶**machine.deepsleep()**
　CPUとWi-Fiインターフェースを含むすべてのペリフェラルを停止して，ディープ・スリープ状態に移行します．スリープからの復帰要因を設定しておくかリセットしないかぎり，ディープ・スリープからは復帰しません．Pinクラスのirq()メソッドなどを参照してください．

▶**machine.unique_id()**
　ボード固有のIDを返します．ESP-WROOM-32では4つのバイト列が返されます．

▶**machine.time_pulse_us(Pin, pulse_level, timeout_us=1000000)**
　I/Oピンに与えられるパルスの時間を計測して，返します．PinにはPinオブジェクトを渡します．pulse_levelはHighの時間を測るなら1，Lowなら0です．timeout_usにはタイムアウトをマイクロ秒(μs)で設定します．
　タイムアウトが発生したら-2を返します．また，現在のピンのレベルがpulse_levelと異なる場合，pulse_levelと等しくなるまで待って-1を返します．

● machine.Pinクラス
　machine.PinクラスはGPIOを制御するために用いるクラスです．コンストラクタは次のとおりです．
　　machine.Pin(id, mode=-1, pull=-1, *, value=n)
　idはGPIOを識別するための番号あるいは文字列です．ESP-WROOM-02/32ではI/O番号を渡せます．
　modeには，GPIOを初期化するモードを指定します．指定する値は**表4**のとおりです．
　pullにはプルアップを設定します．設定値は**表5**のとおりです．
　valueはPin.OUTおよびPin.OPEN_DRAINモードに設定したピンのみ有効で，初期出力値をnに設定します．

▶**Pin.init(mode = -1, pull = -1, value)**
　PinオブジェクトのGPIOを初期化します．値についてはコンストラクタを参照してください．

▶**Pin.value([n])**
　入力モードのGPIOでは現在の値を返します．出力モードのGPIOではピンを値nに設定します．

▶**Pin.irq(handler=None, trigger=トリガ, wake=None)**
　GPIOに割り込みハンドラを設定します．handlerに割り込みハンドラを指定します．
　triggerには割り込みのトリガを設定します（**表6**）．
　wakeにはこの割り込みでウェイクアップさせる電力モードを指定します．ESP-WROOM-02で指定できるのはmachine.DEEPSLEEPのみです．ESP-WROOM-32ではmachine.IDLE, machine.SLEEP, machine.DEEPSLEEPを指定でき，この3つの値をORで結んで与えることもできます．

● machine.Signalクラス
　machine.Signalクラスは，machine.Pinクラスの高機能なラッパ・クラスです．machine.Pinクラスは低レベルなGPIOのハードウェアに依存しますが，machine.SignalクラスではアクティブLowあるいはアクティブHighのいずれかを設定し，GPIOがアクティブか否かを抽象的に取り扱うことができます．使用例を**リスト1**に示します．

表6 triggerの設定値

設定値	割り込み
Pin.IRQ_FALLING	立ち下がりエッジ
Pin.IRQ_RISING	立ち上がりエッジ
Pin.IRQ_LOW_LEVEL	Lowで割り込み
Pin.IRQ_HIGH_LEVEL	Highで割り込み

リスト1　machine.Signalクラスの使用例

```
from machine import Pin
from machine import Signal

p2 = Pin(2, Pin.OUT)
s2 = Signal(p2)
s2.on()      # Pin2をアクティブ(=High)に
```

[1] MicroPython特有のモジュール

コンストラクタは次のとおりです．
```
machine.Signal(Pin, invert=False)
machine.Signal(pin_args...,invert=False)
```
machine.Signal()のインスタンスはPinオブジェクトを渡して作成するか，machine.Pinクラスのコンストラクタと同じ引き数(pin_args...)を渡して作成することができます．invertにTrueを設定するとアクティブLowとなります．

▶**Singal.value([n])**

GPIOが入力モードのとき，アクティブならば1を非アクティブなら0を返します．出力モードのときにはnでアクティブ状態を設定します．

▶**Signal.on()**

GPIOをアクティブにします．

▶**Singal.off()**

GPIOを非アクティブにします．

● machine.UARTクラス

machine.UARTクラスはUART/USARTシリアル通信プロトコルを実装した高機能なクラスです．8ビットまたは9ビット・ワードの通信を行うことができます．

コンストラクタは次のとおりです．
```
class machine.UART(id)
```
idにUART番号を指定し，UARTのインスタンスを作成します．ESP-WROOM-32ではidとして1または2を指定します．

▶**UART.init(baud, bits=8, parity=None, stop=1)**

UARTを初期化します．baudにボー・レートを設定してください．bitsにビット幅を，parityにパリティ・ビットを，stopにストップ・ビットを設定します．

▶**UART.deinit()**　※ESP-WROOM-32のみ対応

UARTを開放します．

▶**UART.any()**

UARTバッファに読み取り可能な文字があるかどうかを調べます．可能な文字がない場合は0を返し，読み取り可能な文字があるときには1を返します．返す値と文字数とは無関係な点に注意してください．

このクラス・メソッドを使うよりもselect.poll()を使ったほうがよりスマートです(リスト2)．

▶**UART.read([nbytes])**

UARTから文字を読み取りbytes列を返します．nbytesが指定された場合はnbytesぶんを読み取り，指定されない場合は読み取れるだけの文字を読み取ります．

▶**UART.readline()**

UARTから1行を読み取ります．

▶**UART.readinto(buf[, nbytes])**

UARTからbufに文字を読み取ります．nbytesが指定されている場合はnbytesぶんを読み取り，そうでない場合は最大bufサイズぶんを読み取ります．

▶**UART.write(buf)**

UARTにbufを書き込み，書き込んだバイト数を返します．

▶**UART.sendbreak()**

ブレーク信号を送信します．

● machine.SPIクラス

SPI(Serial Peripheral Interface)バスの制御を実装した高機能なクラスです．MicroPythonのmachine.SPIクラスではCS(Chip Select)の制御に関してはmachine.Pinクラスを使って行うことを前提にしています．CSの制御はmachine.SPIクラスに実装

リスト2　select.poll()の使用例

```
poll = select.poll()
poll.register(uart, select.POLLIN)
poll.poll(timeout)
```

されていない点に留意してください．コンストラクタは次のとおりです．
```
machine.SPI(id)
```
idはSPIマスタ固有のハードウェアを識別するID番号もしくは文字列です．ESP-WROOM-02では1を，ESP-WROOM-32では1または2を指定します．

▶**SPI.init(baudrate=1000000, polarity=0, phase=0, bits=8, firstbit=SPI.MSB, sck=None, mosi=None, miso=None)**

SPIバスを初期化します．baudrateにSPIクロックをHz単位で設定してください．

polarityは極性の指定で1または0，phaseは位相の指定で1または0を設定します．bitsはデータ長で，8以外はサポートしていません．

firstbitは定数SPI.MSBでMSBファースト，定数SPI.LSBでLSBファーストとなります．

sck，mosi，misoに任意のGPIOを使いたい場合，それぞれにPinオブジェクトを設定することができますが，ハードウェアの制限によって何でも指定できるわけではありません．

▶**SPI.deinit()**

SPIを開放します．

▶**SPI.readinto(buf, write=0x00)**

SPIからbufにデータを読み取り，writeに指定した1バイトをスレーブに書き込みます．成功したか否かに関わらずNoneを返します．

▶**SPI.write(buf)**

SPIのスレーブに対してbufを書き込み，Noneを返します．

▶**SPI.write_readinto(write_buf, read_buf)**

SPIのスレーブに対してwrite_bufを書き込み，read_bufを読み取ります．

● machine.I2Cクラス

I²Cプロトコルを実装したクラスです．コンストラクタは次のとおりです．
```
machine.I2C(id=-1, scl, sda, freq=400000)
```
idはI²CインターフェースのID固有を指定しますが，ESP-WROOM-02/32ではソフトウェア制御を意味する−1を指定します．

sclおよびsdaには，それぞれに使用するmachine.Pinオブジェクトを設定します．

freqにはI²CクロックをHz単位で設定します．デフォルト値は400kHzです．

▶**I2C.init(scl, sda, freq=400000)**

I²Cバスを初期化します．引き数の意味はコンストラクタを参照してください．

▶**I2C.scan()**

I²Cアドレス0x08から0x77の間をスキャンして，応答があったアドレスのListオブジェクトを返します(**図2**)．スキャンはI²Cアドレス送出後，SDAをLowにしてACK応答を得ることで行われます．

▶**I2C.start()**

I²Cバスをスタート・コンディションにします．

▶**I2C.stop()**

I²Cバスをストップ・コンディションにします．

▶**I2C.readinto(buf, nack=True)**

I²Cからbuf長ぶんのデータを読み取ってbufに格納します．nackをTrueに設定(デフォルト)すると，データ受信後にACKに続いてNACKを送出します．

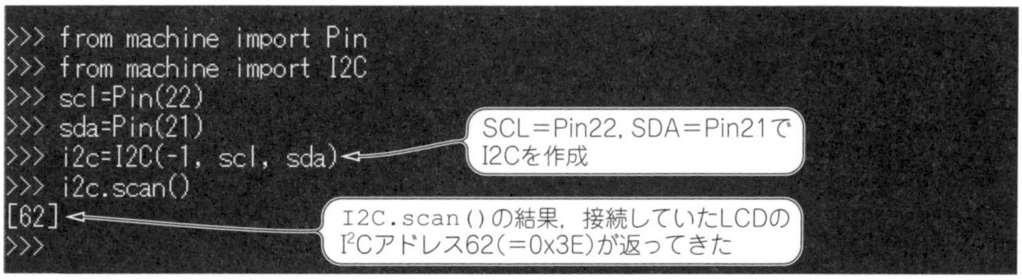

```
>>> from machine import Pin
>>> from machine import I2C
>>> scl=Pin(22)
>>> sda=Pin(21)
>>> i2c=I2C(-1, scl, sda)     ← SCL=Pin22，SDA=Pin21でI2Cを作成
>>> i2c.scan()
[62]                          ← I2C.scan()の結果，接続していたLCDの
>>>                             I²Cアドレス62(=0x3E)が返ってきた
```

図2 I2C.scan()の実行例

```
>>> from machine import RTC
>>> rtc=RTC()
>>> rtc.datetime()
(2018, 3, 8, 3, 1, 9, 20, 922837)
>>>
```
← RTCの現在時がタプル型で返る

図3　RTC.datatime()の実行例

```
>>> from machine import Timer
>>> def callbackfunc(id):
...     print('Timeout')
...
>>> timer=Timer(0)   ← ONE_SHOTでタイマを起動
>>> timer.init(period=1000, mode=timer.ONE_SHOT, callback=callbackfunc)
>>> Timeout   ← 1秒後にcallbackfuncが実行された
```

図4　Timer.initの実行例

リスト3　ntptimeモジュールの使用例

```
import ntptime
ntptime.host='ntp_host_addr'        # NTPサーバのIPアドレス
ntptime.settime()                   # RTCをNTPに同期させる
```

▶**I2C.write(buf)**

I^2Cにbufを書き込みます．バイトごとにACKをチェックし，またNACKを受信したら送信を停止します．返り値は受信したACK数です．

▶**I2C.readfrom(addr, nbytes, stop=True)**

I^2Cアドレスaddrのスレーブからnbytesを読み取ってbytes配列を返します．stopをTrue(デフォルト)に設定すると，受信後にバスをストップ・コンディションに遷移させます．

▶**I2C.readfrom_into(addr, buf, stop=True)**

I^2Cアドレスaddrのスレーブからbufサイズぶんのデータを読み取ってbufに格納します．stopをTrue(デフォルト)に設定すると，受信後にバスをストップ・コンディションに遷移させます．

▶**I2C.writeto(addr, buf, stop=True)**

I^2Cアドレスaddrのスレーブにbufを書き込みます．stopをTrue(デフォルト)に設定すると，書き込み後にバスをストップ・コンディションに遷移させます．

▶**I2C.readfrom_mem(addr, memaddr, nbytes)**

I^2Cアドレスaddrのmemaddrから始まるレジスタをnbytesぶん読み取り，bytes配列に格納して返します．

▶**I2C.readfrom_mem_into(addr, memaddr, buf)**

I^2Cアドレスaddrのmemaddrから始まるレジスタをbufサイズぶん読み取り，bufに格納します．このメソッドはNoneを返します．

▶**I2C.writeto_mem(addr, memaddr, buf)**

I^2Cアドレスaddrのmemaddrから始まるレジスタにbufを書き込み，Noneを返します．

● machine.RTCクラス

リアルタイム・クロック(RTC)を管理するクラスです．ESP-WROOM-32ではdatetimeメソッドおよびinitメソッドしか実装されていません．コンストラクタは次のとおりです．

　　machine.RTC()

▶**RTC.init(now)**

RTCをnowで初期化します．nowには現在日時を下記のタプル型で指定します．

　　(year, month, day [, hour[, minute [, second[, microsecond]]]])

▶**RTC.datetime()**

RTCの日時をタプル型で返します(**図3**)．

▶**RTC.alarm (id, time)**　　※ESP-WROOM-02のみ対応

RTCによるアラームを設定します．idには定数RTC.ALARM0のみ指定できます．timeにはアラームを発生させる時刻を，現在時からのミリ秒(ms)か，またはdatetimeをタプルで指定します．

▶**RTC.irq (trigger=RTC.ALARM0, wake=machine.DEEPSLEEP)**　　※ESP-WROOM-02のみ対応

triggerに指定した条件で割り込みを発生させます．wakeには割り込みから復帰する条件を指定します．ESP-WROOM-02ではtriggerにはアラーム(RTC.ALARM0)のみ，またwakeにはmachine.DEEPSLEEPしか指定できません．RTC.alarm()で設定した時刻にディープ・スリープ状態から復帰します．

▶**machine.RTCに関する追記**

ESP-WROOM-32では，Wi-Fiインターフェースでネットワークに接続しているのであれば，RTCの日時設定にntptimeモジュールが利用できます．**リスト3**を参考にしてください．

● machine.Timerクラス

ハードウェア・タイマを制御するクラスです．コンストラクタは次のとおりです．

```
machine.Timer(id)
```

idにはタイマ・ハードウェアを識別する数値を指定します．ESP-WROOM-02では規定のハードウェアを使用する-1を指定します．ESP-WROOM-32では0～3を指定できます．

▶**Timer.init(period, mode, callback=handler)**

タイマ・ハードウェアを初期化します．periodにはタイマを起動する周期をミリ秒で指定します．

modeには定数Timer.PERIODICを設定すると周期的にタイマ割り込みが発生し，定数Timer.ONE_SHOTを設定すると1回のみタイマ割り込みが発生します(**図4**)．

callbackにはタイマ割り込み発生時に呼び出すコールバック関数を設定します．

▶**Timer.deinit()**

そのタイマ・オブジェクトを無効にします．

▶**Timer.value()** ※ESP-WROOM-32のみ対応

タイマの現在値を返します．

● machine.WDTクラス

ウォッチドッグ・タイマを設定するクラスです．コンストラクタは次のとおりです．

```
machine.WDT(id)
```

idにはウォッチドッグ・タイマを識別する数値を指定します．ESP-WROOM-02/32では0しか指定できません．

▶**WDT.feed()**

WDT.feed()が定期的に呼び出されないと異常発生と見なし，ウォッチドッグ・タイマによってリセットが実行されます．

▶**WDT.deinit()** ※ESP-WROOM-02のみ対応

WDTを無効化します．

● machine.ADCクラス ※ESP-WROOM-02のみ対応

ESP-WROOM-02では，TOUT端子をアナログ入力として使うことができます．入力範囲は0～1V，精度は10ビットです．範囲を超える入力を与えると壊れるので注意してください．

コンストラクタは次の通りです．

```
adc = machine.ADC(channel)
```

channelで指定したアナログ入力を初期化し，ADCオブジェクトを返します．ESP8266はアナログ入力チャネルを1つしか持たないので，channelには0しか指定できません．

▶**ADC.read()**

アナログ入力値が返ります．使用例を**図5**に示します．

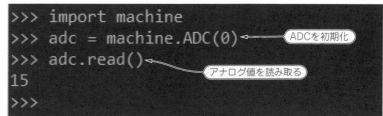

図5 machine.ADCの使用例

networkモジュール

ネットワークの制御やIPネットワークの機能を提供するモジュールです．
ESPマイコンの場合，SoC内蔵のWi-Fiインターフェースを用いるためにnetworkモジュールを活用します．

● モジュール関数

▶**network.phy_mode([mode])**

ネットワーク物理層のモードを設定します．ESP-WROOM-02/32では**表7**の定数が指定できます．なお，MicroPythonの標準的な仕様ではmodeを指定しないときに現在のモードを返しますが，ESP-WROOM-32では現在のモードを取得することができません．

表7 ネットワーク物理層のモード設定

定　数	モード
network.MODE_11B	IEEE802.11b
network.MODE_11G	IEEE802.11g
network.MODE_11N	IEEE802.11n

● network.WLANクラス　　※ESP-WROOM-32のみ対応

ESP-WROOM-02/32のWi-Fiインターフェースを使ってネットワーク接続を行うクラスです．接続後はsocketとして利用することができます．コンストラクタは次のとおりです．

network.WLAN(id)

idには定数network.STA_IF，もしくは定数network.AP_IFを設定します．定数network.STA_IFを指定した場合，Wi-Fiインターフェースは他のアクセス・ポイントに接続するモードで初期化されます．一方，定数network.AP_IFを指定した場合は，Wi-Fiインターフェースがアクセス・ポイント・モードで初期化されます．

▶**WLAN.active([is_active])**

Wi-Fiインターフェースのアクティブ状態を設定あるいは取得します．is_activeにTrueを設定した場合，Wi-Fiインターフェースがアクティブ状態になり，is_activeにFalseを設定するとWi-Fiインターフェースが非アクティブ状態になります．ネットワークに接続する場合，アクティブ状態に遷移させる必要があります．

▶**WLAN.connect(ssid, password, bssid=None)**

ssidに指定したアクセス・ポイントに接続します．認証が必要な場合，passwordにパス・フレーズを設定します．bssidにBSSIDが与えられた場合，そのBSSIDに接続が制限されます．

▶**WLAN.scan()**

network.STA_IFで初期化されているWLANオブジェクトでのみ有効なメソッドです．Wi-Fiのスキャンを行い，近隣のアクセス・ポイント情報をList型で返します（**図6**）．1件のアクセス・ポイント情報は次のようなタプル型に格納されています．

(ssid,bssid,channel,RSSI,authmode,hidden)

authmodeには**表8**のアクセス・ポイントがサポートする認証モードを示す定数が格納されています．
hiddenはアクセス・ポイントのHiddenモードがONならばTrue，そうでないならFalseです．

▶**WLAN.status()**

WLANオブジェクトの活動状態を返しますが，ESP-WROOM-32では未実装です．呼び出してもエラーにはなりませんが活動状態は返りません．

▶**WLAN.isconnected()**

WLANオブジェクトが接続状態ならばTrueを，そうでないならFalseを返します．

▶**WLAN.ifconfig([(ip, subnet, gateway, dns)])**

IPアドレス情報の取得または設定を行います．設定を行う場合，IPアドレス，サブネット・アドレス，ゲート

図6　WLAN.scan()の実行例

表8 アクセス・ポイントがサポートする認証モードを示す定数

定数	認証モード
network.AUTH_OPEN	オープン
network.AUTH_WEP	WEP認証
network.AUTH_WPA_PSK	WPA-PSK認証
network.AUTH_WPA2_PSK	WPA2-PSK認証
network.AUTH_WPA_WPA2_PSK	WPA/WPA2-PSK認証

表9 paramに指定する文字列

文字列	取得するパラメータ
mac	MACアドレス(bytesで返る)
essid	APモードのとき現在のESSID
channel	APモードのとき現在のチャネル
hidden	APモードのとき現在のHiddenモード
authmode	APモードのとき現在の認証モード
dhcphostname	DHCPサーバのアドレス(ESP-WROOM-32では未サポート)

ウェイ,DNSのIPアドレスをタプル型で渡します.

一方,設定値を指定しない場合,現在の設定をタプル型で返します.

▶**WLAN.config('param')**

WLANオブジェクトのパラメータを取得します.取得するパラメータはparamに文字列で指定します.**表9**の文字列を指定することができます.

▶**WLAN.config(param=value,…)**

APモードのとき,WLANオブジェクトのパラメータを設定します.設定できるparamは**表9**のとおりです.

● network.LANクラス　※ESP-WROOM-32のみ対応

ESP-WROOM-32では,network.WLANクラスのほかにMicrochip社の有線LANインターフェース"LAN8720"をESP-WROOM-32に接続して利用できるnetwork.LANクラスが用意されています.コンストラクタは次のとおりです.

　　network.LAN(id = None,mdc = Pin(n),mdio = Pin(n),power = Pin(n),phy_addr = addr,
　　　　　　phy_type = network.PHY_LAN8720)

mdc,mdio,powerにはそれぞれに使用するPinオブジェクトを設定します.phy_addrには物理アドレスを設定します.phy_typeに指定できるのは定数network.PHY_LAN8720のみです.

framebuf モジュール

LCDなどのビットマップ・ディスプレイに利用できる一般的な形のフレーム・バッファを提供するFrameBufferクラスが実装されています.

● framebuf.FrameBufferクラス

このクラスのコンストラクタは次のとおりです.

　　framebuf.FrameBuffer(buffer,width,height,format,stride=width)

bufferには,フレーム・バッファとして使うbytearrayを渡します.bytearrayのサイズは,フレーム・バッファの仕様(画面の大きさと色深度)を満たすサイズでなければなりません.

widthには画面の幅を,heightには画面の高さのピクセル数を渡します.

formatはフレーム・バッファのピクセル・フォーマットを**表10**の定数で設定します.

表10 フレーム・バッファのピクセル・フォーマットを設定する定数

定数	ピクセル・フォーマット
framebuf.MONO_VLSB	1ビット2値カラーのフォーマットで,1バイトが垂直方向にマッピングされ,第1バイトのビット0が画面の最上部に位置する
framebuf.MONO_HLSB	1ビット2値カラーのフォーマットで,1バイトが水平方向にマッピングされ,ビット0が左に位置する
framebuf.MONO_HMSB	1ビット2値カラーのフォーマットで,1バイトが水平方向にマッピングされ,ビット0が右に位置する
framebuf.RGB565	16ビット(5+6+5)カラー・フォーマット
framebuf.GS2_HMSB	2ビット・グレイ・スケール・フォーマット
framebuf.GS4_HMSB	4ビット・グレイ・スケール・フォーマット
framebuf.GS8	8ビット・グレイ・スケール・フォーマット

strideは次のラインまでのピクセル数で，デフォルト値は幅のピクセル数と同一です．LCDによってはX方向に実画面より大きいピクセル数のフレーム・バッファを用いることがあります．そのような場合はstrideを指定してください．

▶ **FrameBuffer.fill(c)**
cに指定したカラーでフレーム・バッファ全体を塗りつぶします．

▶ **FrameBuffer.pixel(x, y[, c])**
cを指定しない場合，x, yに指定した座標の現在の色を返します．cを指定した場合，x, y座標のピクセルにcを書き込みます．

▶ **FrameBuffer.hline(x, y, w, c)**
x, y座標からwピクセルぶんの横の線をカラーcで描画します．

▶ **FrameBuffer.vline(x, y, h, c)**
x, y座標からhピクセルぶんの縦の線をカラーcで描画します．

▶ **FrameBuffer.line(x1, y1, x2, y2, c)**
x1, y1座標からx2, y2座標にカラーcで線を描画します．

▶ **FrameBuffer.rect(x, y, w, h, c)**
x, y座標から幅wピクセルの矩形をカラーcで描画します．

▶ **FrameBuffer.fill_rect(x, y, w, h, c)**
x, y座標から幅wピクセルの矩形をカラーcで塗りつぶします．

▶ **FrameBuffer.text(s, x, y[, c])**
文字列sをx, y座標にカラーcで描画します．
現在のところ，MicroPythonでは組み込みの8×8ドット英文フォントのみが文字の描画に使用できます．

▶ **FrameBuffer.scroll(xstep, ystep)**
フレーム・バッファの内容をxstep, ystepに指定した方向にスクロールさせます．

▶ **FrameBuffer.blit(fbuf, x, y[, key])**
FrameBufferオブジェクトfbufをx, y座標に重ねます．keyが指定された場合，keyの色を透明色として重ねる演算を行います．

● framebuf.FrameBuffer1 クラス
カラー・フォーマットframebuf.MONO_HLSBタイプのフレーム・バッファを作成するframebuf.FrameBuffer1クラスも用意されています．使いかたはframebuf.FrameBufferクラスと同じです．

btree モジュール

ファイル入出力のようなランダム・アクセス可能なストリームを使ったBTree型のシンプルなデータベースの実装です．高速なBerkely DBに近い機能をマイクロコントローラ環境で提供します． `02対応` `32対応`

▶ **btree.open(stream, pagesize=0, cachesize=0, minkeypage=0)**
streamに対してBTreeデータベースを作成します．streamにはファイル・ストリームなどを渡します．
pagesizeはツリー・ノードに使用するページ・サイズの指定で512～65536が設定できます．0(デフォルト)にするとマイコンのメモリ容量に最適化されたページ・サイズが自動で設定されます．
cachesizeはメモリ・キャッシュ・サイズをバイト数で指定します．十分なメモリをもつマイコンであれば，大きなサイズを明示的に指定することでパフォーマンスを上げることができます．
minkeypageは1ページに格納するキーの最小数で，デフォルト値0はキー数2です．
btree.open()はbtreeオブジェクトを返します(図7)．

▶ **btree.close()**
BTreeデータベースを閉じ，ストリームに書き込みます．

▶ **btree.flush()**
現在のBTreeデータベースをストリームに書き込みます．

▶ **btree.__iter__()**
BTreeデータベースのイテレータです．

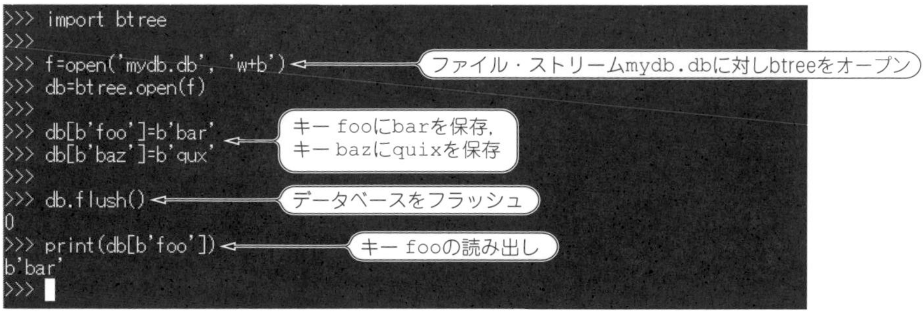

```
>>> import btree
>>>
>>> f=open('mydb.db','w+b')     ← ファイル・ストリームmydb.dbに対しbtreeをオープン
>>> db=btree.open(f)
>>>
>>> db[b'foo']=b'bar'           ← キー fooにbarを保存．
>>> db[b'baz']=b'qux'             キー bazにquixを保存
>>>
>>> db.flush()                  ← データベースをフラッシュ
0
>>> print(db[b'foo'])           ← キー fooの読み出し
b'bar'
>>>
```

図7 btreeモジュールの使用例

▶キーを使った辞書アクセス

一般的なキーを使った辞書のアクセスには次のようなメソッドが用意されています．keyに対応するオブジェクトにアクセスできます．

```
btree.__getitem__(key)
btree.get(key, default=None)
btree.__setitem__(key, val)
btree.__detitem__(key)
btree.__contains__(key)
```

▶キーを使った反復アクセス

開始キー(start_key)と終了キー(end_key)を指定してキーや値にアクセスする，次のメソッドが用意されています．

```
btree.keys(start_key[, end_key[, flags]])
btree.values([start_key[, end_key[, flags]]])
btree.items([start_key[, end_key[, flags]]])
```

end_keyを指定した場合，flagsを指定することができます．flagsは定数bree.INCLがデフォルト値でキーを昇順に処理します．定数bfree.DECLを指定すると降順に処理します．

uctypes モジュール

MicroPythonには，ハードウェア・レジスタのように特定のアドレスのバイトあるいはビットが機能をもつメモリ・アドレス・エリアへのアクセスを容易にするuctypesモジュールが用意されています．
uctypesモジュールではC言語の構造体のような形を使って，メモリ・フィールドにアクセスします．

● uctypes.structクラス

このクラスのコンストラクタは次のとおりです．

```
uctypes.struct(addr, descriptor,layout_type=uctypes.NATIVE)
```

addrはuctypes.structオブジェクトを通じてアクセスするメモリの先頭アドレスです．layout_typesには定数uctypes.LITTLE_ENDIAN(リトル・エンディアン)，uctypes.BIG_ENDIAN(ビッグ・エンディアン)，uctypes.NATIVE(MicroPythonのABIに準拠したエンディアン)が設定できます．

指定したメモリ・アドレスの構造をdescriptorに辞書型で指定します．

▶一般的なdescriptorの指定方法

descriptorは次のような形式をもつ辞書です．

```
{ "field_name": offset | uctypes.UINT32 }
```

辞書のキーに設定するfield_nameがフィールド名で，offsetにそのフィールドのオフセットを，|演算子で型を指定します．型は**表11**の定数が指定できます．

次のようなタプルを使った再帰的な指定も可能です．この例では，

表11 型を指定する定数

定　数	型
FLOAT32	32ビット単精度浮動小数点数型
FLOAT64	64ビット倍精度浮動小数点数型
INT16	符号付き16ビット整数
INT32	符号付き32ビット整数
INT64	符号付き64ビット整数
INT8	符号付き8ビット整数
PTR	ポインタ型
UINT16	符号なし16ビット整数
UINT32	符号なし32ビット整数
UINT64	符号なし64ビット整数
ARRAY	配列型
VOID	VOID型

offsetバイトにあるキーsubの下にb0とb1という各オフセット0と1のフィールドがあります．
```
{"sub": (offset, {
    "b0": 0 | uctypes.UINT8,
    "b1": 1 | uctypes.UINT8,
})}
```
フィールドの型がARRAYの場合，次のようにタプルを使って記述します．フィールド名に続いてタプルでオフセットとuctype.ARRAY型をOR演算子で結び，次の要素に配列のサイズと型をOR演算子で結びます．
```
{"arr": (offset | uctypes.ARRAY,size | uctypes.UINT8)}
```
次はポインタ型の例です．タプルを用いて指定します．フィールドの型に続き，タプルの最初の要素でオフセットとuctypes.PTRをOR演算子で結び，最後にポインタで指し示される型を置きます．
```
{"ptr": (offset | uctypes.PTR,uctypes.UINT8)}
```
ビット・フィールドを記述することも可能です．
```
{"bitf0": offset | uctypes.BFUINT16 | lsbit<< uctypes.BF_POS
                                    | bitsize<< uctypes.BF_LEN}
```
この場合，辞書のキーはビット・フィールドの名前で，要素としてオフセットと，そのビット・フィールドにアクセスする型，そしてシフトすべきビット位置lsbitを定数uctypes.BF_POSを使って指定します．さらに，ビット長bitsizeを定数uctypes.BF_LENを使って指定します．

▶**uctypes.sizeof(uctypes.struct)**

指定したuctypes.structオブジェクトのサイズを返します．

▶**uctypes.addressof(obj)**

指定したobjのアドレスを返します．

▶**uctypes.bytes_at(addr, size)**

addrに指定したメモリ・アドレスからsizeぶんのサイズをbytesオブジェクトで返します．このメソッドで作成したbytesオブジェクトは，指定したアドレスの値のコピーであることに注意してください．bytesオブジェクトを操作してもアドレスの値は変化しません．

▶**uctypes.bytearray_at(addr, size)**

addrに指定したアドレスからsizeぶんのデータをbytearrayオブジェクトとして返します．uctypes.bytes_at()とは異なり，bytearrayオブジェクトは指定したメモリ・アドレスを参照します．bytearrayオブジェクトに書き込みを行った場合，指定したアドレスへの書き込みとなります．

[2] ESPマイコン用のモジュール

espモジュール

ESP8266に固有の機能が実装されています．

02対応

● モジュール関数

▶**esp.check_fw()**

ファームウェアのチェックを実行します(図8)．

▶**esp.osdebug(None | 0)**

デバッグ・メッセージを制御します．デフォルトはNoneで，デバッグ・メッセージを出力しません．0を指定すると，UARTにデバッグ・メッセージが出力されます．

▶**esp.sleep_type([sleep_type])**

ESP-WROOM-02のスリープ・タイプを設定または取得します．引き数を指定せずに実行すると現在のスリープ・タイプが返ります．sleep_typeとして表12の定数が定義されています．

ESP-WROOM-02は，設定されているスリープ・タイプに従って，自動的にスリープ状態に切り替わります．

▶**esp.flash_id()**

フラッシュ・メモリのデバイスIDを返します．

▶**esp.flash_size()**

フラッシュ・メモリのサイズを返します．ESP-WROOM-02のフラッシュ・メモリは4096バイトを1セクタと

```
>>> esp.check_fw()
size: 604856
md5: 53b9852a38ac9f9e27694b3123fd1420
True
>>>
```
ファームウェアのサイズとmd5sumが返る

図8 esp.check_fw()の実行例

表12 sleep_typeの指定

定数名	値	意味
esp.SLEEP_NONE	0	すべてのインターフェースが機能する
esp.SLEEP_LIGHT	1	Wi-Fiをシャットダウンしプロセッサを定期的にサスペンドする
esp.SLEEP_MODEM	2	Wi-Fiをシャットダウンする

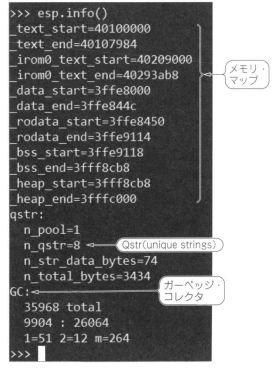

図9 esp.info()の実行例

して管理しているため，4096の倍数が返ります．

▶ **esp.flash_erase(sector_no)**

sector_noで指定したフラッシュ・メモリのセクタを消去します．フラッシュ・メモリへの低レベル・アクセスが必要な際に利用してください(ファイル・システムは破損します)．

▶ **esp.flash_read(byte_offset, length)**

フラッシュ・メモリを読み取ります．byte_offsetで指定したバイト・オフセットからlengthバイトを読み取りバイト列として返します．byte_offsetは4096の倍数である必要はありません．

▶ **esp.flash_write(byte_offset, bytes)**

フラッシュ・メモリへの低レベル書き込みです．byte_offsetに指定したオフセット位置からbytesで指定したバイト列を書き込みます．

▶ **esp.info()**

インタープリタのメモリ・マップなどの情報を返します(図9)．

▶ **esp.malloc(size)**

sizeで指定したサイズのメモリ・ブロックをヒープに確保し，アドレスをint型で返します．

▶ **esp.free(addr)**

addrに指定したメモリ・ブロックを開放します．

▶ **esp.freemem()**

ヒープ領域の空きメモリ容量を返します．

▶ **esp.flash_user_start(start, length)**

@micropython.native，@micropython.viper，@micropython.asm_xtensaデコレータが適用された関数がコンパイルされ，生成されたネイティブ・コードを配置するメモリ領域を指定します．

startとlengthの双方にNoneを指定した場合，コンパイラはiRAM領域の空き領域(約500バイト)にネイティブ・コードを配置します．

startおよびlengthがNoneでない場合，コンパイラはフラッシュ・メモリの下位1Mバイトにネイティブ・コードを配置します．startにネイティブ・コードを配置するオフセットを，lengthに長さを指定し，startおよびlengthは4096の倍数でなければなりません．

フラッシュ・メモリにネイティブ・コードを配置する場合，Pythonのファイル・システムやファームウェアの再配置を行う必要があります．また，フラッシュ・メモリ上で実行されるため，フラッシュ・メモリの寿命に影響を与える場合があります(コードによる)．

ネイティブ・コードが500バイト以内に収まるのであれば，iRAM上で実行するべきです．

esp32 モジュール

ESP32に固有の機能が実装されています．現状ではごくわずかな機能しかありません．

▶ `wake_on_ext0(pin=Pin(n), level=0)`

スリープ，ディープ・スリープから指定したGPIOのレベル変化で復帰します．`pin`には入力に設定した`machine.Pin`オブジェクトを渡します．`level`は0でLow，1でHighです．

▶ `wake_on_ext1(pins=(Pin(n),…), level=esp32.WAKEUP_ALL_LOW)`

スリープ，ディープ・スリープから指定した複数のGPIOのレベル変化で復帰します．`pins`には入力に設定した`machine.Pin`オブジェクトを格納したタプルを渡します．

`level`は定数`esp32.WAKEUP_ALL_LOW`のときすべてのGPIOがLowで復帰，`esp32.WAKEUP_ANY_HIGH`でいずれかのGPIOがHighになると復帰です．

▶ `wake_on_touch([wake])`

タッチ・パッドの入力でスリープ，ディープ・スリープから復帰するのであれば`wake`に`True`を指定します．

[3] CPythonとおおむね互換性をもつMicroPythonの標準ライブラリ

MycroPythonにはCPythonと互換性を持つ標準ライブラリが実装されていますが，マイコンというリソースが限られた環境に移植されているため，部分的に違いがあります．ここではCPythonと互換性を持つMicroPythonの主な標準ライブラリ（**表13**）に関して，CPythonとの違いを概観します．

MicroPythonのモジュール名は，CPythonのモジュール名の頭にmicroを意味する「u」を付けて，CPythonのモジュールのサブセットであることを明示したものが多いです（たとえば「usocket」など）．ただし，CPythonとソース・コードの互換性を持たせるために，uのないモジュール名もエイリアス（別名）として使えるようになっています（たとえば「socket」など）．つまり，CPythonと互換性を持つモジュールは，おおむね，CPythonと同じ名前でも使えます．

表13 CPythonとおおむね互換性を持つMicroPythonの主なモジュール
本記事で紹介したモジュールについて，掲載順に表にまとめた

モジュール名	内容
usocket	ソケット
sys	システム固有機能
uos	OSに依存する機能
_thread	マルチスレッド対応
gc	ガーベッジ・コレクション
array	数値データの配列を扱う
ucollections	コレクションとコンテナ型
uhashlib	ハッシュ・アルゴリズム
math	算術演算
cmath	複素数演算
utime	時間関連機能
uzlib	zlib圧縮解凍機能
uselect	ストリームのイベント待ち
uio	入出力ストリーム

socket（usocket）モジュール

CPythonのsocketモジュールのサブセットです（完全に同一の機能が使えるわけではない）．

● モジュール関数

▶ `socket.socket(af=AF_INET, type=SOCK_STREAM, proto=IPPROTO_TCP)`

`socket`クラスのインスタンスを引き数に従って作成して返します．`af`の指定プロトコル・ファミリで，**表14**の定数が定義されています．

`type`は通信方式の指定です．MicroPythonでは**表15**が定義されています．

`proto`にはプロトコルの実装を指定します．MicroPythonでは**表16**が定義されています．

▶ `socket.getaddrinfo(host, port)`

引き数の`host`（ホスト名），`port`（ポート番号）に対する`socket`を作成するために必要な情報をタプルの配列で返します．MicrpPythonの`socket.getaddrinfo()`は`host`，`port`しか指定できない

表14 プロトコル指定の定数

定数	プロトコル
socket.AF_INET	IPv4インターネット・プロトコル
socket.AF_INET6	IPv6インターネット・プロトコル

表15 通信方式を指定する定数

定　数	タイプ
socket.SOCK_DGRAM	データグラム
socket.SOCK_RAW	RAWソケット
socket.SOCK_STREAM	データ・ストリーム

表16 プロトコルの実装を指定する定数

定　数	プロトコルの実装
socket.IPPROTO_IP	IPプロトコル
socket.IPPROTO_TCP	TCPプロトコル
socket.IPPROTP_UDP	UDPプロトコル

図10 socket.getaddrinfo()の実行例
www.cqpub.co.jpのgetaddrinfo()の結果

```
>>> socket.getaddrinfo('www.cqpub.co.jp',80)
[(2, 1, 0, 'www.cqpub.co.jp', ('219.101.148.16', 80))]
>>>
```

点に注意してください．

また，MicroPythonにはsocket.gaierror例外は実装されていません．socket.getaddrinfo()でエラーが発生した場合，socket.gaierror例外の代わりにOSError例外が発生します．

返されるタプルの配列は次のような形式です．図10に実行例を示します．

```
[(family, type, proto, canonname, (sockaddr))]
```

● socketクラス

socket.socket()で作成したsocketクラスのインスタンスを使って通信を行います．

▶ **socket.close()**

socketを閉じます．リモートが接続している場合は，リモートはEOFを受信します．

▶ **socket.bind(address)**

socketにaddressをバインドします．

▶ **socket.listen([backlog])**

サーバ・ソケットの接続の受け付けを開始します．backlogには，新しい接続を拒否するまでに許可する未受け付けの接続の数を指定します．backlogを省略した場合は，システムにとって適切な値が使用されます．

▶ **socket.accept()**

listen中のsocketで接続を受け付けます．

▶ **socket.connect(address)**

addressで指定したリモートに接続します．addressにはsocket.getaddrinfo()で得た値か，アドレスとポート番号のタプルを使用します．

▶ **socket.send(bytes)**

bytesを送信し，実際に送信したバイト数を返します．

▶ **socket.sendall(bytes)**

bytesをすべて送信します．

MicroPythonではノンブロッキングsocketの場合のsocket.sendall()の動作が未定義とされ，socket.sendall()の代わりにsocket.write()を使用することが推奨されています．

▶ **socket.recv(bufsize)**

最大bufsizeぶんのデータを受信し，受信したデータをbytesオブジェクトに格納して返します．

▶ **socket.sendto(bytes, address)**

addessに接続し，bytesを送信します．

▶ **socket.recvfrom(bufsize)**

最大bufsizeぶんのデータを受信し，(bytes, address)のタプルとして返します．

▶ **socket.setsockopt(level, optname, value)**

socketオプションを設定します．MicroPythonでは，optnameとしてローカル・アドレスを再使用するsocket.SO_REUSEADDRしか定義されていません．

▶ **socket.settimeout(value)**

タイムアウト値valueを設定します．valueにNoneを指定した場合，タイムアウトが設定されずソケットはブロッキング・モードになります．0を指定するとノンブロッキング・モードです．0を超える整数で秒を指定した場合，value秒経過後にタイムアウトしてOSError例外が発生します．

```
>>> import socket
>>> sock=socket.socket()          ← ソケットを作成
>>> sock.connect(('www.cqpub.co.jp',80))  ← www.cqpub.co.jpのポート80に接続
>>> sock.send(b'GET / HTTP/1.1\r\nHost: localhost\r\n\r\n')
35                                 ← HTTPリクエストを送信
>>> r=sock.recv(1024)             ← 1kバイト受信しレスポンスを確認
>>> print(r)
b'HTTP/1.1 200 OK\r\nDate: Sun, 11 Mar 2018 09:42:37 GMT\r\nServer: Microsoft-II
S/6.0\r\nX-Powered-By: ASP.NET\r\nPragma: no-cache\r\nContent-Type: text/html\r\
nExpires: Sun, 11 Mar 2018 09:41:37 GMT\r\nCache-control: no-cache\r\nTransfer-E
ncoding: chunked\r\n\r\n859\r\n\r\n<!DOCTYPE html PUBLIC "-//W3C//DTD XHTML 1.0
Transitional//EN" "http://www.w3.org/TR/xhtml1/DTD/xhtml1-transitional.dtd">\r\n
<html xmlns="http://www.w3.org/1999/xhtml" xml:lang="ja" lang="ja" dir="ltr">\r\
n<head>\r\n<meta http-equiv="Content-Type" content="text/html; charset=Shift_JIS
"/>\r\n<title>CQ\x8fo\x94\xc5\x8e\xd0 - \x83G\x83\x8c\x83N\x83g\x83\x8d\x83j\x83
```

図11 socketを使ったコードの実行例

```
>>> import sys
>>> sys.byteorder
'little'
>>>
```

図12 sys.byteorderの実行例
ESP-WROOM-32はリトル・エンディアン

▶ **socket.setblocking(flag)**

flagにTrueを設定するとブロッキング・モード，flagにFalseを指定するとノンブロッキング・モードです．このメソッドはsocket.settimeout()のショートカットです．

▶ **socket.makefile(mode='rb', buffering=0)**

ソケットに関連付けられたファイル・オブジェクトを返します．MicroPythonではバイナリ・モード（'rb'，'wb'，'rwb'）しかサポートされていません．また，bufferingの指定は無視され常に0になります．また，socket.makefile()で返されたファイル・オブジェクトをクローズするとsocketもクローズします．

▶ **socket.read([size])**

sizeぶんのデータを読み取りbytesオブジェクトに格納して返します．sizeが指定されない場合，EOFまでデータを読み取ります．socket.read()は読み取りが終わるまでブロックしますが，ノンブロッキングsocketの場合は読み取りを完了させずに戻る場合があることに注意してください．

▶ **socket.readinto(buf[, nbytes])**

ソケットからbufに読み取り，実際に読みっ取ったサイズを返します．nbytesが指定された場合はnbytesぶんを読み取り，指定されない場合はbufのサイズぶんだけ読み取ろうとします．ただし，ノンブロッキングsocketの場合はその限りではなく，bufのサイズまたはnbytesより小さい値を返すことがあります．

▶ **socket.readline()**

改行文字まで，つまり1行を読み込んでbytesオブジェクトを返します．

▶ **socket.write(buf)**

bufをsocketに書き込み，実際に書き込んだサイズを返します．ノンブロッキングsocketではbufをすべては書き込むことができず，bufのサイズより小さい値が返ってくる場合があります．

図11にsocketを使ったコードの実行例を示します．

sysモジュール

Pythonインタープリタの動作に関連する関数や定数が定義されています．MicroPyhtonとCPythonはインタープリタに違いがあるので，必然的にsysモジュールに実装されている関数や定数は多少異なります．

● モジュール定数

以下のモジュール定数が定義されています．

▶ **sys.argv**

引き数パラメータにアクセスするsys.argvにはMicroPythonでもアクセスできます．

▶ **sys.byteorder**

バイト・オーダが文字列"little"または"big"で格納されています．ESP-WROOM-32の場合は図12のとおりリトル・エンディアンです．

▶ **sys.implementation**

Pythonのインプリメンテーションを示すタプルです．MicroPythonでは，name=micropythonとともにバー

ジョン・ナンバが格納されています．図13に実行例を示します．
▶ **sys.maxsize**
整数の最大サイズが格納されます．ESP‐WROOM‐02/32を含め，32ビット・プラットフォームは2147483647です．
▶ **sys.modules**
ロードされているモジュールを配列として取得します．図14に実行例を示します．
▶ **sys.platform**
プラットフォームを示す文字列が格納されています．実行例を図15に示します．
▶ **sys.stdout / sys.stderr / sys.stdin**
標準入出力ストリームが格納されています．
▶ **sys.version_info / sys.version**
`sys.version_info`にはPythonのバージョン・ナンバがタプルで，また`sys.version`には文字列で格納されています．

● モジュール関数
sysモジュールに実装されている関数は次の2つだけです．
▶ **sys.exit(retval=0)**
プログラムを終了させます．`retval`は`SystemExit`例外で受け取ることができます．
▶ **sys.print_exception(exc, file=sys.stdout)**
例外`exc`を出力します．この関数はCPythonにおける`traceback.print_exception()`の簡易的な実装です．MicroPythonにはtracebackモジュールが実装されていません．`traceback.print_exception()`とは異なり，この関数は例外しか引き数に取ることができません．

図13 sys.implementationの実行例
MicroPython1.9.3の場合

図14 sys.modulesの実行例

図15 sys.platformの実行例

uos モジュール 02対応 32対応

CPyhonにおけるosモジュールのサブセットです．
MicroPythonに実装されているOSのサブセットに依存する関数が実装されています．

● モジュール関数
▶ **uos.uname()**
マシンやオペレーティング・システムに関する情報をタプルにまとめて返します．MicroPythonでは`system, nodename, release, version, machine`が返ります．
▶ **uos.urandom(n)**
`n`バイトの乱数を生成して`bytes`オブジェクトで返します．
▶ **uos.chdir(path)**
カレント・ディレククトリを`path`に切り替えます．
▶ **uos.getcwd()**
カレント・ディレクトリを文字列で返します．
▶ **uos.ilistdir([dir])**
`dir`のディレクトリ内エントリのイテレータを返します．`dir`が省略された場合はカレント・ディレクトリです．実行例を図16に示します．
イテレータから得られる情報は`name, type, inode`のタプルです．`name`はファイル名またはディレクトリ・エントリ名，`type`はエントリ・タイプを示す整数，`inode`はiノード値ですが，ファイル・システムに依存します．

▶`uos.listdir([dir])`

`dir`のディレクトリ内エントリを配列で返します．`dir`が省略された場合はカレント・ディレクトリです．

▶`uos.mkdir(path)`

`path`を新規ディレクトリとして作成します．

▶`uos.remove(path)`

`path`を削除します．

▶`uos.rmdir(path)`

`path`ディレクトリを削除します．

▶`uos.rename(old_path, new_path)`

`old_path`を`new_path`にリネームします．

▶`uos.stat(path)`

`path`のステータスを取得します．

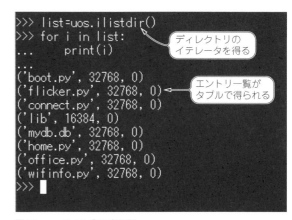

図16　`uos.ilistdir()`の実行例

▶`uos.statvfs(path)`

ファイル・システムのステータスを取得します．結果はタプルで返ります．ファイル・システムのブロック・サイズやフラグメント・サイズ，空きブロック・サイズ，ファイル名の最大長などがわかります．

▶`uos.sync()`

ファイル・システムを`sync`します(つまりフラッシュする)．

▶`uos.dupterm(stream_obj, index=0)`

`write`メソッドと`readinto`メソッドが実装された`steram_obj`に，REPLの端末を複製またはリダイレクトします．

`index`パラメータは複製するインデックス番号で，0がデフォルトです．

▶`uos.mount(fsobj, mount_point, readonly)`

ファイル・システム(VFS)`fsobj`を`mount_point`にマウントします．`readonly`に`True`が指定された場合は，リード・オンリ・マウントです．現状，MicroPythonではFATファイル・システムが実装されています．`uos.VfsFat()`も参照してください．

▶`uos.umount(mount_point)`

`mount_point`にマウントされているVFSをアンマウントします．

▶`uos.VfsFat(block_dev)`

`block_dev`のFAT形式のファイル・システム・オブジェクト`fatfsobj`を作成して返します．`fatfsobj`には次のメソッドが実装されています．

● `fatfsobj.mkfs(block_dev)` … `block_dev`にFATファイル・システムを作成します．

● AbstractBlockDevクラス　※ESP-WROOM-32のみ対応

`uos`クラスに実装されているAbstractBlockDevクラスは，ブロック・デバイスをユーザが作成するための仮想クラスです．次のメソッドを実装してください．

▶`readblocks(block_num, buf)`

`bytearray`の`buf`に`block_num`からのブロックを読み取ります．読み取られるブロック数は`buf`のサイズに依存します．

▶`writeblocks(block_num, buf)`

`bytearray`の`buf`を`block_num`から始まるブロックに書き込みます．書き込まれるブロック数は`buf`のサイズに依存します．

▶`ioctl(operation, arg)`

ブロック・デバイスを制御する`ioctl`の実装です．

_thread モジュール

MicroPythonには，CPythonで利用されている高機能なthreadモジュールが実装されていませんが，Python 3とおおよその互換性がある低水準スレッド・モジュールである_threadは利用できます．スレッドの起動およびセマフォを用いた排他制御を行うことができます．

32対応

▶ `_thread.start_new_thread(func, args)`
関数funcをスレッドとして起動します．スレッドfuncに引き数を渡す場合，argsにタプル型で渡します．

▶ `_thread.allocate_lock()`
新たなlockオブジェクトを返します．

▶ `_thread.stack_size([size])`
スレッドを作成する際に割り当てるスタック・サイズを設定あるいは取得します．0を設定した場合，MicroPythonのデフォルト・サイズが用いられます．特別な理由がないかぎり，設定しないほうがよいでしょう．引き数を指定せずに実行すると，現在あるいは再設定前のスタック・サイズを返します．

▶ `_thread.get_ident()`
現在のスレッド固有のIDを返します．IDは0以外の整数です．

● _threadモジュールの使い方

_threadモジュールを使った簡単なスレッドの作成方法をリスト4に示します．ここでは関数func()をスレッドとして2つ起動しています．func()内で呼び出される関数led()はlockオブジェクトで排他制御され，結果的に1秒おきにIoT基板上のLED(IO2に接続されている)が点滅します．

リスト4　_threadモジュールを使った簡単なスレッドの作成方法

```
import _thread
import time
from machine import Pin

lock = _thread.allocate_lock()

def led(pin, level):
        with lock:
                pin.value(level)
                time.sleep(1)

def func(pin, level):
        for i in range(10):
                led(pin, level)

p = Pin(2)
p.init(p.OUT)

_thread.start_new_thread( func, (p, 1))
_thread.start_new_thread( func, (p, 0))
```

関数func()をスレッドとして2つ起動している

まだまだある…CPythonとほぼ互換の標準ライブラリをかけ足で紹介

● gcモジュール

ガーベッジ・コレクタを制御するgcモジュールはCPythonと基本的に互換性をもちますが，次の2つのモジュール関数が追加されています．

▶ `gc.mem_alloc()` … 現在のヒープ・メモリ・サイズを整数で返します．
▶ `gc.mem_free()` … 現在のヒープ・メモリの空きサイズを整数で返します．

● collections(ucollections)モジュール

MicroPythonのcollectionsはCPythonの簡略版です．**表17**のコンテナ・データ型のみサポートします．

表17　コンテナ・データ型

コンテナ・データ型	機能
`deque`	appendやpopを高速に行えるリスト風のコンテナ
`OrderedDict`	項目が追加された順序を記憶する辞書のサブクラス
`namedtuple`	前付きフィールドをもつタプルのサブクラスを作成するファクトリ

表18　uhashlibに実装されているクラス

クラス	機能
`uhashlib.sha256([data])`	dataのSHA-256 hashを生成
`uhashlib.sha1([data])`	dataのSHA-1 hashを生成

表19 timeモジュールの実装関数

モジュール関数	機　能
time.localtime(secs)	2000年1月1日からのsecsをローカル・タイムに変換しタプルで返す
time.mktime(time)	タプル型のtimeを2000年1月1日からの秒に変換する
time.sleep(sec)	sec秒スリープする
time.sleep_ms(ms)	msミリ秒スリープする
time.sleep_us(us)	usマイクロ秒スリープする
time.ticks_ms()	起動からの経過時間をミリ秒で返す
time.ticks_us()	起動からの経過時間をマイクロ秒で返す
time.ticks_cpu()	起動からのCPUクロック・ティック・カウントを返す
time.ticks_add(tick, delta)	tickにdeltaを加算する．tickに現在のtick_ms()を渡すとtick_ms()を加減算できる
time.ticks_diff(ticks1,ticks2)	ticks1とticks2の差を返す
time.time()	エポック・タイム（1970-01-01 00:00 UTC）からの経過秒を返す．CPythonではマイクロ秒精度の浮動小数点数が得られるが，MicroPythonでは秒単位

● uhashlibモジュール

CPythonのhashlibのサブセットです．表18のクラスが実装されています．機能はhashlibに準じます．

● time（utime）モジュール

MicroPythonに実装されているtimeモジュールは，CPythonのtimeモジュールのサブセットです．表19のモジュール関数が実装されています．

● zlib（uzlib）モジュール

MicroPythonに実装されているzlibモジュールは，CPythonのzlibモジュールのサブセットです．次の2つの関数しか実装されていません．

▶ **uzlib.decompress(data, wbits=0, bufsize=0)**

dataを解凍してbytesとして返します．wbitsはウィンドウ・サイズ（8～5），bufsizeは解凍に使用するバッファ・サイズです．

▶ **uzlib.DecompIO(stream, wbits=0)**

streamを解凍してbytesとして返します．wbitsはウィンドウ・サイズ（8～5）です．

● select（uselect）モジュール

MicroPythonのselectモジュールは，CPythonのselectモジュールのサブセットです．

▶ **select.poll()**

Pollクラスのインスタンスを作成します．

▶ **select.select(rlist, wlist, xlist[, timeout])**

MicroPythonのselect.select()は互換性を維持するためにのみ用意されています．通常はPollを用いてください．

● io（uio）モジュール

MicroPythonのioモジュールはCPythonのioモジュールのサブセット（uio）です．io.open()メソッド，io.StringIOクラス，およびio.BytesIOクラスが実装されています．

▶ **io.open(name, mode='r')**

ファイルnameをmodeでオープンします．

◆参考文献◆

(1) MicroPython documentation for the ESP8266．https://docs.micropython.org/en/latest/esp8266/index.html

〈米田 聡〉

（初出：「トランジスタ技術」2018年5月号 別冊付録）

第3章 ESP32の全機能を網羅！Web上のドキュメントとサンプル・プログラムを活用しよう
ESP-IDFライブラリ・リファレンス

ESP-IDFは，執筆時点(2018年8月)でESP32のすべての機能をサポートする唯一の開発環境です．ESP-IDFの公式ドキュメントは以下のURLにまとめられています(**図1**)．

https://docs.espressif.com/projects/esp-idf/en/latest/index.html

本稿では，ESP-IDFがサポートする機能の概要だけを紹介します．実際にESP-IDFで開発を行う場合は，ここで紹介するWebサイトを参考にしてください．

● A-Dコンバータ

ESP32は，12ビット精度の測定が可能な18チャネルの逐次比較型A-Dコンバータを内蔵しています．

A-DコンバータはADC1(8チャネル，GPIO32～39)とADC2(10チャネル，GPIO0, 2, 4, 12～15, 25～27)の2つの系統に分かれています．ただしADC2はWi-Fiコントローラが使用しているため，Wi-Fiとの同時使用ができません．

A-Dコンバータを操作するAPIに関しては，下記URLを参照してください(**図2**)．

https://docs.espressif.com/projects/esp-idf/en/latest/api-reference/peripherals/adc.html

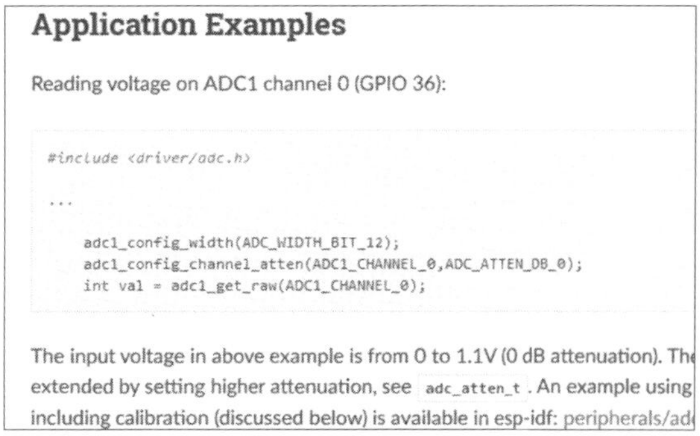

● GPIO

ESP32は，GPIOと他のインターフェースをマルチプレクサで共用しています．GPIO以外に割り当てられていないピンは，すべてGPIOとして利用可能です．

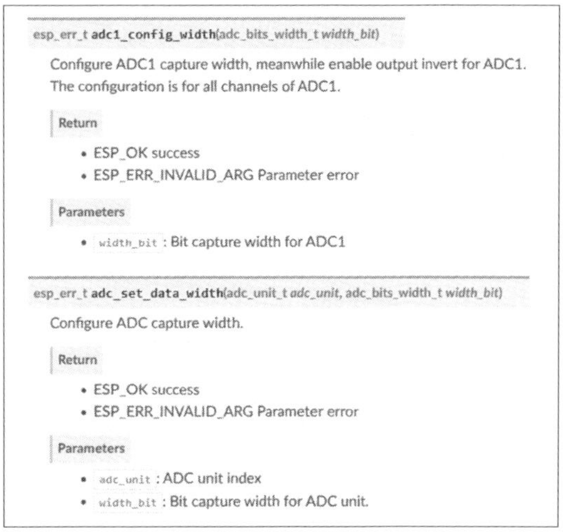

ただし，一般なモジュールではGPIO6～11は外付けフラッシュ・メモリのために使用されているため，ユーザが利用することはできません．

また，GPIO34～39は入力のみ可能で，プルアップ/プルダウンの機能を持たないという制約があります．

GPIOを制御するAPIについては，下記のURLを参照してください．

https://docs.espressif.com/projects/esp-idf/en/latest/api-reference/peripherals/gpio.html

● I²C

ESP32では，任意のGPIOピンにI²CのSDAおよびSCLを割り当てることができ，マスタ・モードおよびスレーブ・モードの動作に対応できます．また，I²Cを割り込み要因として利用した転送にも対応しています．

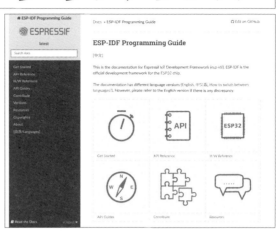

図1 Espressif SystemsがまとめたESP-IDFの公式ドキュメント(ESP-IDF Programming Guide)

図2 公式ドキュメントの記載例(A-Dコンバータ)
公式ドキュメントでは，APIの使用例や関数のパラメータ，戻り値などについて，見やすく解説されている

(a) APIの使用例
(b) 関数の詳細

I²Cの詳細は下記を参照してください．
https://docs.espressif.com/projects/esp-idf/en/latest/api-reference/peripherals/i2c.html

● SPI

ESP32は，SPI0，SPI1，HSPI，VSPIと命名された4つのSPIコントローラを持ちます．これらのうち，SPI0とSPI1は一般的なモジュールではフラッシュ・メモリのために使用されるため，ユーザが利用できるのはHSPIとVSPIのみです．

ESP32はSPIマスタおよびSPIスレーブに対応しています．またDMA転送にも対応しています．

ESP32のSPIコントローラは非常に高機能なので，下記のAPIリファレンスとあわせてサンプル・プログラムも参照すると理解しやすいでしょう．

- APIリファレンス

https://docs.espressif.com/projects/esp-idf/en/latest/api-reference/peripherals/spi_master.html
https://docs.espressif.com/projects/esp-idf/en/latest/api-reference/peripherals/spi_slave.html

- サンプル・プログラム(図3)

https://github.com/espressif/esp-idf/tree/master/examples/peripherals

そのほかにもESP-IDFは，HSPI，VSPIを利用したMMCドライバ，SDカード・ドライバ，SDIOドライバなどに対応しており，SDカードやMMCカード，SDIOデバイスを制御できます．

● PWM

ESP-IDFでは，モータ制御を行うMCPWMとLEDの光量制御を行うLEDという2つのドライバでPWMに対応しています．それぞれのAPIに関しては，下記のリファレンスを参照してください．

https://docs.espressif.com/projects/esp-idf/en/latest/api-reference/peripherals/ledc.html
https://docs.espressif.com/projects/esp-idf/en/latest/api-reference/peripherals/mcpwm.html

● I²SおよびD-Aコンバータ

ESP-IDFはI²SドライバおよびD-Aコンバータに対応しています．I²SはDMA転送に対応しており，直接，内蔵D-Aコンバータを駆動することもできます．詳しくは下記のリファレンスを参照してください．

https://docs.espressif.com/projects/esp-idf/en/latest/api-reference/peripherals/i2s.html
https://docs.espressif.com/projects/esp-idf/en/latest/api-reference/peripherals/dac.html

● ネットワーク

ESP-IDFはWi-Fi，Bluetooth，有線LAN(Ethernet)に対応しています．とても機能が多いので，APIリファレンスとあわせてサンプル・プログラムも活用するとよいでしょう(図3)．

https://github.com/espressif/esp-idf/tree/master/examples

● CAN

ESP-IDFは，自動車に使われている通信プロトコルCANのドライバにも対応しています．ただし，ESP32の価格にはCANのライセンスが含まれていないため，利用するには別途，Robert Bosch GmbHに対してライセンス料を支払う必要があります．詳しくは公式リファレンスを参照してください．

https://docs.espressif.com/projects/esp-idf/en/latest/api-reference/peripherals/can.html

〈米田 聡〉

図3 各ペリフェラルを扱うためのサンプル・プログラムがGitHub上に掲載されている(https://github.com/espressif/esp-idf/tree/master/examples)

索引

【記号・数字】

3G ……………………………………………… 8
7セグメントLED ………………………… 82, 110

【アルファベット】

A-D変換（ESP-WROOM-02）………………… 49
A-D変換（ESP-WROOM-32）……………… 109
ampy …………………………………………… 59
Arduino IDE …………………………………… 41
Arduino言語 …………………………………… 43
ATコマンド ………………………………… 139
bash …………………………………………… 73
Bluetooth ……………………………………… 8
CPython ……………………………………… 54
DIO …………………………………………… 17
DOUT ………………………………………… 17
ESP32 ……………………………………… 10, 21
ESP32-D0WDQ6 ………………………… 13, 21
ESP8266 …………………………………… 17, 21
ESP8266 RTOS SDK ………………………… 19
ESP8285 ……………………………………… 18
ESP-IDF ……………………………………… 71
Espressif Systems社 ………………………… 12
esptool ………………………………………… 56
ESP-WROOM-02 ……………………… 15, 17, 21
ESP-WROOM-02D …………………………… 18
ESP-WROOM-32 ………………………… 10, 21
Ethernet ……………………………………… 7
Flash Download Tools ……………………… 125
Google Cloud Speech API ………………… 130
IBM Watson ………………………………… 114
IFTTT（イフト）……………………………… 88
IoT（Internet of Things）…………………… 6
LTE …………………………………………… 8
menuconfig（ESP-IDF）……………………… 74
MicroPython ………………………………… 54
MML（Music Macro Language）…………… 107
MP3 ………………………………………… 116
NTP（Network Time Protocol）…………… 111
Open source FreeRTOS-based ESP8266
　software framework ……………………… 19
OTA（Over The Air）………………………… 91
PWM（周波数設定）………………………… 107
QIO …………………………………………… 17
QOUT ………………………………………… 17
REPL（Read-Eval-Print Loop）……………… 54
RTC …………………………………………… 15
SDカード …………………………………… 101
SPIFFS（SPI Flash File System）…………… 84
SPI通信 …………………………………… 110
SSDP（Simple Service Discovery Protocol）… 152
TCP（Transmission Control Protocol）…… 102
Tensilica Xtensa LX6 ……………………… 13
Tera Term …………………………………… 58
UDP（User Control Protocol）…………… 102
uPyCraft ………………………………… 64, 126
vi ……………………………………………… 73
Wake On LAN ……………………………… 96
Wi-Fi ………………………………………… 7

【あ・ア行】

アクセス・ポイント・モード（APモード）…… 94, 137
インタプリタ …………………………… 54, 68
液晶ディスプレイ（LCD）………………… 84, 98

【か・カ行】

加速度センサ ………………………………… 81
機械語 ………………………………………… 68
技術基準適合証明（技適）………………… 7, 11
携帯回線 ……………………………………… 8
コンパイラ …………………………………… 68

【さ・サ行】

シールド ……………………………………… 25
シリアル・コンソール ……………………… 55
スケッチ ……………………………………… 43
ステーション・モード（STAモード）…… 94, 106, 112

【た・タ行】

超音波センサ ……………………………… 128
電源管理 ……………………………………… 15

【は・ハ行】

パッケージ（Arduino）……………………… 44
ビットマップ ………………………………… 99
ビット・レート ……………………………… 58
フラッシュ・メモリ・インターフェース …… 17
フラッシュ・メモリの容量 ………………… 19
ボードマネージャ（Arduino）……………… 45

【ま・マ行】

メソッド（MicroPython）…………………… 66
モジュール（MicroPython）………………… 66

【ら・ラ行】

ライブラリ（Arduino）…………………… 44, 48
ラズベリー・パイZero W …………………… 9

- **本書記載の社名，製品名について** ─ 本書に記載されている社名および製品名は，一般に開発メーカーの登録商標または商標です．なお，本文中では ™，®，© の各表示を明記していません．
- **本書掲載記事の利用についてのご注意** ─ 本書掲載記事は著作権法により保護され，また産業財産権が確立されている場合があります．したがって，記事として掲載された技術情報をもとに製品化をするには，著作権者および産業財産権者の許可が必要です．また，掲載された技術情報を利用することにより発生した損害などに関して，CQ出版社および著作権者ならびに産業財産権者は責任を負いかねますのでご了承ください．
- **本書付属の CD-ROM についてのご注意** ─ 本書付属の CD-ROM に収録したプログラムやデータなどを利用することにより発生した損害などに関して，CQ出版社および著作権者は責任を負いかねますのでご了承ください．
- **本書に関するご質問について** ─ 文章，数式などの記述上の不明点についてのご質問は，必ず往復はがきか返信用封筒を同封した封書でお願いいたします．勝手ながら，電話でのお問い合わせには応じかねます．ご質問は著者に回送し直接回答していただきますので，多少時間がかかります．また，本書の記載範囲を越えるご質問には応じられませんので，ご了承ください．
- **本書の複製等について** ─ 本書のコピー，スキャン，デジタル化等の無断複製は著作権法上での例外を除き禁じられています．本書を代行業者等の第三者に依頼してスキャンやデジタル化することは，たとえ個人や家庭内の利用でも認められておりません．

JCOPY 〈出版者著作権管理機構委託出版物〉
本書の全部または一部を無断で複写複製(コピー)することは，著作権法上での例外を除き，禁じられています．本書からの複製を希望される場合は，出版者著作権管理機構(TEL：03-5244-5088)にご連絡ください．

CD-ROM付き

本書に付属のCD-ROMは，図書館およびそれに準ずる施設において，館外へ貸し出すことはできません．

ペタッと貼れるWi-FiマイコンESP入門

編　集	トランジスタ技術SPECIAL編集部	2018年10月1日	初 版 発行
発行人	小澤 拓治	2020年10月1日	第2版発行
発行所	CQ出版株式会社	©CQ出版株式会社 2018	
	〒112-8619　東京都文京区千石4-29-14	（無断転載を禁じます）	
電　話	編集 03-5395-2148	定価は裏表紙に表示してあります	
	広告 03-5395-2131	乱丁，落丁本はお取り替えします	
	販売 03-5395-2141	編集担当者　島田 義人／平岡 志磨子／仲井 健太	
		DTP・印刷・製本　三晃印刷株式会社	
		Printed in Japan	